U0827802

电网企业一线员工作业一本通

配电网同源维护套件

国网浙江省电力有限公司　组编

中国电力出版社
CHINA ELECTRIC POWER PRESS

内容提要

本书是“电网企业一线员工作业一本通”丛书中的《配电网同源维护套件》分册，包括总述篇、业务篇，涵盖了同源维护套件工作所需的基础操作知识和问题处理方法，具有很强的可操作性和实用性。同时也全面讲解了新业务场景电缆通道及二次设备“故障指示器”维护操作要点及操作流程，具有很强的学习性。

本书可作为同源维护套件的培训用书，可用于加强新用户的系统知识认知，以及提升新用户的系统维护操作水平，从而全面提升数字化运维水平。

图书在版编目（CIP）数据

电网企业一线员工作业一本通．配电网同源维护套件 / 国网浙江省电力有限公司组编．—北京：中国电力出版社，2023.7

ISBN 978-7-5198-7913-6

Ⅰ．①电… Ⅱ．①国… Ⅲ．①电力工业—职工培训—教材 ②配电系统—维修—职工培训—教材 Ⅳ．① TM ② TM727

中国国家版本馆 CIP 数据核字（2023）第 108372 号

出版发行：中国电力出版社
地　　址：北京市东城区北京站西街 19 号
邮政编码：100005
网　　址：http://www.cepp.sgcc.com.cn
责任编辑：张冉昕　马雪倩
责任校对：黄　蓓　于　维
装帧设计：张俊霞
责任印制：石　雷

印　　刷：三河市万龙印装有限公司
版　　次：2023 年 7 月第一版
印　　次：2023 年 7 月北京第一次印刷
开　　本：787 毫米 ×1092 毫米 横 32 开本
印　　张：15
字　　数：374 千字
印　　数：0001—4000 册
定　　价：78.00 元

编　委　会

编写组

组　长　叶清泉

副组长　苏毅方　吴旭光　任广振

成　员　俞　伟　张日勇　仲　赞　鲁洋超　黄益宏　马　驹　曹天亮　郭子黎　汤耀景
陈丽园　林文钊　刘宏秋　黄剑缨　林金伟　王时征　寿博仁　夏跃方　王培波
舒　展　刘兴业　花　玮　吴俊智　胡朋杰　肖禧超　郑钦调　王　挺　黄亭玉
赵　阳　吴长江（龙湾）　李贺炜　白伟伟　刘笑园　施晓春　朱霁云　张　乐
潘启明　张　丞　张平飞　王芙丽　夏斌原　许春杨　翁秀良　陈先聪　李　松
王婷婷　包臣鹏　周翠銮　沈　炼　张　翼　朱斌斌　高　雯　蔡　彪　吴长江（瑞安）
石士非　毛雨帆　王腾飞　杨禾牧　杨　丽　包郁航　潘微臻　王靖德　林纯初
黄文柯　陈鹏飞　何　昕　卢建寅　周　彬　林邵峰　陈　力

前　言

国家电网有限公司为加快现代设备管理体系建设，以电网资源业务中台、新一代设备资产精益化管理系统（PMS3.0）为核心支撑，以“简单好用、智能高效”为目标，聚焦“电网一张图、数据一个源、业务一条线”，建设设备运检数字化班组。数据一个源方面，基于统一信息模型与中台标准服务，构建满足发、输、变、配、用等专业需求的电网资源同源维护应用，支持电源、电网、用户设备的电网资源信息维护，保障设备资源、资产、图形、拓扑信息的一致性、准确性、完整性，强化统一电网资源维护能力，实现数据源端唯一，全局共享。

为提升同源维护套件应用水平，支撑设备运检数字化班组建设，国网浙江省电力有限公司组织管理专家和生产人员，按照“规范、统一、实效”的原则，编写了“电网企业一线员工作业一本通”丛书。丛书根据国家电网有限公司数字化管理要求，结合基层单位实际和应用经验编写而成，具有系统全面、图文并茂、切合实际等特点，能够为电网企业生产人员熟悉同源维护套件操作，尽快开展系统应用提供有效帮助。

本书分为总述篇和业务篇进行描述，涵盖了同源维护套件的基础知识、功能介绍、典型应用、问题处理等内容。

本书的编写得到了国网浙江省电力有限公司、国网浙江平阳县供电有限责任公司等单位的大力支持，在此谨向参与本书编写、研讨及业务指导的各位领导、专家和有关单位致以诚挚的感谢！

由于编写人员水平所限，疏漏之处在所难免，敬请广大读者批评指正。

本书编写组

2023年5月

目　录

Part 1

总述篇

第一章　系统功能简介

同源维护套件系统遵循PMS3.0整体架构设计，以异动管理流程为业务驱动，依托电网资源业务中台核心服务，开展配电网设备图模维护工作，实现“四提升、三强化”，即提升“异动主动发起、异动维护质效、作业移动支撑、业务协同支撑”四方面能力，强化“异动发起、在线作业、量化评价”三方面业务管控措施，做到配电网异动管理数字化全过程覆盖；实现维护模式从手工录入向结构化流转转变，实现维护依据从纸质文档向在线实时查询转变，实现专题图从手动调图向自动成图方向转变，实现从多源维护向同源共享转变，以提升异动维护质效为目标，基于营配贯通、工程建设、业扩接入、运维检修、应急抢修等各项业务的需求，以及设备、台账、拓扑信息在线查询、专题图等多业务场景应用需求，实现异动业务全流程在线开展。

同源维护套件系统是主网、配电网中低电压及用户设备维护的统一入口。电网资源业务中台通过数据抽取、实时交互方式将分布在各专业系统的资产、资源、业务等相关数据形成统一的信息模型规范，通过内部的共享服务中心向各应用系统提供服务能力，实现数据、业务、服务“三位一体”的支撑功能。电网资源业务中台作为设备侧共性业务能力沉淀和信息融合的载体，支撑主网、配电网同源维护套件权限管理、流程管理、图形管理等功能的实现；在电网网架结构发生变化后，在异动流程驱动下，开始图形维护；通过专题图成图/调图、图模审核，经审核完成后发布至电网资源业务中台的电网设备运行数据库，同时图形维护完成所产生专题图和电网模型数据则通过图模交互的方式推送到配电自动化Ⅰ区系统。

本书业务篇以配电网异动流程介绍为起点，结合现场业务场景分类，系统性地介绍同源维护套件系统的主要功能模块，包括异动管理、图数维护、专题图、移动应用、系统集成等。

第二章　安装指南

配电网同源维护套件分为中电压客户端和低电压客户端，具体安装方式如下所示。

（1）在谷歌浏览器输入以下网址后，下载安装客户端：

1）http://update-tywh.zj.sgcc.com.cn/dnip.application（中电压）；

2）http://updatedy-tywh.zj.sgcc.com.cn/dnip.application（低电压）；

3）http://pwsqzz-tywh.zj.sgcc.com.cn/PWSQ27/#（中电压、低电压专题图）。

（2）安装程序会自动在windows桌面上生成快捷图标，配电网同源维护套件快捷图标如图2-1所示。

图2-1　配电网同源维护套件快捷图标[1]

---

❶ 本书图片均为系统截图，未做处理。

（3）双击该图标，将启动配电网同源维护套件系统登录界面，如图2-2所示。系统启动后，将弹出用户登录窗口，必须输入正确的用户名和密码后，配电网同源维护编辑建模工具才能正常启动。

图2-2 用户登录界面

第三章　名词解释

一　配电网

配电网是从电源侧（输电网、发电设施、分布式电源等）接受电能，并通过配电设施就地或逐级分配给各类用户的电力网络。其中，35～110kV电网为高压配电网，10（20、6）kV电网为中压配电网，220V/380V 电网为低压配电网。

二　PMS3.0

PMS3.0是新一代设备资产精益化管理系统，是以实现设备、作业、管理、协同“四个数字化”为目标，以统筹开展顶层设计、迭代完善业务中台、突出基层班组实用为主线，构建的以电网资源业务中台为核心覆盖“三区四层”的全新数字化架构。

三　电网资源业务中台

电网资源业务中台遵循SG-CIM统一信息模型规则，整合分散在各专业的电网资源、设备资产等数据，实现电源、电网到用户全网数据的统一标准、统一管理、同源维护的企业级平台。

四 同源维护

同源维护指输电、变电、配电设备台账维护体系遵循国家电网有限公司设备图模管理规范要求，基于统一标准模型进行数据维护，支持设备资源、资产、图形、拓扑的一体化建模，满足“电网一张图、架构一体化、数据一个源、业务一条线”等实时共享、唯一规范的应用条件。

五 计划停电

计划停电是指因为某种原因可能造成某地区范围内电力线路供电中断，电力公司根据上级指示，在某时间段，对特定地区内实行停电的措施。

六 电网地理位置接线图（简称地理图）

电网地理位置接线图反映所有电网设备实际地理位置和电气连接关系，是作为所有电气专题图的基础数据来源及依据；所有电网专题图应从地理图进行布局成图。

七 电网专题图

电网专题图是根据各类应用需求生成的电气关系图。电网专题图根据管理方式和作用的不同，从不同的维度，整体到局部，互为补充，共同组成了完整的电网电气图体系结构，描述和反映了当前电网的现状，为不同的业务应用提供精简准确的图形。电网专题图包含（不限）下列各种图形：

（一）变电站索引图

通过变电站索引图可快速定位到对应的电站内一次侧接线图、站间联络图等。

（二）站间联络图（变电站）

站间联络图（变电站）把变电站及其出线线路按照辐射、闭合、环网等联络方式自动划分为多个供电区域，每个供电区域对应一幅区域系统图，其目的是按供电范围划分网架，降低单幅图形的复杂度，便于图形基础的维护和应用，定位并浏览区域系统图、单线图、线路联络图、线路环网图。

（三）区域系统图

区域系统图是供电范围的详细展现，主要用于展示辖区内供电范围的联络关系。区域系统图上一般只生成线路主干设备和站内间隔，并对线段进行简化合并。

（四）线路环网图

线路联络图是以一条馈线为单位，与当前馈线存在直接/间接联络关系的线路组成的一个系统图。

（五）线路联络图

线路联络图是以一条馈线为单位，与当前馈线存在直接联络关系的线路组成的一个系统图，是最小的系统图。

（六）站间环网图

站间环网图除了直观展示供电范围内的联络关系外，为方便电网组环改造，还将从相同站房（变电站、开关站、环网单元、环网箱、配电室、箱式变）出线的其他线路也同时展示；同时存在光伏设备的末端站房也需要参与成图。

（七）单线图

单线图展现单一线路范围内的所有主分支设备，包括变电站、电缆、架空线、开关站、环网柜、配电变压器等的示意专题图形。线路及其相关设备采用正交布局算法进行无交叉重叠布局，并附有一定的统计信息，如线路总长度、配电变压器容量等。

（八）站室图

站室图是以开关站、环网单元和起环网作用的配电室等站所为单位，通过生成站所内部接线和其间隔出线的联络情况，直观展示开关站供电范围的示意专题图形。站室图不仅能清晰反映开关站房内部的接线情况，该开关站的上游电源设备和下游一级关联设备都能在图中体现。

（九）低电压台区图

低电压台区图以台区为单位，展示变压器供电范围内的所有低电压设备，以及台区范围内的用户数、线路统计信息、容量信息等内容的专题图。

第四章　系统配置

系统配置章节主要包含组织机构、权限管理、厂家/型号配置三个小节。系统配置主要功能是对使用系统的人员、权限及厂家进行配置及管理。

一　组织机构

组织机构管理是指对使用系统的单位进行查看、新增、修改及删除等操作管理。

（一）查看单位信息

登录“通用基础平台”，进入操作页面，点击【系统支持业务包目录】—【系统支持业务包】—【组织及权限管理】，选择需要查看的单位组织机构，即可进行相应组织管理操作，组织机构管理页面如图 4-1所示。

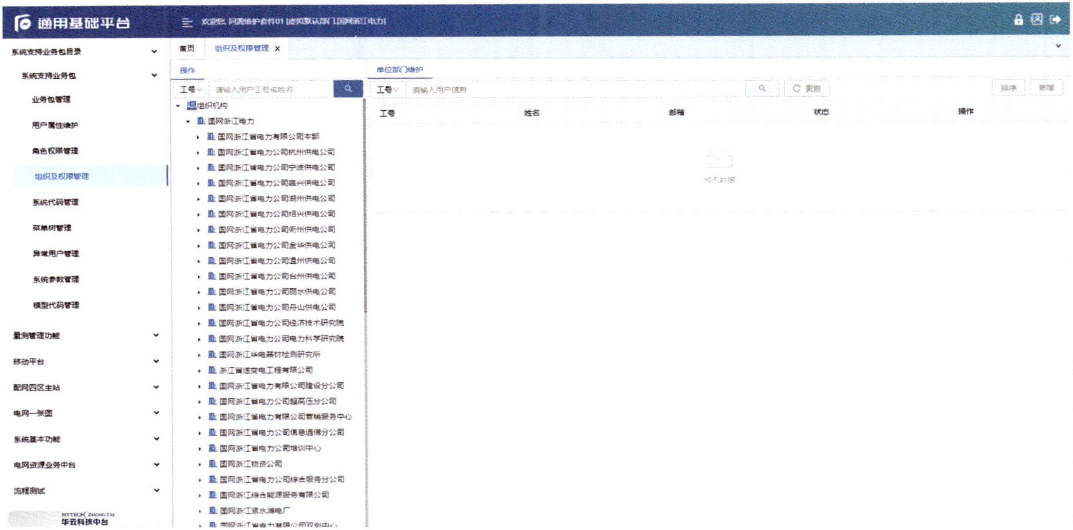

图4-1　组织机构管理页面

（二）新增单位

（1）进入【组织及权限管理】页面，选择新增单位所属地市，点击上方【新增单位】按钮，进行新增单位的操作，如图4-2所示。

（2）根据实际情况填写所需增加的单位信息，如图4-3所示，填写完成后点击【确定】按钮。（**注意：**“单位名称”“单位代码”“单位类型”为必填项。）

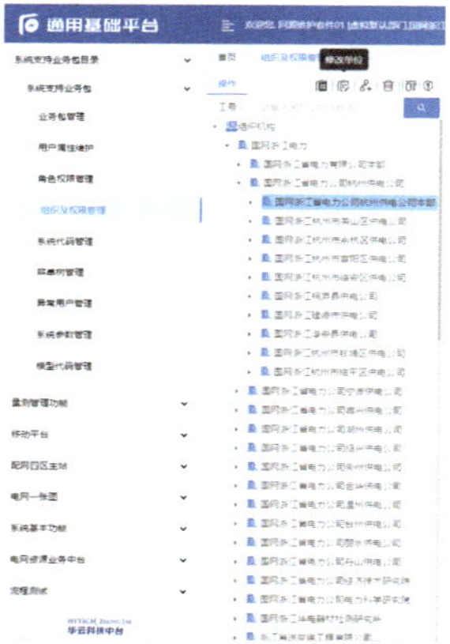

图4-2　新增单位

图4-3　填写单位信息

（三）新增部门

（1）进入【组织及权限管理】页面，选择新增部门所属单位，点击上方【新增部门】按钮，进行新增部门的操作，如图4-4所示。

（2）根据实际情况填写所需增加的部门信息，如图4-5所示，填写完成后点击【确定】按钮。（**注意：**“部门名称”“部门代码”“部门类型”为必填项。）

图4-4 新增部门

图4-5 填写部门信息

（四）修改单位

（1）进入【组织及权限管理】页面，选择需要修改的单位，点击上方【修改单位】按钮，可修改相应单位信息，如图4-6所示。

（2）根据实际情况修改单位信息，如图4-7所示，修改完成后点击【确定】按钮。（**注意：**“部门代码”是唯一的。）

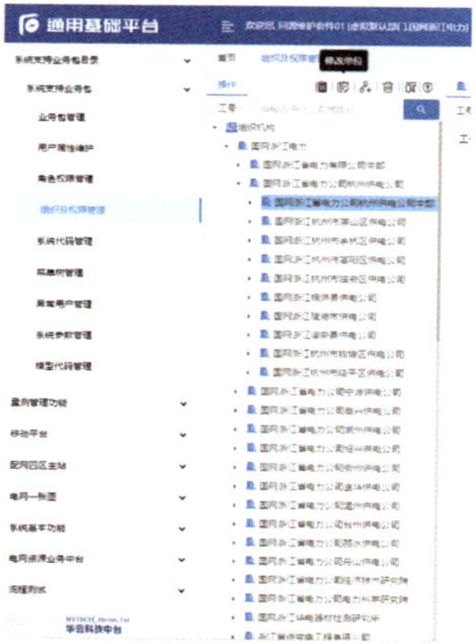

图4-6　修改单位

图4-7　修改单位信息

（五）删除单位

（1）进入【组织及权限管理】页面，选择需要删除的单位，点击上方【删除单位】按钮，可进行相应操作，如图4-8所示。

（2）确认需删除单位后点击【确定】按钮进行删除单位确认，如图4-9所示。

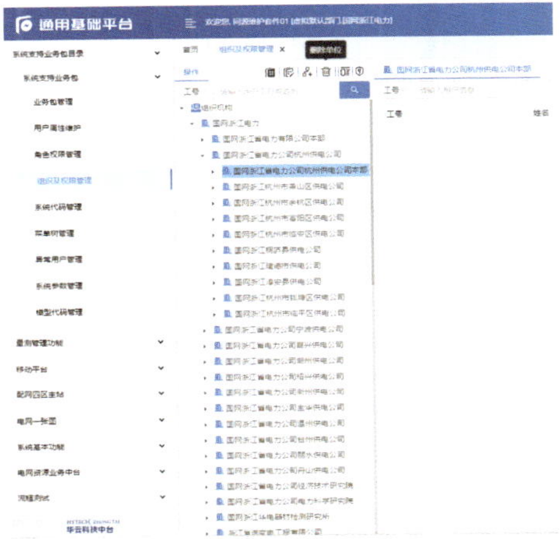

图4-8 删除单位

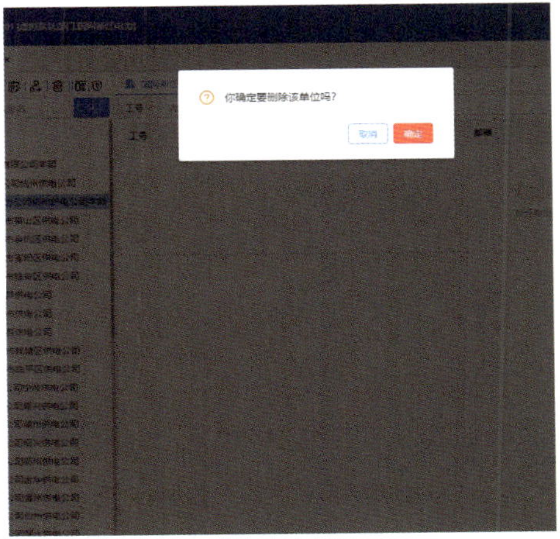

图4-9 删除单位确认

二 权限管理

权限管理可在单位内选择需要分配权限的人员，可对人员权限进行查看、新增、修改密码等操作。

（一）查看人员列表

查看人员列表操作步骤包括登录“通用基础平台”，进入操作页面，点击【系统支持业务包目录】—【系统支持业务包】—【组织及权限管理】，选择需要查看的单位，可查看该单位内所有人员列表，如图4-10所示。

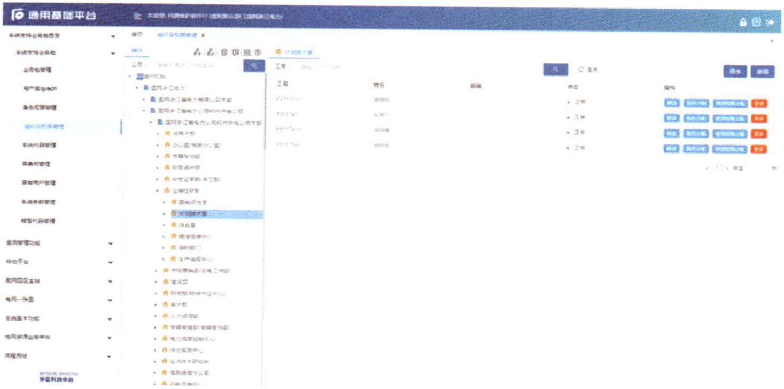

图4-10 查看单位内人员

（二）查看人员管理权限

选择需要查看的人员，点击右侧【角色分配】即可查看该人员所有权限，如图 4-11所示。

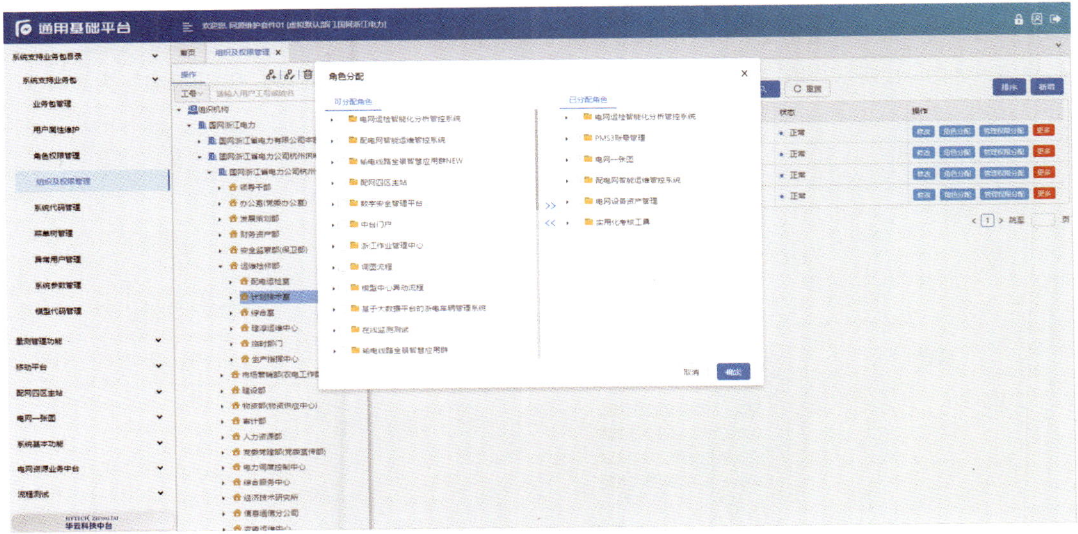

图4-11 查看人员权限

（三）新增用户

（1）选择新增用户所属单位。

（2）点击右上方【新增】按钮，进行新增用户的操作。

（3）填写所需增加的人员信息，填写完成后点击【确定】按钮。

新增用户如图4-12所示，填写用户信息如图4-13所示。（**注意：**“用户工号”和“用户姓名”为必填项。）

图4-12　新增用户

图4-13　填写用户信息

（四）角色分配

角色分配指为用户增加对应管理权限的功能，操作步骤如下：

（1）选择所属单位。

（2）选择该单位内需要增加权限的人员。

（3）点击该人员右侧【角色分配】按钮。

（4）在左侧文件夹内选择所需权限，并单击勾选框。

（5）单击中间侧的右向箭头，为人员分配权限。

角色分配如图4-14所示，选择用户权限如图4-15所示。（**注意**：在进行人员角色分配时，可参考表4-1选择相应功能进行权限分配。）

图4-14 角色分配

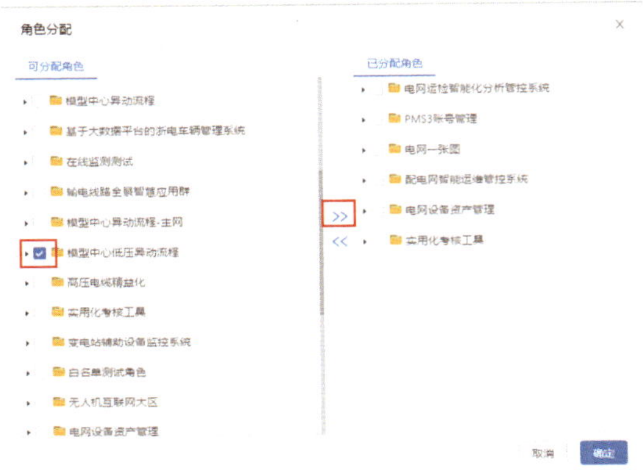

图4-15 选择用户权限

表 4-1　　配电网套件角色名称说明对应表

序号	角色名称	角色说明
中电压		
1	异动新增	班组人员使用，可在GIS或专题图新建异动
2	配电网同源维护套件（GIS）图形维护	班组人员使用，对接收到异动在GIS端进行图形维护
3	专题图调图	班组人员使用，对GIS图数异动所产生的专题图或自建异动中的专题图进行美观调整及字体压线调整
4	运检审核	运检审核人员使用，调图后由运检审核人员进行审核
5	营销审核	营销审核人员使用，在营配任务中，运检审核后，营销审核人员进行审核
6	运方审核	运检审核人员使用
7	自动化审核	自动化专职人员使用
8	调度发布审核	调度审核人员使用
9	台账维护	班组人员使用，对台账进行维护，可在图形维护时维护台账，也可在调度审核发布后进行台账维护
10	GIS/专题图浏览	含中电压GIS、专题图浏览功能

续表

序号	角色名称	角色说明
11	县供电公司配置	对单线图、站室图等专题图的县供电公司配置进行调整（暂时包含台区图县供电公司配置）
12	营配对应编辑	在GIS中对营配对应模块进行编辑、浏览
13	Ⅰ、Ⅳ区图模交互结果	对推送配电自动化Ⅰ区系统的图形结果进行查看
低电压		
1	GIS/专题图浏览–低电压	含低电压GIS、专题图浏览功能
2	异动新增–低电压	班组人员使用，可在GIS、专题图中新增低电压异动
3	图形/台账维护–低电压	班组人员使用，对接收到低电压异动在GIS端进行图形维护
4	专题图调图–低电压	班组人员使用，对GIS图数异动、专题图自建异动中的专题图进行编辑、浏览
5	运检审核–低电压	运检审核人员使用，调图后由运检审核人员进行审核
6	县供电公司配置–低电压	对低电压台区图的县供电公司配置进行设置（暂时和中电压的县供电公司配置一样，后期只会显示台区图）

（五）更改密码

（1）选择需要修改密码的人员，点击右方【更多】按钮。

（2）在下拉菜单中选择【密码初始化】，进行修改密码操作。

更改密码如图4-16所示。

图4-16　更改密码

三 厂家、型号配置

本节讲解设备型号维护和厂家型号维护如何配置和使用，使配置人员、业务人员以及开发人员对厂家设备型号维护有全面的了解，帮助各个角色更好地开展相关业务工作。

（一）设备型号维护

设备型号操作步骤为个人账户登录“通用基础平台”，进入操作页面，点击【电网资源业务中台】—【厂家设备型号维护】—【设备型号维护】，设备型号维护页面如图 4-17所示。（**注意：**结构树分类页面主要包括新增、修改、检索和重置、查看设备型号。）

图4-17　设备型号维护页面

1. 新增设备

新增设备操作步骤为登录“通用基础平台”，进入“设备型号维护”页面，可进行新增设备的维护操作。

（1）进入新增页面：点击操作栏上方【新增】按钮，进行新增设备的操作，如图 4-18所示。

图4-18　设备型号维护新增

（2）填写设备信息：进入弹出“新增设备”页面，填写必填项【型号名称】和【所属类】，点击【保存】按钮，一条设备数据新增成功。填写设备信息如图4-19所示，选择所属类如图4-20所示。

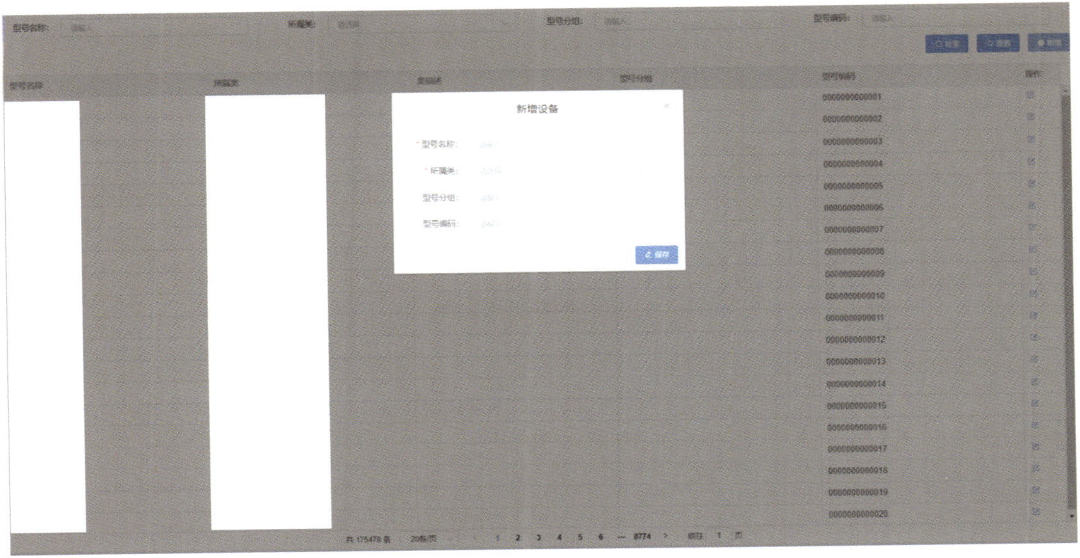

图4-19 填写设备信息

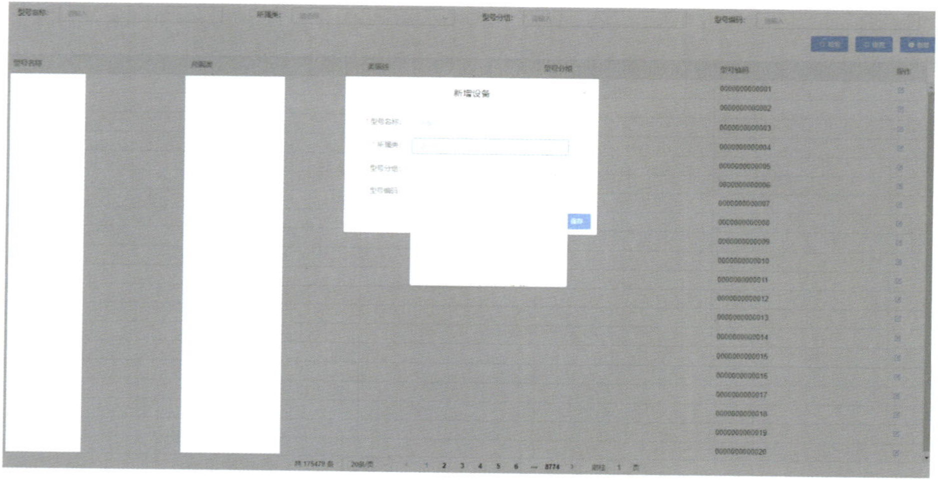

图4-20　选择所属类

说明：

1）型号名称：可输入中文、数字、字母以及下划线等字符，必填项，具有唯一性，限制字符64位。

2）所属类：支持下拉框，数据来源电网模型；输入框支持模糊查询。

3）型号分组：可输入中文、数字、字母以及下划线等字符，非必填项，限制字符64位。

4）型号编码：可输入中文、数字、字母以及下划线等字符，非必填项，限制字符64位。

（3）新增成功：新增成功后，会弹出提示“保存成功”，如图4-21所示。

图4-21 保存成功提示

（4）保存失败：新增成功后页面不会关闭，可以继续新增。如重复增加，弹出提示保存失败，如图4-22所示。

图4-22　保存失败提示

2. 修改设备

（1）选中需要修改设备操作栏，点击【修改】按钮。

（2）弹出“设备维护”页面，支持修改【型号名称】【所属类】【型号分组】和【型号编码】，填写设备信息如图4-23所示。

图4-23 填写设备信息

（3）点击【保存】按钮，弹出提示“修改成功”，该设备信息修改成功，修改成功提示如图4-24所示。

（4）如修改【型号名称】和【所属类】重复，则弹出提示“修改失败，名称重复”，如图4-25所示。

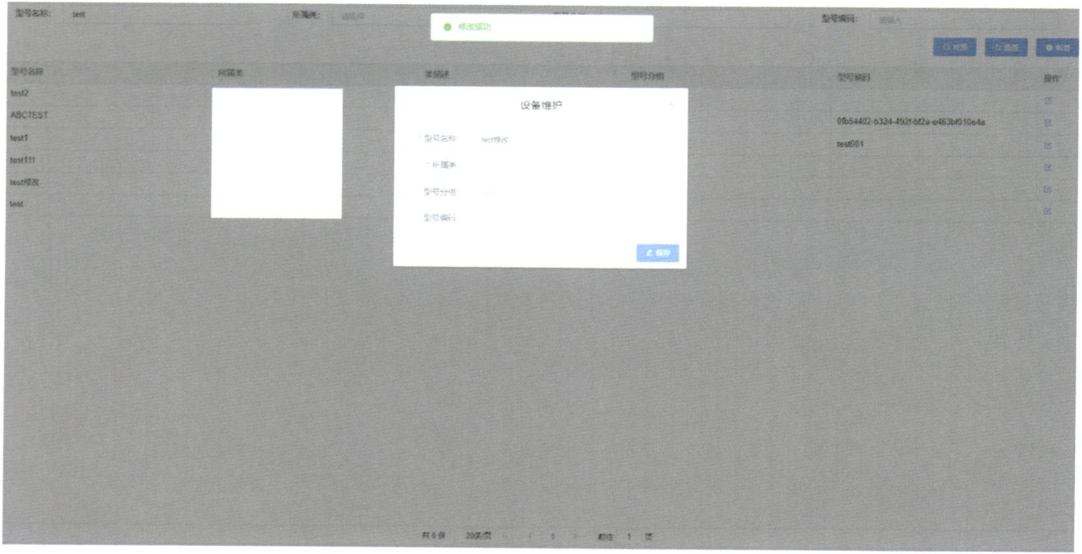

图4-24　修改成功提示

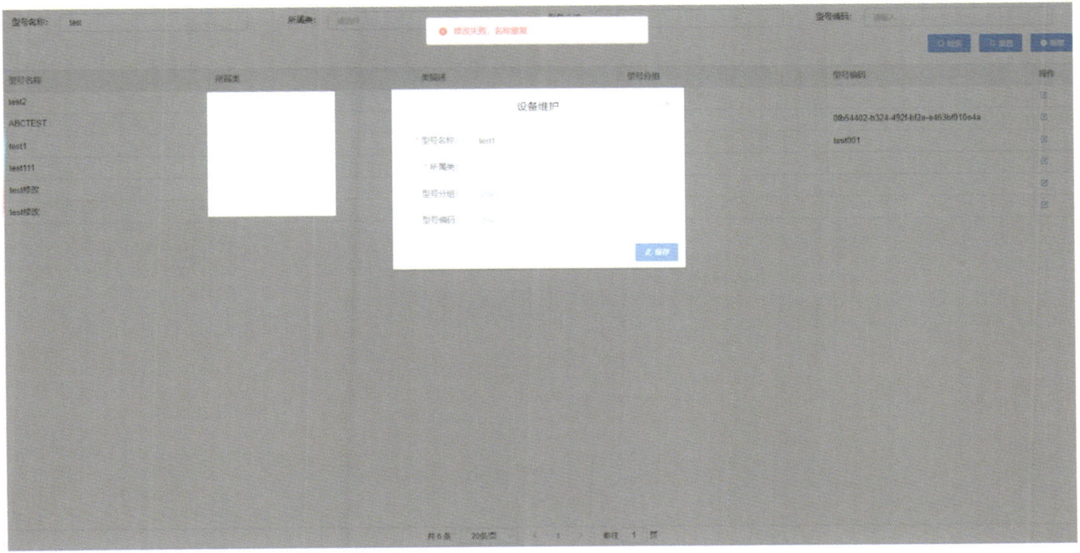

图4-25 修改失败

（5）修改成功后，修改成功如图4-26所示。

图4-26　修改成功

3. 检索和重置设备

检索和重置设备包括设备型号检索、设备型号数据重置和设备维护支持等步骤。

（1）设备型号检索：检索查询页面如图 4-27所示，页面上方显示【型号名称】【所属类】【型号分组】和【型号编码】检索查询。

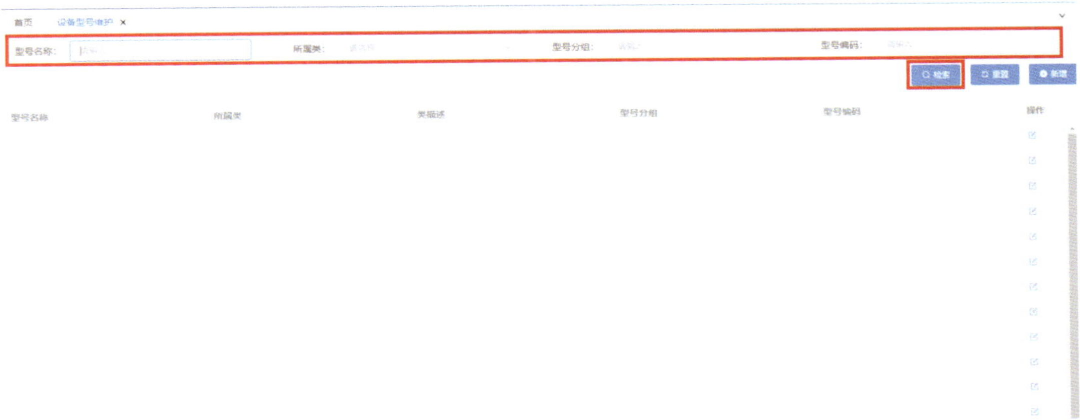

图4-27　检索查询页面

（2）设备维护支持【型号名称】【型号分组】和【型号编码】单个模糊查询，【所属类】支持下拉框查询，也支持四个框组合查询，组合查询页面如图 4-28所示。

图4-28 组合查询页面

（3）设备型号数据重置：设备型号重置页面如图 4-29所示，点击【重置】按钮，查询内容被清空，页面刷新，显示所有数据。

图4-29　设备型号重置页面

4. 翻页查看

（1）“设备型号维护”页面查看支持翻页及跳页查看。

（2）设备翻页查看页面如图4-30所示，点击下方的下拉框选择翻页，翻页支持每10、20、30条/页，默认支持20条/页。

图4-30 设备翻页查看页面

（3）跳页和翻页查看页面如图 4-31所示。

图4-31 跳页和翻页查看页面

（二）厂家型号维护

厂家型号维护的结构树分类页面主要包括新增、修改、检索和查看设备型号。

使用个人账户登录，打开【电网资源业务中台】—【厂家设备型号维护】—【厂家型号维护】页面，如图4-32所示。

图4-32 【厂家型号维护】页面

1. 新增厂家型号

新增厂家型号主要包括新增厂家和绑定设备。

（1）新增厂家。

1）进入操作页面：进入【厂家型号维护】页面，新增厂家型号，操作栏上方点击【新增】按钮，如图4-33所示。

图4-33 新增厂家页面

2）填写厂家信息：弹出【新增厂家】页面，填写必填项【厂家名称】和【厂家编码】，点击【保存】按钮，一条厂家数据新增成功。填写厂家信息如图4-34所示。

说明：

a. 厂家名称：可输入中文、数字、字母以及下划线等字符，必填项，具有唯一性，限制字符64位。

b. 厂家编码：可输入中文、数字、字母以及下划线等字符，必填项，具有唯一性，限制字符64位。

c. 厂家简称：可输入中文、数字、字母以及下划线等字符，非必填项，限制字符64位。

d. 厂家地址：可输入中文、数字、字母以及下划线等字符，非必填项，限制字符128位。

e. 厂家联系人：可输入中文、数字、字母以及下划线等字符，非必填项，限制字符64位。

f. 厂家电话：仅输入数字，且电话为×××××××××××格式或××××-××××××××数字格。

g. 厂家性质：可输入中文、数字、字母以及下划线等字符，非必填项，限制字符64位。

h. 曾用名1、曾用名2、曾用名3：可输入中文、数字、字母以及下划线等字符，非必填项，限制字符64位。

图4-34 填写厂家信息

3）新增成功：新增成功，弹出提示“保存成功”，如图4-35所示。

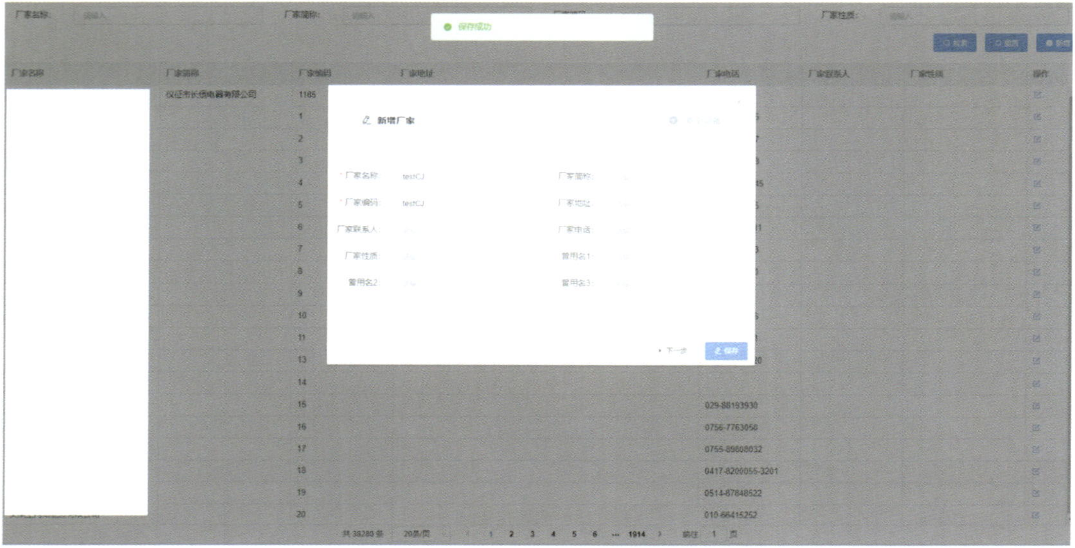

图4-35　新增成功弹窗

4）新增失败：新增成功后页面不会关闭，可以继续新增。如重复增加，弹出提示“保存失败，厂家名称重复”，如图4-36所示。

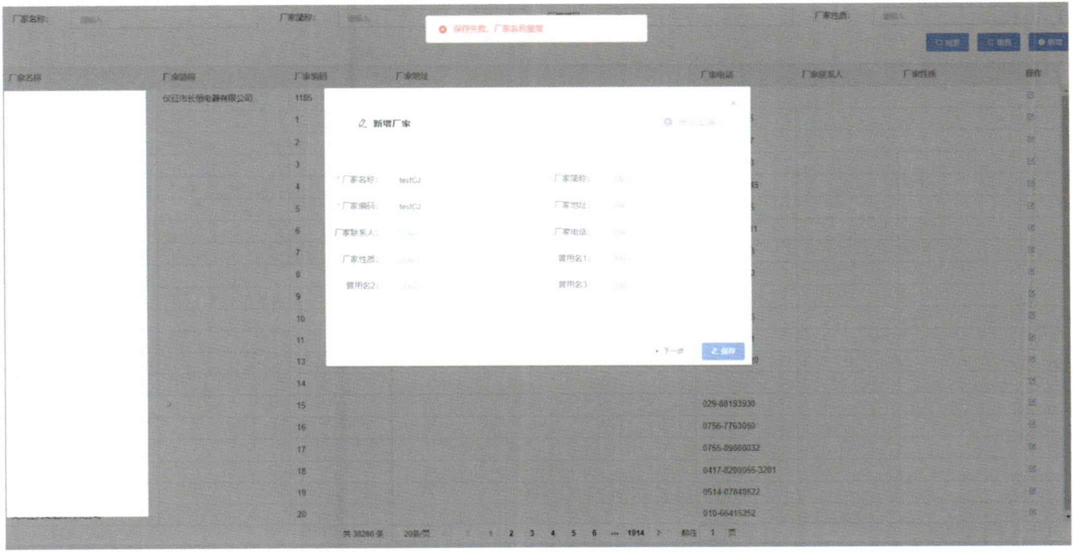

图4-36 新增失败弹窗

（2）绑定设备。

1）进入绑定设备页面：进入新增厂家页面，输入厂家必填项信息后，点击【下一步】，查看“绑定设备”页面，如图4-37所示。

图4-37　绑定设备页面

2）选择设备型号：点击【设备型号】右侧弹出下拉框，会显示所有的设备型号数据，选择设备型号如图4-38所示。

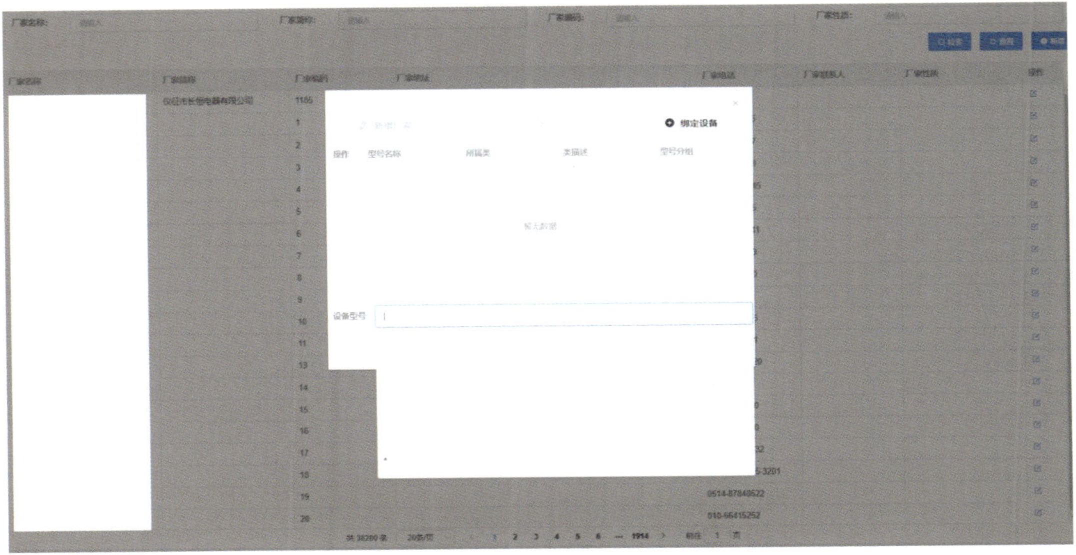

图4-38 选择设备型号

3）关键字查询：输入关键字进行查询，页面下拉框即显示符合的设备型号数据，例如输入“test”，查询到符合的六条数据，如图4-39所示。

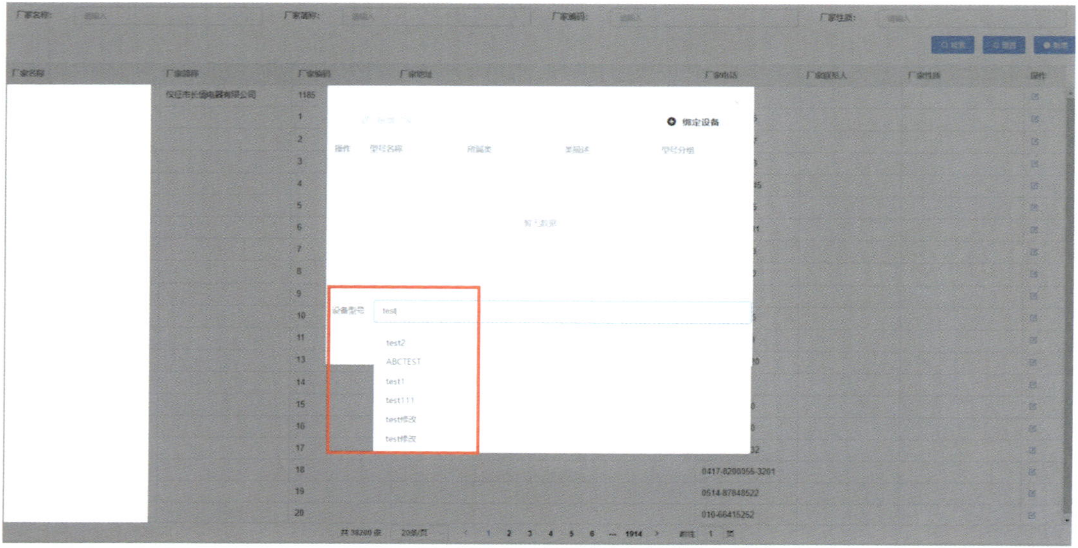

图4-39　输入关键字查询

4）选择所需数据：点击查询到的数据，该条数据被选中，如图4-40所示。

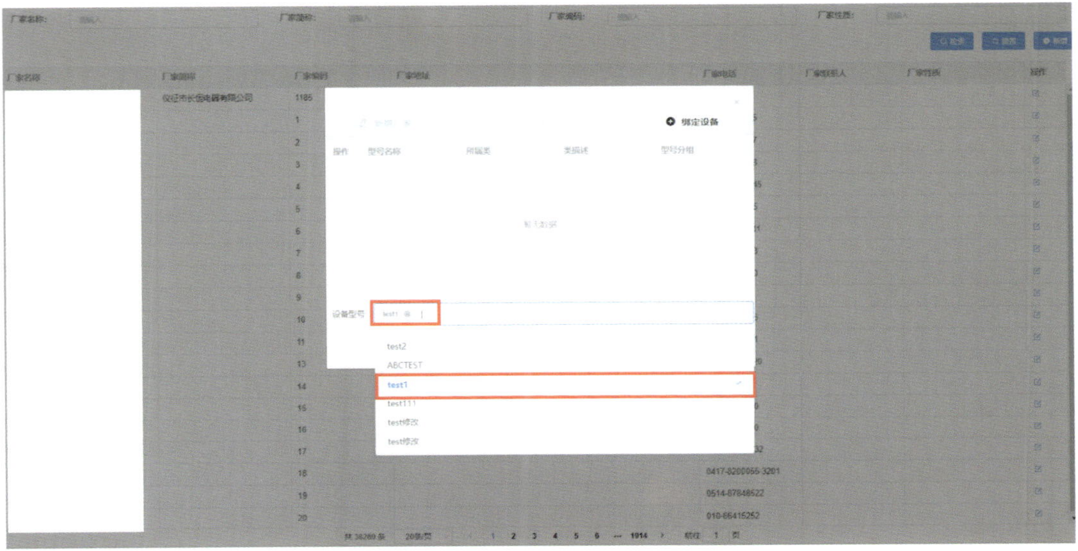

图4-40 选择所需数据

5）保存成功：点击【保存】后，弹出“保存成功”，且数据显示在绑定设备页面，如图4-41所示。

图4-41 保存成功弹窗

6）删除绑定：如数据想去除绑定，可以点击该数据的操作栏【删除】按钮，弹出提示语“删除绑定成功”且该条数据不再显示，如图4-42所示。

图4-42 删除绑定成功

2. 修改厂家型号

（1）进入修改厂家页面：选中需要修改厂家型号操作栏，点击【修改】按钮，弹出“修改厂家”页面，如图4-43所示。

图4-43　修改厂家页面

（2）修改厂家信息：支持修改【厂家名称】【厂家编码】和【绑定设备】等，点击【保存】按钮，弹出提示“修改成功”，该设备信息修改成功，如图4-44所示。

图4-44 厂家信息成功提示

（3）如修改型号名称和所属类重复，则弹出提示“修改失败，厂家名称冲突”，如图4-45所示。

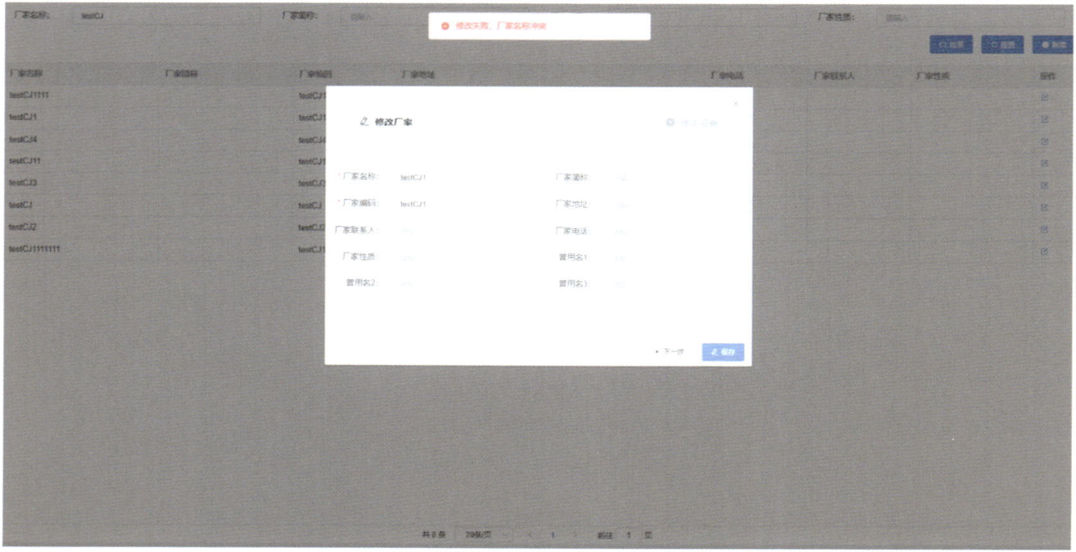

图4-45　修改失败提示

（4）设备绑定页面也可以修改绑定设备的操作，选择多个设备进行绑定，如图4-46所示。

图4-46　修改绑定设备

（5）修改成功后会显示此条修改记录，如图4-47所示。

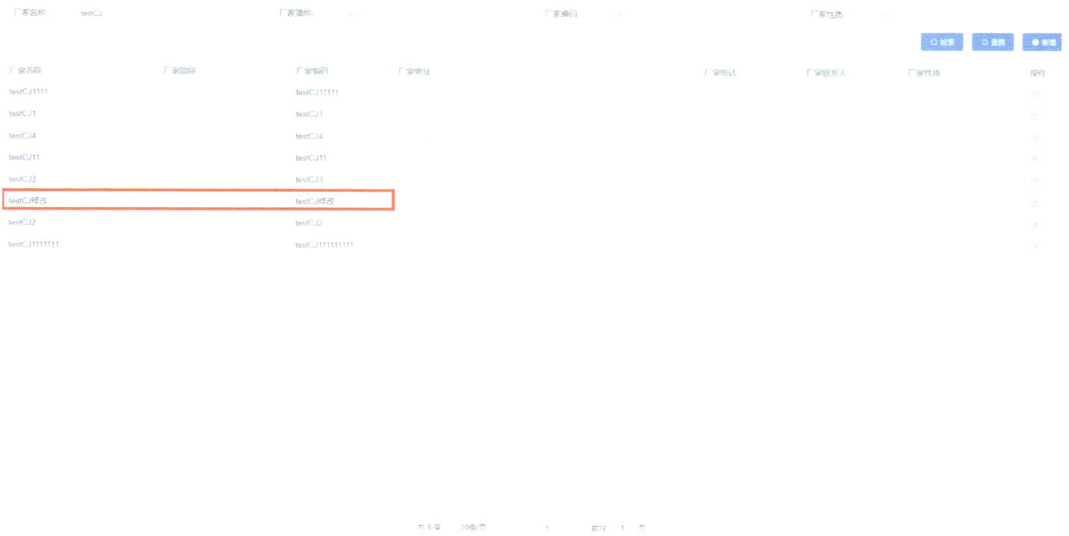

图4-47　显示修改记录

3. 检索和重置厂家型号

（1）进入厂家型号维护页面，检索厂家型号页面如图4-48所示，页面上方显示【型号名称】【所属类】【型号分组】和【型号编码】检索查询。

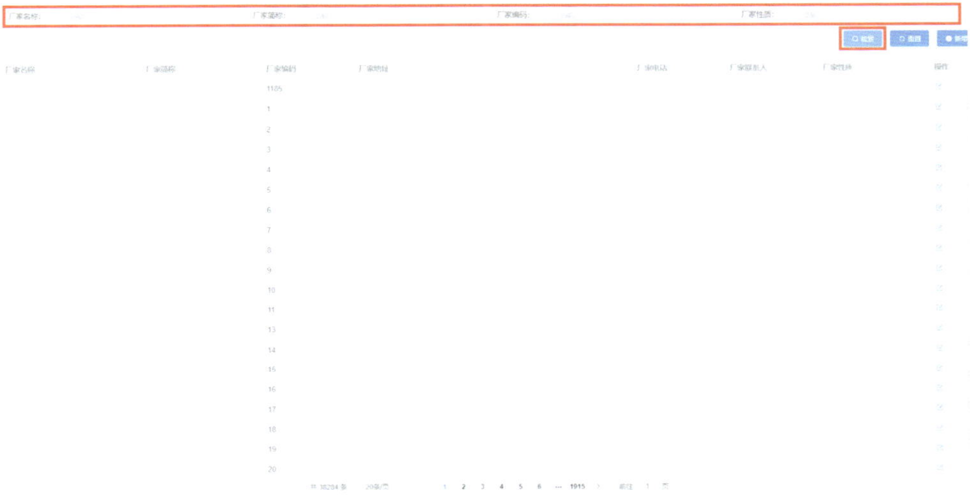

图4-48 检索厂家型号页面

（2）检索查询页面：检索查询支持【厂家名称】【厂家简称】【厂家编码】和【厂家性质】单个模糊查询，也支持四个框组合查询，检索查询页面如图4-49所示。

图4-49　检索查询页面

（3）重置查询页面：重置查询页面如图4-50所示，点击【重置】按钮，查询内容被清空，页面刷新，显示所有数据。

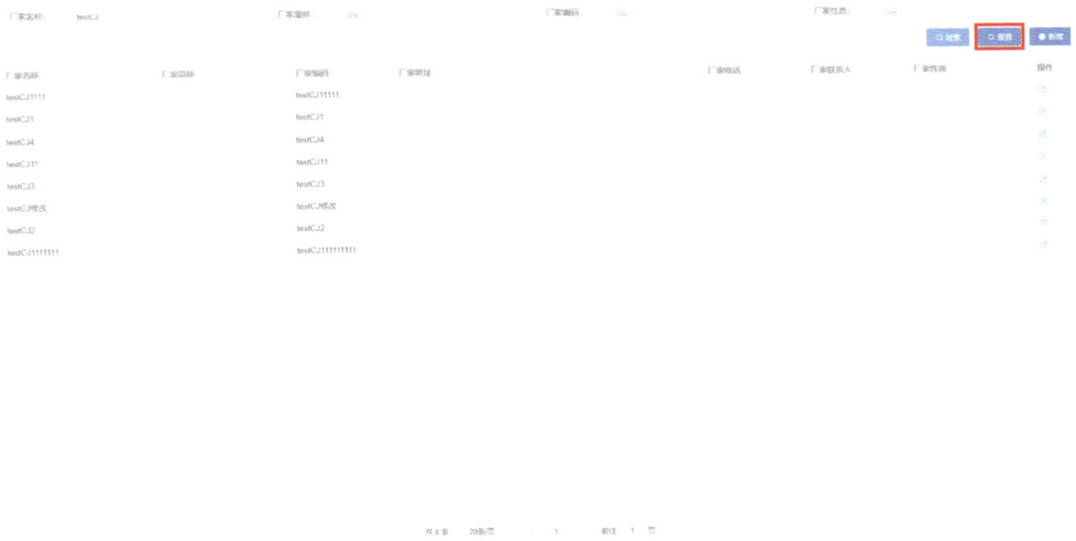

图4-50　重置查询页面

4. 翻页查看

（1）“厂家型号维护”页面查看支持翻页及跳页查看。

（2）如图4-51所示，点击下方下拉框选择翻页，翻页支持每10、20、30条/页，默认支持20条/页。

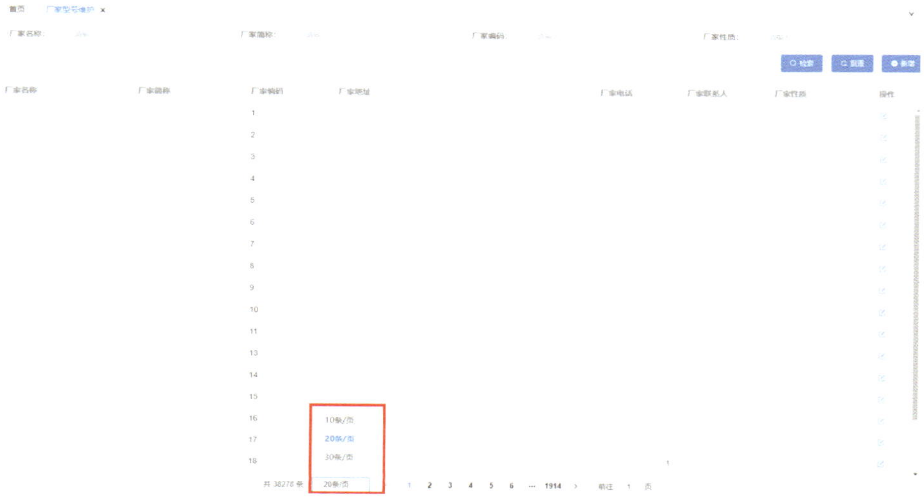

图4-51 翻页选框

（3）跳页和翻页查看如图4-52所示。

图4-52　跳页和翻页查看

Part 2

业务篇

第五章 异动流程

一 流程定义及目的

（一）流程定义

异动流程用来规范化管理现场图模、台账、专题图的变更过程，确保电网数据、图形及模型保持一致，有效支撑电网业务应用。现有同源维护套件中的配电网异动流程按照操作范围分为图数维护流程和专题图调图流程。

图数维护流程指电网设备图形、台账发生变化后需要进行图数变更的流程，包括图形维护环节、专题图调图环节、审核环节（运检、运方、自动化、调度）、台账维护环节和台账审核环节。其中，图数维护环节主要进行电网拓扑图形及台账的维护；专题图调图环节进行单线图的增量成图更新；审核环节对本次异动的内容进行审核确认或审核不通过退回，自动化审核通过后，可推送图模至配电自动化Ⅰ区，进行调度审核，调度审核通过后，Ⅰ区图形由红转黑，同时同源维护套件系统图模发布更新至浏览库，图模更新完成。如有需要更新的资产类台账，可继续执行台账维护节点，没有则流程发布结束。根据任务来源不同，图数维护流程可分为自建、计划（业扩、无人机、手机App、配电网工程和其他生产计划等）流程。不同流程除异动任务来源不同外，可执行的数据范围也有相应限制，同时在审核节点控制上也根据异动来源不同进行了一定区分，确保了异动任务有源可查，异动操作范围有据可依，审核合理高效，从管理上规范电网图数维护流程，保证数据质量。

专题图调图流程指在电网拓扑及电系参数不变的情况下，仅对专题图美观性进行调整的流程。目前同源维护套件系统中的专题图类型包括单线图、站室图、区域系统图、线路联络图、站间联络图、线路环网图、站间环网图等。单线图一般在图数维护流程中即可成图、调图更新完成；其他类型的专题图（如区域系统图）因可能涉及多条馈线的数据，需要在电网图模发布后在保证图形数据不会被覆盖的情况下通过专题图调图流程进行调整。调图流程也分为2个来源：一是用户自建调图任务，可自行选择权限范围内需要调整的各类专题图进行调图；二是在图数维护流程发布结束后自动生成的与图数维护流程同名的调图任务，为保证所有专题图数据与配电网数据一致，图数维护流程发布后，系统会自动进行异动影响范围分析，对受本次异动影响的专题图自动建立调图任务，方便用户及时对相关图形进行更新，提升工作效率。专题图调图流程中，专题图经调度审核通过后即可推送Ⅰ区，并发布浏览。

（二）任务管理

任务管理指用户进入异动待办管理的整体界面，可在任务管理界面进行待办查看、新增、删除等操作。用户登录后，自动进入任务管理界面，如图5-1所示。

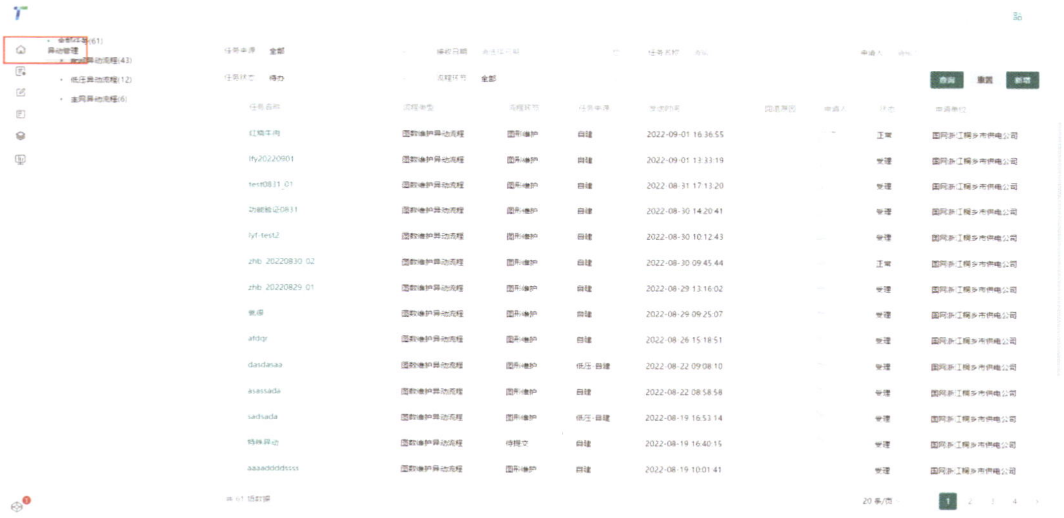

图5-1　任务管理界面

（1）列表默认显示待办状态的异动信息，并根据待办接收（生成）的时间排序，最新待办排在最前面。

（2）可根据申请人、任务名称、任务来源（自建、计划、低电压-自建、主网-自建、低电压-营配）、流程环节（待提交、运检维护、营销维护、图数维护、专题图调图、运检审核、运方审核、自动化推送、调度审核、台账维护）、申请日期等信息进行待办查询和筛选。

（3）如果用户想要查看历史任务，可设置任务状态（待办、历史）为历史，点击【查询】查看，且查询结果支持根据（2）中提到的条件筛选。

（4）单击【任务名称】可打开该任务设备变更申请单。

（5）点击【新增】可进入新增异动任务界面。

（6）勾选任务左侧复选框可对任务进行单个/批量删除，但只能删除自建且未提交的任务。

（**注意：**已办状态为当前账号已操作完成的任务；历史为全部流程已走完的任务。）

（三）任务回退

任务回退主要用在对错误数据的流程退回及数据清理，可能发生在除待提交、归档之外的任何环节。每个环节（待提交和归档除外）都可以支持回退到当前节点之前的节点。回退到专题图调图环节，已保存的图形可继续调整；回退到图数维护环节，则编辑过的专题图列表清空，图形解锁；回退到待提交状态时，当前异动的全部编辑数据清空。图数对比-异动设备清单如图5-2所示。

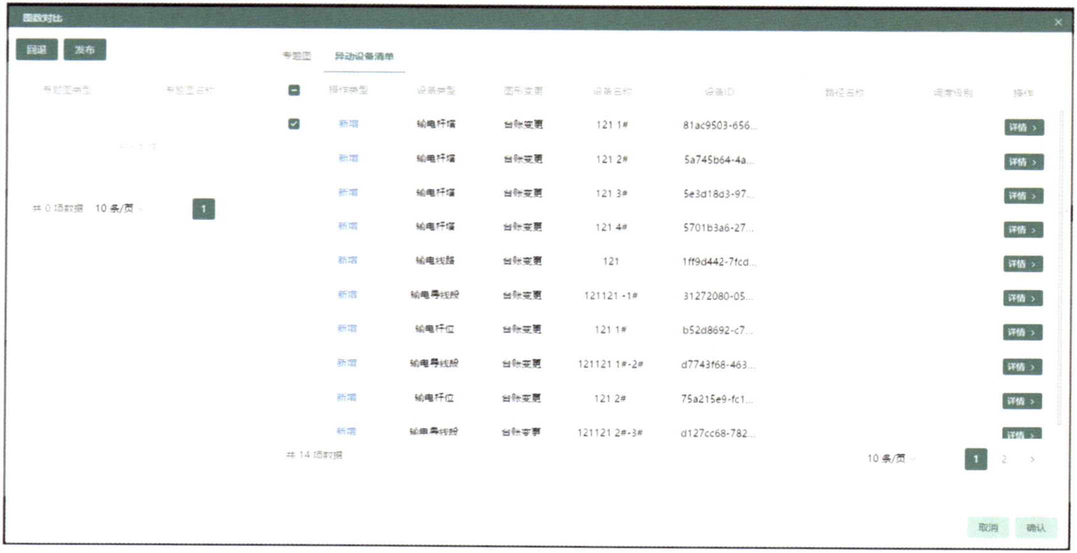

图5-2 图数对比-异动设备清单

任务回退必须填写回退原因。图数维护流程中，如果发现异动设备清单中有异常记录时，可对不通过的内容进行勾选（系统默认不勾选为通过的，用户只需勾选认为不通过的内容），勾选后点击退回时，已勾选内容会自动添加到退回原因中。

设备异动清单中有勾选内容时，说明有审核不通过的内容，流程不能继续发送，通过设备异动清单勾选生成回退原因如图5-3所示。

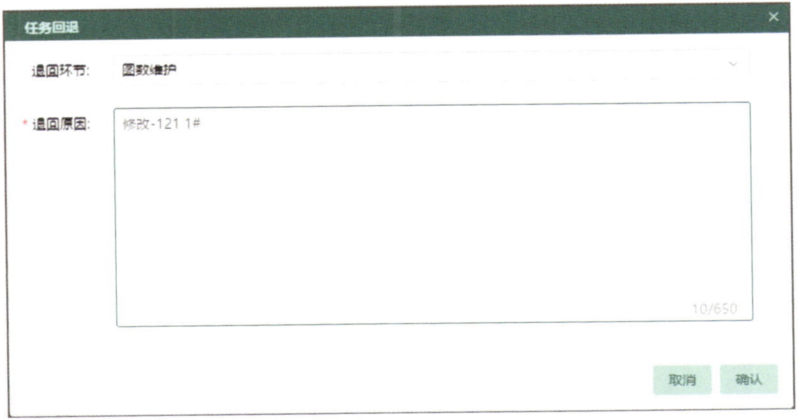

图5-3　通过设备异动清单勾选生成回退原因

（四）锁

同源维护套件系统中，涉及的锁包括任务锁、图锁、数据锁。

（1）任务锁：任务流程发送到下个环节时，考虑到任务处理的及时性要求，允许选择多个人，这种情况下，当有一个用户已经选择并执行了该待办，另外的人就不能直接再打开操作；对于同一个账号在不同电脑打开同一个异动的情况，通过任务锁可进行有效提醒，任务锁如图5-4所示。

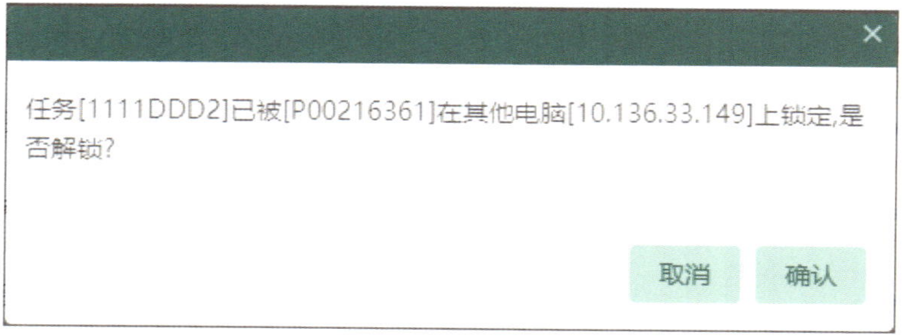
任务[1111DDD2]已被[P00216361]在其他电脑[10.136.33.149]上锁定,是否解锁?
取消
确认

图5-4　任务锁

任务可被有权限的人员打开，从任何一处打开，任务即锁定；打开任务时如当前任务已被锁定，提示“该任务已被××在××电脑上锁定，是否继续打开?”；点击【是】，可把先打开的异动任务踢出去，点击【否】则退出打开。

自建的专题图调图任务中，不能同时打开两个及以上相同类型的任务；同一账号有图形维护任务打开时，再打开其他图形维护任务，系统提示“已有一个图数维护任务进行中，点击确认将关闭并删除未保存数据，确认关闭?”，点击【确认】，关闭之前的任务并打开新的任务。

（2）图锁：图锁指针对专题图上的编辑锁；当一个专题图已被其他异动加载编辑并保存，图即被锁定，直至流程发布后解锁；在这个过程中，如有其他异动想要更新这个专题图，会提示已被锁定，不能操作；手动添加的专题图保存后即锁定，审核发布后或手动删除后或任务回退到待提交环节后解锁。

（3）数据锁：数据锁特指在图形维护环节对已经加载的电网拓扑图及台账数据的锁；目前C端（客户端）同源维护套件以馈线为最小范围的数据锁；一条馈线已被一个异动加载后，其他异动不能再加载和编辑，任务提交审核通过发布后解锁；或者提交校验发现该线路无任何异动数据时，提交解锁。

（五）任务发布

任务发布指通过审核流程，经审核完成后发布至电网资源业务中台电网设备运行库，所涉及的需要推送到配电自动化系统的专题图则通过图模交互的方式推送到配电自动化Ⅰ区系统。

（六）异动分析

异动分析用来分析当前异动影响的专题图范围。目前同源维护套件系统中专题图的种类相对比较丰富，用户可通过县供电公司配置选择实际需要的专题图类型。异动分析时会根据县供电公司配置进行分析，从而在保证图模一致性的前提下最大限度减少基层人员调图工作量。

（1）异动分析默认为自动，当影响范围内存在图锁时中止，但系统提供异动影响范围内的线路信息，支持用户手动触发异动分析。

（2）异动分析结果在专题图列表展示，同时设备列表展示分析状态，包括分析成功、分析中及分析失败；针对分析结果系统还提供下一步的处理方案，可有效指导用户操作。

（3）如果当前分析出的专题图范围中有图形被其他异动锁定，则同名专题图调图任务中，专题图列表为空。

（4）此时可手动点击【异动分析】；如果专题图已被解锁，则可以分析；如未被解锁，提示有图形被锁定。

（5）异动分析开始后，由于有可能时间较长，系统会自动转入后台，当前界面关闭。

二　专题图调图流程

（一）新建调图任务

用户按要求填写任务工单，上传自建异动要修改的内容依据附件，发送异动到下一环节【专题图调图】，页面回到异动列表。新建专题图调图任务如图5-5所示。

图5-5　新建专题图调图任务

（二）打开专题图调图

在任务管理首页，选择一条流程环节为专题图调图的待办任务，双击打开专题图调图任务，如图5-6所示。

图5-6　打开专题图调图任务

（1）同时打开两个及以上相同型的任务。

（2）同一账号有专题图调图任务打开时，再打开其他图形维护任务，系统提示“已有一个专题图调图任务进行中。”

（3）“点击【确认】将关闭并删除未保存数据，确认关闭?”，点击【确认】，关闭之前的任务并打开新的任务。

（4）调图任务回退，填写并提交回退原因即可回退。

（三）调度审核发布

在任务管理界面打开处于审核节点的任务，弹出调度审核环节界面，如图5-7所示。

图5-7　调度审核环节界面

（1）【图形对比】：点击【图形对比】进入图形对比界面；在左侧专题图列表选择专题图双击，系统同时展开任务图形及浏览库中的图形；异动中存在新增、修改的内容在新图中差异布局；相对旧图已删除的内容在旧图中差异布局；两幅图形支持同时缩放、漫游、全景、打印、对异动部分闪烁展示。图数对比-专题图如图5-8所示。

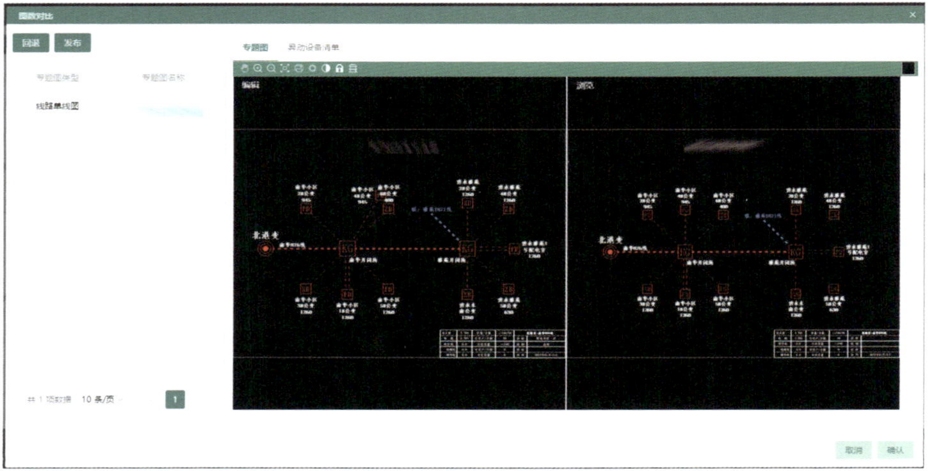

图5-8　图数对比-专题图

（2）【设备异动清单审核】：如果是图数维护任务，在审核环节点击设备异动清单可查看本次异动的设备异动清单，不同的审核环节看到的设备异动清单内容自动区分；自建调图任务中，设备异动清单为空。图数对比-异动设备清单如图5-9所示。

图5-9　图数对比-异动设备清单

（3）专题图调图任务审核退回：自建调图任务只能退回到专题图调图环节，如果在审核环节发现数据错误，可在退回原因中说明，由专题图维护人员将该任务作废。

三 自建图数维护流程

（一）自建设备流程

1. 新建图数维护任务

（**注意**：新建图数维护任务可在Web端也可在客户端中进行，在Web端创建的图数维护异动默认只能在Web端进行图形维护，因此本次升级后，创建图数维护任务仅允许在客户端执行，否则打开图形维护任务时会报错！）

在设备变更申请单界面选择流程类型为“图数维护异动流程”，任务来源选择分为“自建”和“计划”，新建图数维护任务如图5-10所示。

（1）任务来源：任务来源分为自建、计划、低电压–自建、主网–自建、低电压–营配、配电网工程、无人机巡视、App巡视等。

（2）基础信息填写：根据计划类型不同，设备变更申请单中可维护的内容有差异，按需填写设备变更申请单后，点击【保存】。

图5-10 新建图数维护任务

（3）添加附件：

1）上传附件设置强校验，否则不予自建异动。

2）添加附件：点击附件信息—选择文件上传路径，同一路径下支持批量上传。

3）需支持多种格式（图片jpg\png、txt、word、Excel、CEB、PDF）文件上传，附件大小作限制（2M），上传附件如图5-11所示。

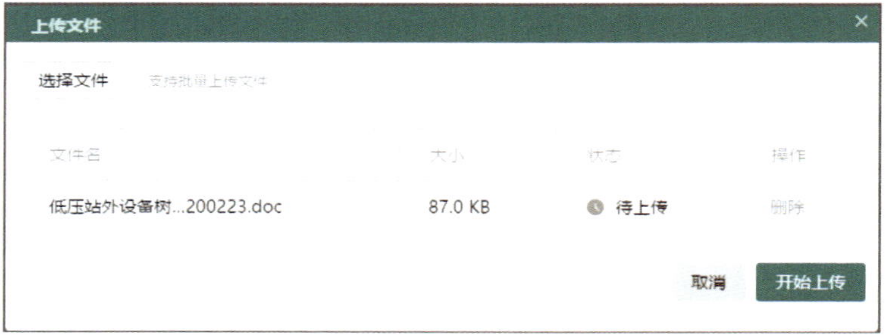

图5-11　上传附件

4）已上传的附件可勾选附件前的复选框删除，支持批量删除。

5）单击附件名称可打开查看附件内容。

6）附件信息非必填，附件列表如图5-12所示。

（4）流程进度：流程进度显示设备变更整理流程及当前所在环节；当前环节高亮显示，已完成的环节和当前环节显示绿色，未完成或者跳过的环节显示为白色或灰色。

图5-12　附件列表

如果新建任务为调图任务（即发送时选择的流程环节为专题图调图），发送成功后流程环节直接跳转到调图环节，中间图形维护部分颜色与未完成环节颜色一致。

2. 图形维护

可在任务管理界面选择流程环节为图数维护的任务打开并查看设备异动申请单，在Web端或在客户端均可以打开，Web端界面如图5-13所示，CS端界面如图5-14所示。

图5-13　Web端界面

（**注意：**在Web端打开时系统会检测是否安装客户端，如已安装，自动调用客户端打开该异动；如未安装，会提醒是否安装，选择是则自动下载安装。）

图5-14 CS端界面

3. 专题图调图

从【图形维护】发送到【专题图调图】节点，进行专题图维护。专题图调图环节的Web端界面如图5-15所示。

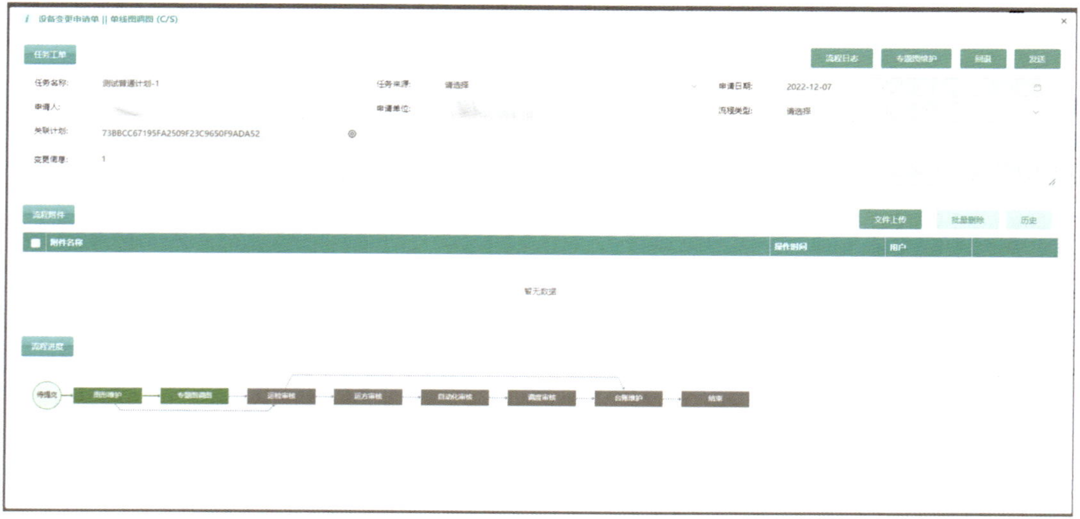

图5-15 专题图调图环节Web端界面

点击【专题图维护】，展示在专题图列表中【专题图调图】节点内变更的单线图。专题图列表如图5-16所示。

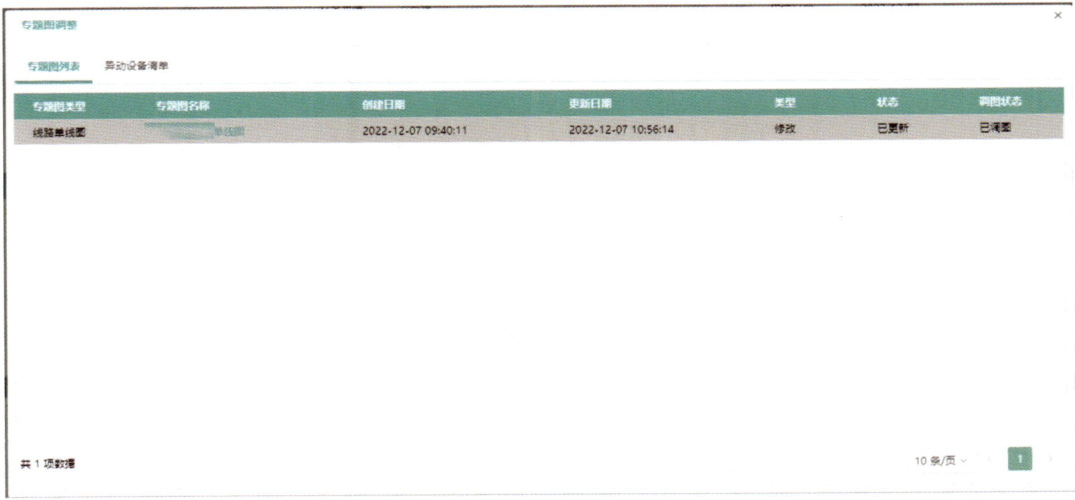

图5-16 专题图列表

显示专题图列表，双击专题图名称，已有的专题图增量打开；如果是线路删除，需要删除专题图，双击时提醒“该线路已删除，单线图不存在”。增量成图界面如图5-17所示。

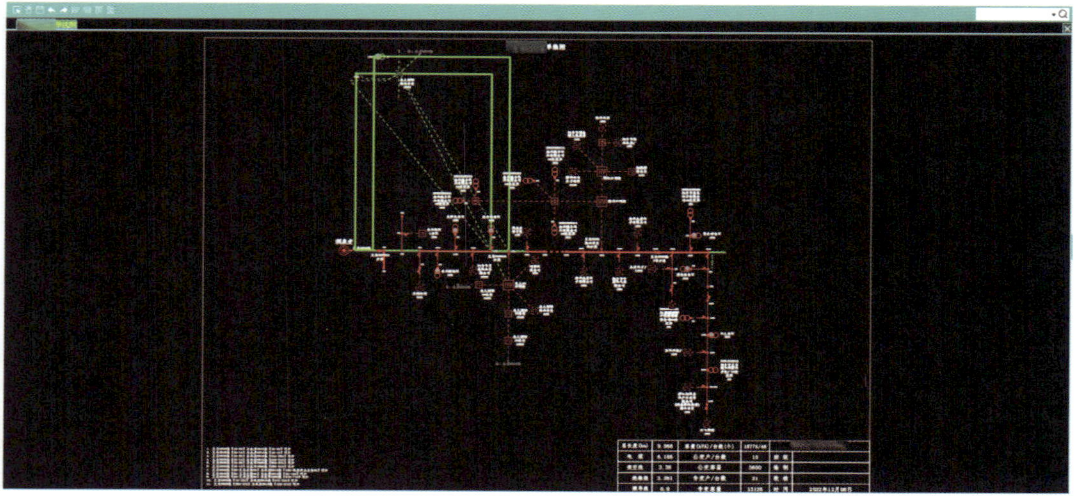

图5-17　增量成图界面

点击【专题图维护】，展示在专题图列表中【专题图调图】节点内变更异动清单列表，异动设备清单支持导出。异动设备清单如图5-18所示。

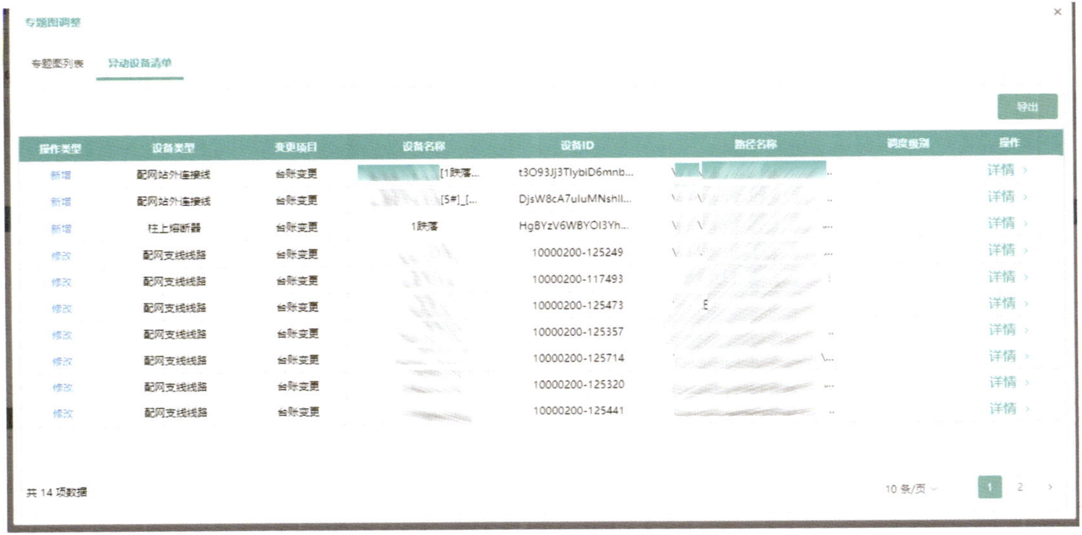

图5-18 异动设备清单

点击【详情】可查看设备变更类型及内容。异动设备清单-详情页如图5-19所示。

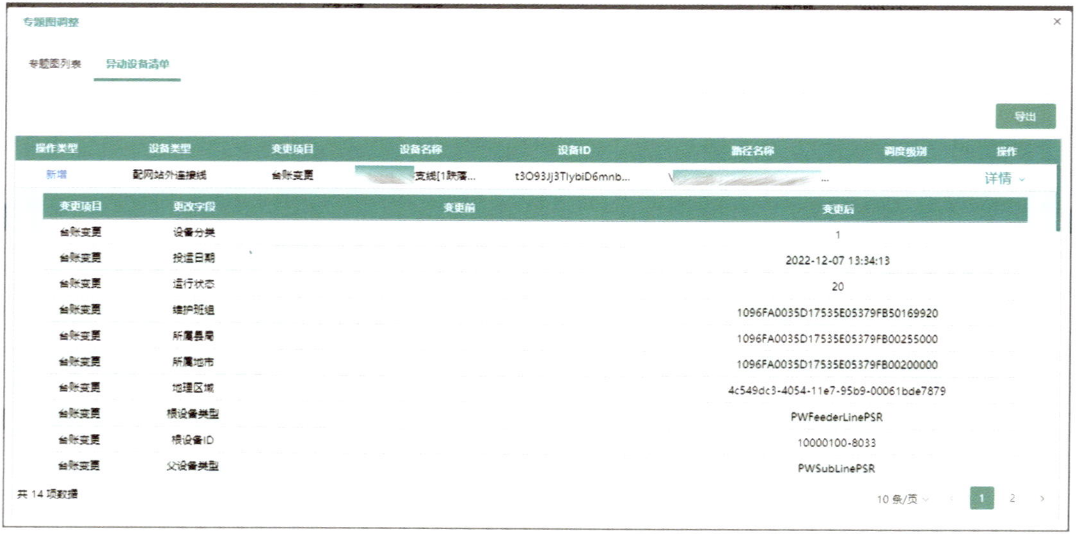

图5-19　异动设备清单-详情页

4. 图形维护回退

异动设备清单中有内容时，可对清单进行审核并勾选不通过的内容（系统默认不勾选为通过，用户只需勾选认为不通过的内容），异动设备清单中勾选不通过的内容如图5-20所示；勾选后点击退回时，已勾选内容会自动添加到退回原因中；设备异动清单中有勾选内容时，不能继续发送；异动设备清单支持导出，勾选内容自动带入到“退回原因”中，如图5-21所示。

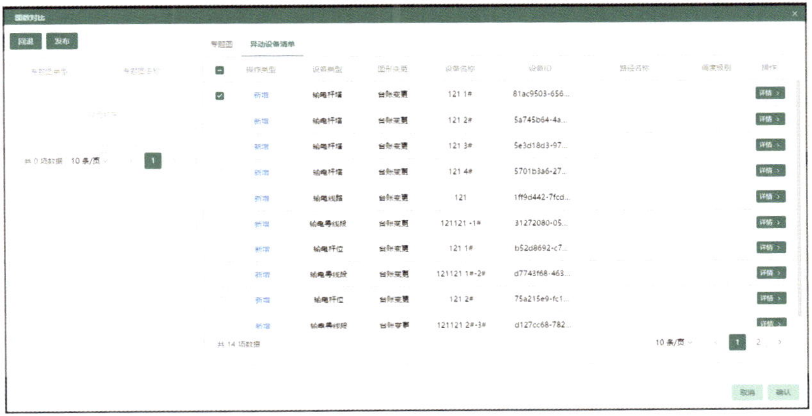

图5-20 异动设备清单中勾选不通过的内容

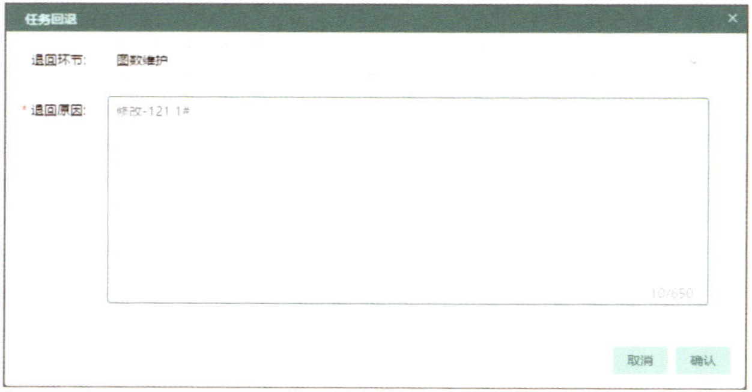

图5-21　勾选内容自动带入“退回原因”中

默认回退上一环节，用户可根据需求选择回退节点。

5. 审核

电网数据变更情况须经相关责任部门审核才能发布，图形变更设置县供电公司运检审核、市供电公司运检审核、省公司运检审核、运方审核、自动化专业审核、调度专业审核环节，做到设备专业、自动化专业、调度专业等专业参与知晓电网变更并有序开展相关工作。各环节审核人员账号应为各单位专职，对有疑问的变更具备回退权限；其中自动化专业审核结束推送Ⅰ区同时发布到调度审核环节，Ⅰ区调度审核结束发布到浏览库，进入下一节点。

6. 台账维护

图数维护节点加载的数据，在【台账维护】节点可以对设备资产台账进行维护。台账维护环节的Web端界面如图5-22所示。

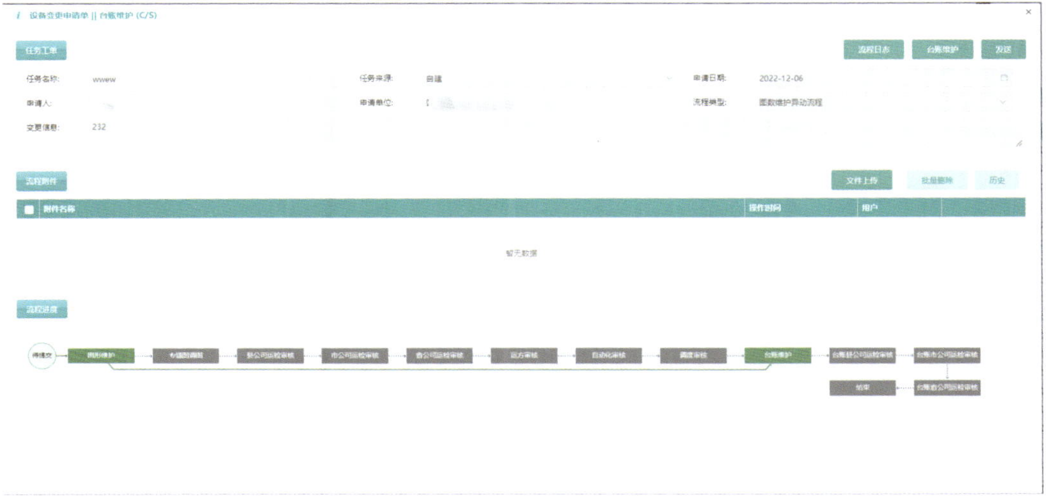

图5-22 台账维护环节

（二）自建营销流程

1. 新建图数维护任务

在设备变更申请单界面，流程类型为“图数维护异动流程”。

（1）任务来源选择来源为“营销”。营销2.0上线后，营销专业反馈存量专用设备存在较多问题，需增加一个营销自建流程用于治理存量营销设备数据问题。

（2）基础信息填写：根据治理需求，填写“任务名称”和“变更内容”，完成后点击【保存】。客户端设备变更申请单基本信息填写界面如图5-23所示。

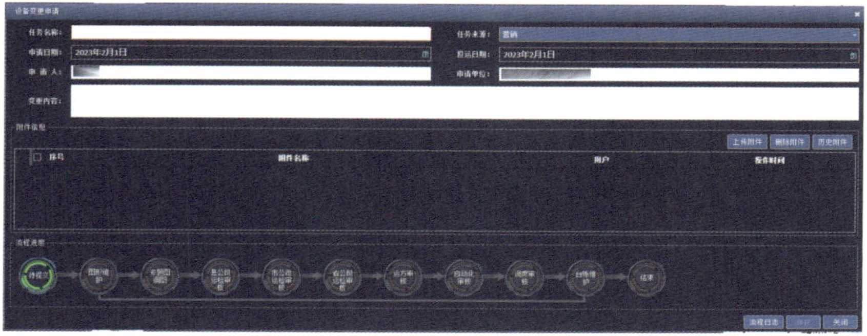

图5-23　客户端设备变更申请单基本信息填写界面

（3）添加附件：

1）添加附件：点击附件信息—选择文件上传路径，同一路径下支持批量上传。客户端异动单附件选择界面如图5-24所示。

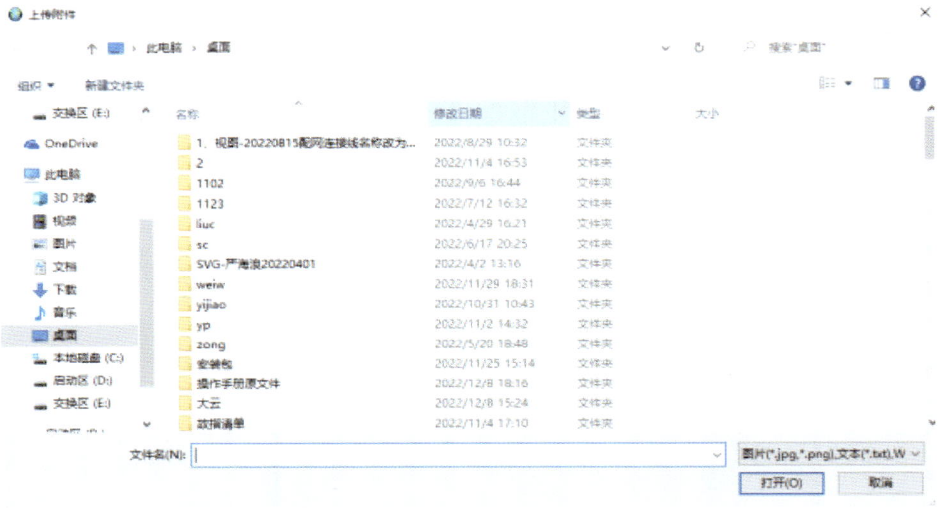

图5-24 客户端异动单附件选择界面

2）支持多种格式（图片jpg\png、txt、word、Excel、CEB、PDF）文件上传，附件大小限制为2M。

3）已上传的附件可勾选附件前的复选框删除，支持批量删除。

4）点击附件名称可打开查看附件内容。

5）附件信息非必填。客户端异动附件查看界面如图5-25所示。

（4）流程进度：流程进度显示设备变更整理流程及当前所在环节；当前环节高亮显示；已完成的环节和当前

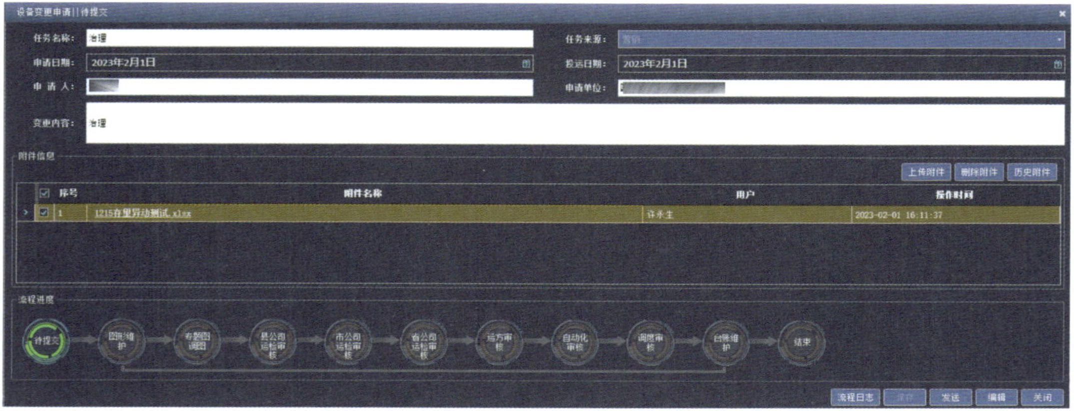

图5-25 客户端异动附件查看界面

环节显示为绿色，未完成或者跳过的环节白色或灰色显示；如果新建任务为`调图任务（即发送时选择的流程环节为专题图调图），发送成功后流程环节直接跳转到调图环节，中间图形维护部分颜色与未完成环节颜色一致。

2. 图形维护

可在任务管理界面选择流程环节为图数维护的任务打开进行图数维护，仅支持新增、删除营销设备。客户端图形维护环节地理图应用界面如图5-26所示。

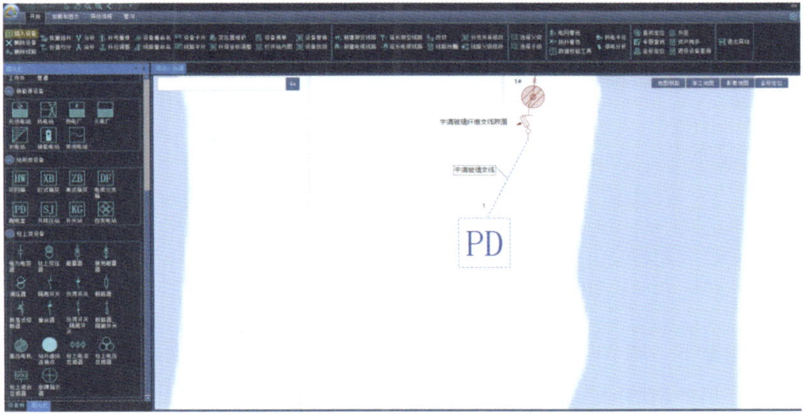

图5-26 客户端图形维护环节地理图应用界面

若涉及公用设备删除、新增则提示“营销异动不允许删除公变设备!”。营销自建流程编辑权限提醒如图5-27所示。

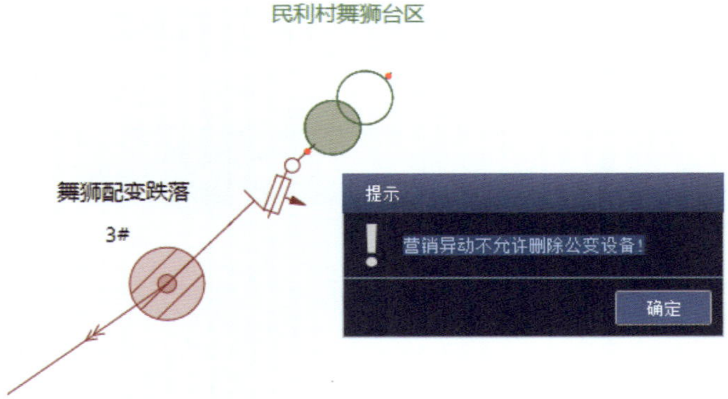

图5-27　营销自建流程编辑权限提醒

从【图形维护】发送至下一环节时，若修改的图数涉及拓扑或专题图关键参数则触发专题图调图，否则直接跳转至台账维护环节；另外新增的营销设备类型中柱上配电变压器、配电站内变压器，箱式变压器，配电房和专线需上传附件佐证材料才能发送至下一环节。

3. 专题图调图

从【图形维护】发送到【专题图调图】节点，进行专题图维护。营销自建流程专题图维护环节入口界面如图5-28所示。

图5-28　营销自建流程专题图维护环节入口

4. 专题图列表

点击【专题图维护】，展示在专题图列表中【专题图调图】节点内变更的单线图。营销自建流程专题图变更列表界面如图5-29所示。

图5-29　营销自建流程专题图变更列表界面

显示专题图列表，双击专题图名称，已有的专题图增量打开；如果是线路删除，需要删除专题图，双击时提醒“该线路已删除，单线图不存在”。营销自建流程单线图增量成图界面如图5-30所示。

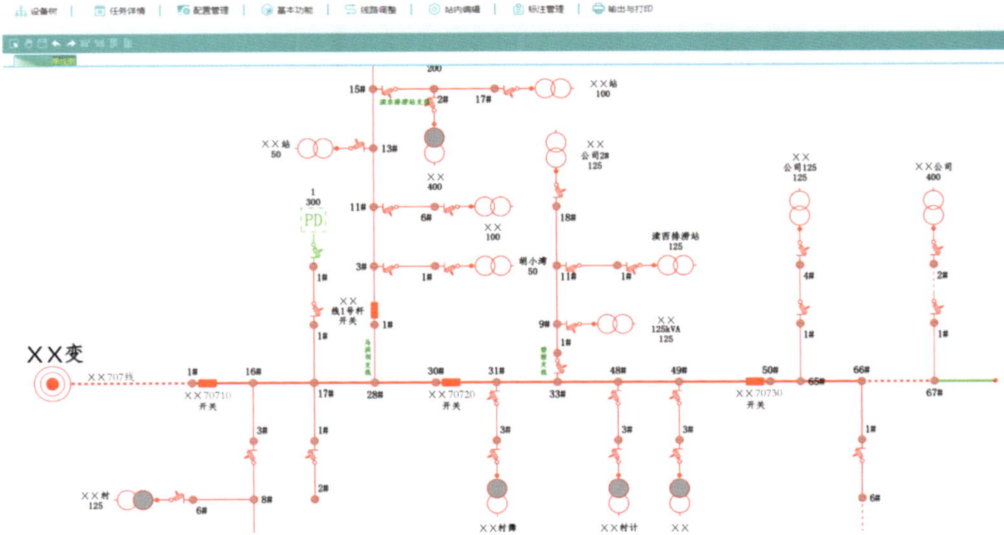

图5-30　营销自建流程单线图增量成图界面

5. 异动设备清单

点击【专题图维护】，展示在专题图列表中【专题图调图】节点内变更异动清单列表，设备异动清单支持导出。营销自建流程异动设备清单界面如图5-31所示。

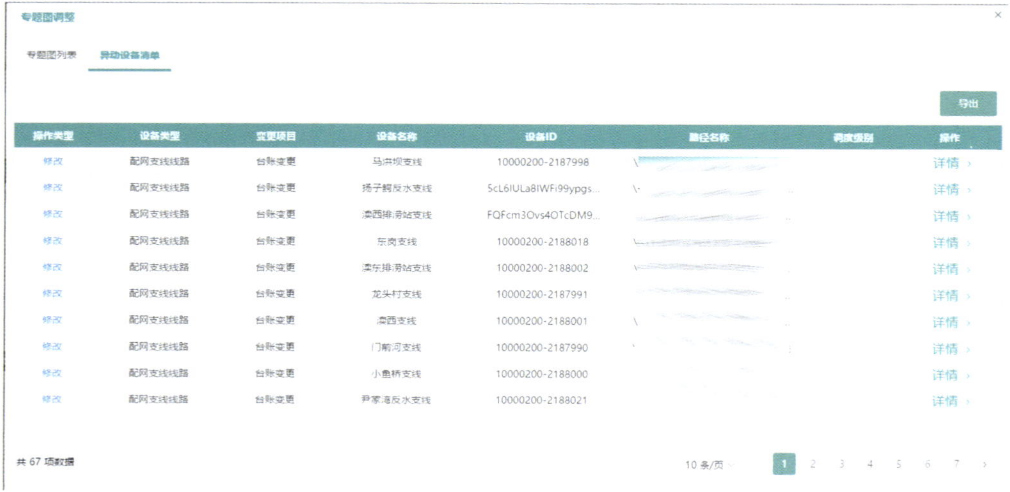

图5-31　营销自建流程异动设备清单界面

点击【详情】可查看设备变更类型及内容。营销自建流程异动设备详细清单界面如图5-32所示。

图5-32　营销自建流程异动设备详细清单界面

6. 图形维护回退

异动设备清单中有内容时，可对清单进行审核并勾选不通过的内容（系统默认不勾选为通过的，用户只需勾选认为不通过的内容），营销自建流程异动审核回退界面如图5-33所示；勾选后点击退回时，已勾选内容会自动添加到退回原因中；设备异动清单中有勾选内容时，不能继续发送；异动设备清单支持导出，营销自建流程回退环节选择界面如图5-34所示。

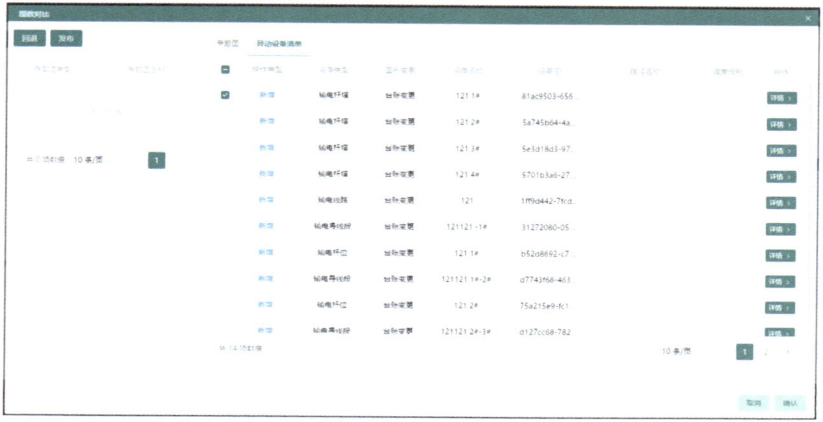

图5-33　营销自建流程异动审核回退界面

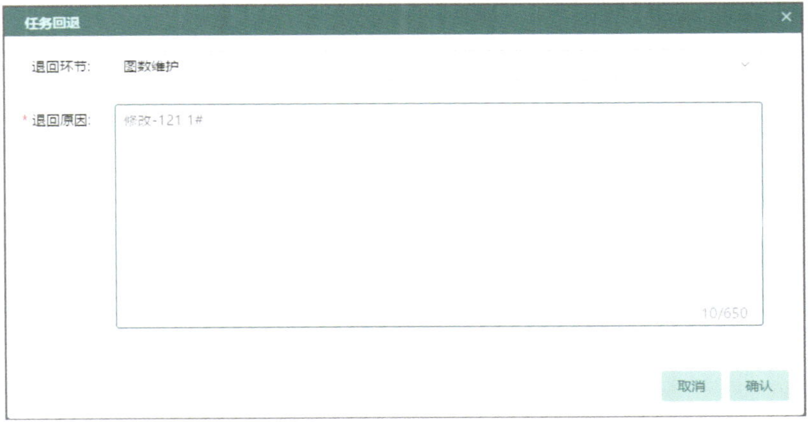

图5-34 营销自建流程回退环节选择界面

默认回退上一环节，用户可根据需求选择回退节点。

7. 审核

电网数据变更情况须经相关责任部门审核才能发布，图形变更设置县供电公司运检审核、市供电公司运检审核、省公司运检审核、运方审核、自动化审核、调度审核环节，做到设备专业、自动化专业、调度专业等专业参与知晓电网变更并有序开展相关工作。各环节审核人员账号应为各单位专职，对有疑问的变更具备回退权限；其中自动化审核结束推送Ⅰ区同时发布到调度审核环节，Ⅰ区调度审核结束发布到浏览库，进入下一节点。

8. 台账维护

点击【台账维护】节点进入客户端或Web端维护界面可以对设备资产台账进行修改，若异动在客户端发起需在客户端上流传。营销自建流程客户端台账维护环节入口界面如图5-35所示。

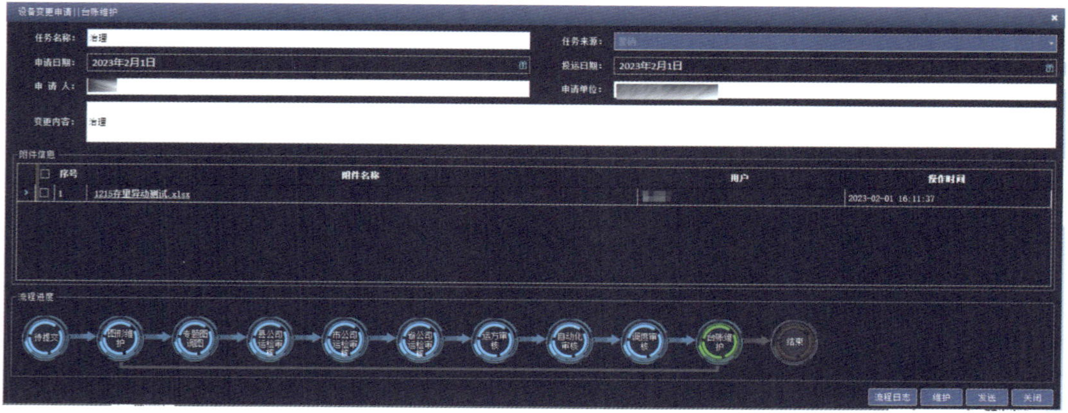

图5-35　营销自建流程客户端台账维护环节入口界面

第六章 图数维护

一 配电网工程数据移交

（一）新增设备移交

（1）工程管控模块任务下发：登录工程全过程管控模块，在工程需求、可行性研究（以下简称“可研”）、（以下简称“初设”）、施工、设计变更、竣工等阶段下发工程任务至设计软件，设计软件根据工程任务开展工程设计。工程全过程管控模块工程任务下发如图6-1所示。

（2）设计软件加载运行态电网：登录设计软件，进入工程管控模块下发工程任务，在【通用工具】—【获取现状数据】，或使用快捷命令：hqxz，在弹出窗口中点击【线路数据】，下载线路运行态电网数据，如图6-2所示。

（3）绘制新增设备：绘制设计态电网，以新增配电变压器为例，选择路径【架空线路设计】—【增加柱上配电变压器台架】。绘制柱上配电变压器如图6-3所示，设计态电网如图6-4所示，图模数据推送如图6-5所示。

（4）异动单创建及数字化移交：登录工程全过程管控系统，在【验收管理】找到对应工程，点击【异动申请】维护异动单信息—【保存并发起异动】—【数字化移交】。异动单及图模数据移交如图6-6所示。

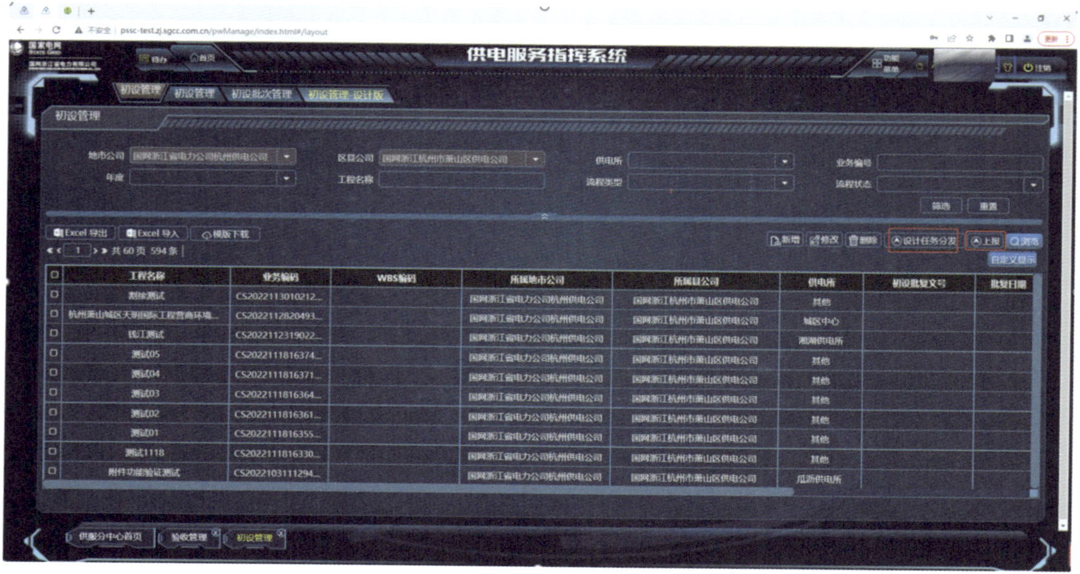

图6-1　工程全过程管控模块工程任务下发

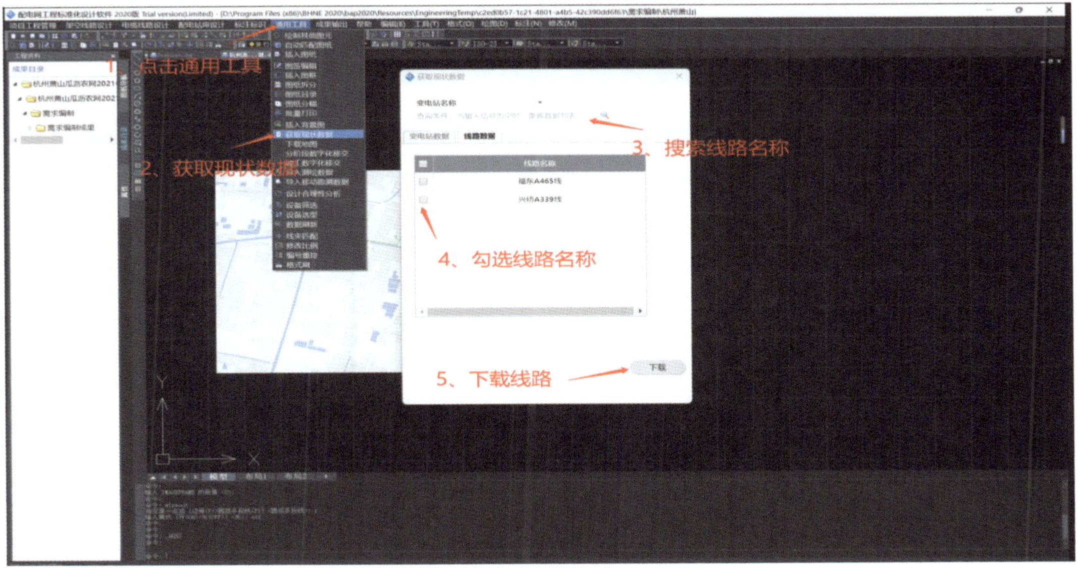
1、点击通用工具
2、获取现状数据
3、搜索线路名称
4、勾选线路名称
5、下载线路

图6-2 下载运行态电网数据

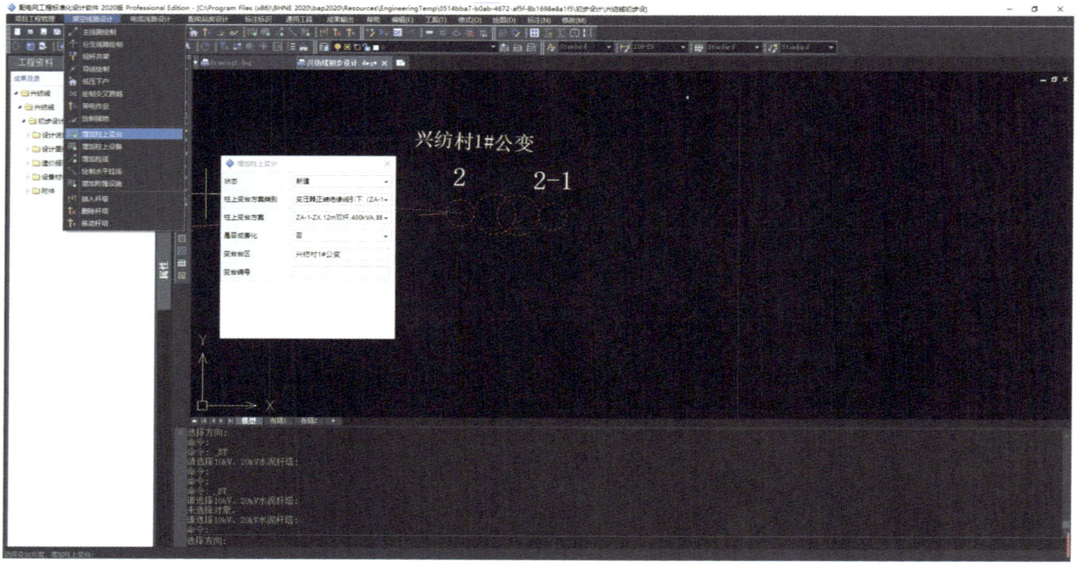

图6-3　绘制柱上配电变压器

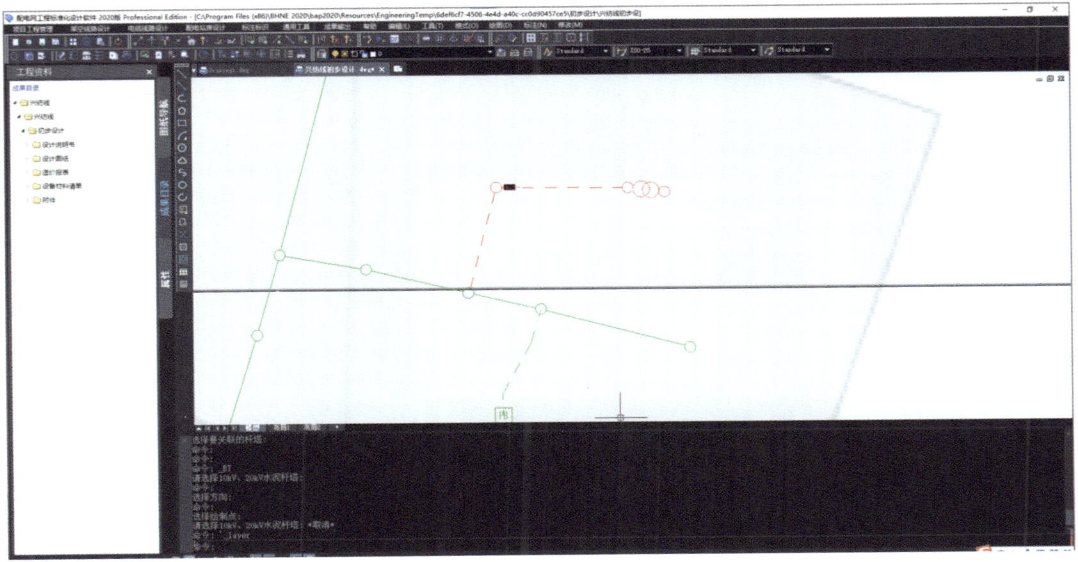

图6-4　设计态电网

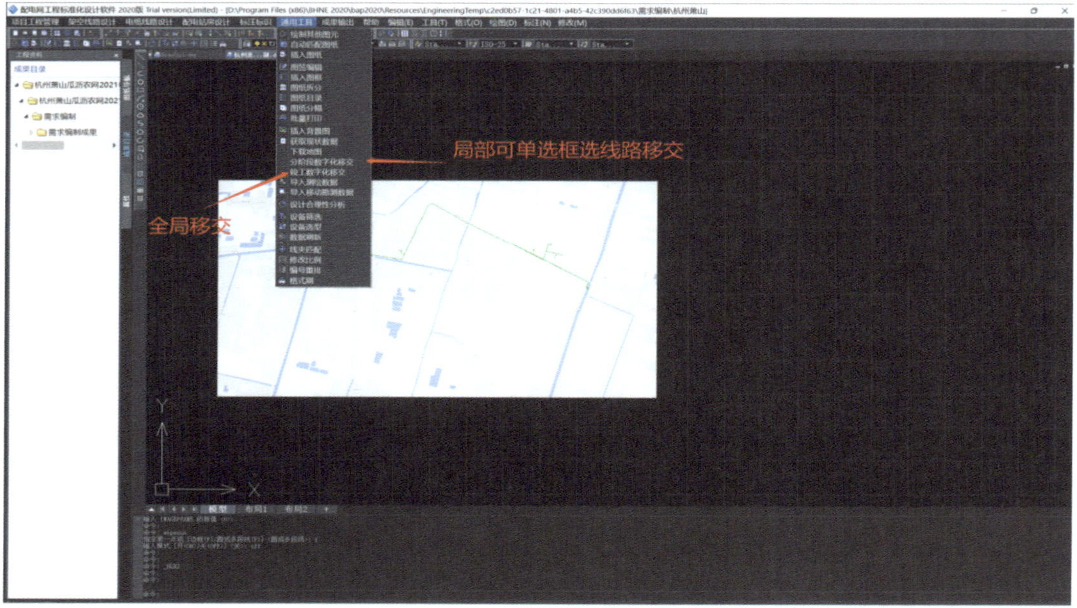

图6-5　图模数据推送

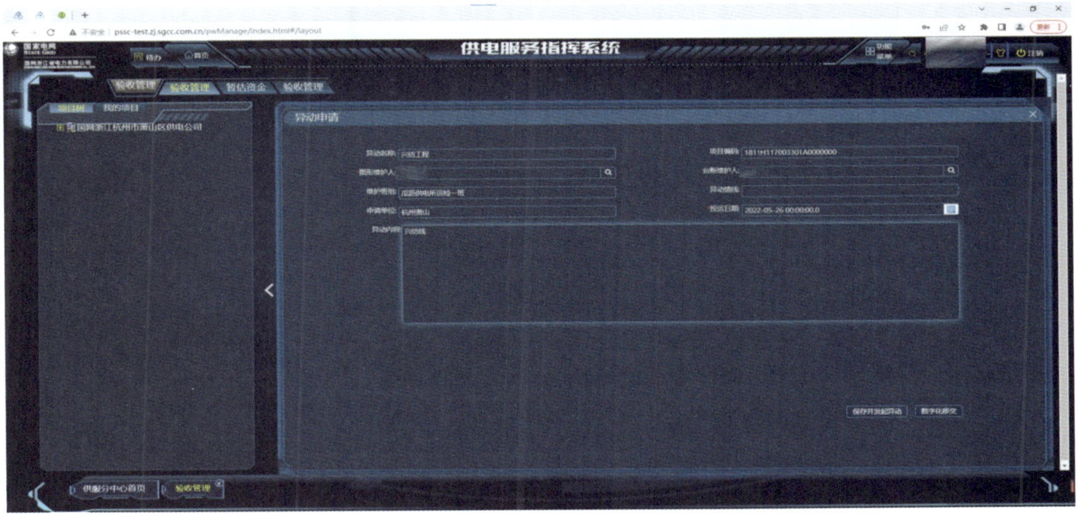

图6-6 异动单及图模数据移交

（5）登录同源维护套件，点击【异动流程】可以查看从工程全过程管控推送来的异动单信息，点击【维护】可以查看“建设态电网”信息，异动单流程完成后，即完成“建设态”电网与“运行态”电网转换。异动管理如图6-7所示。

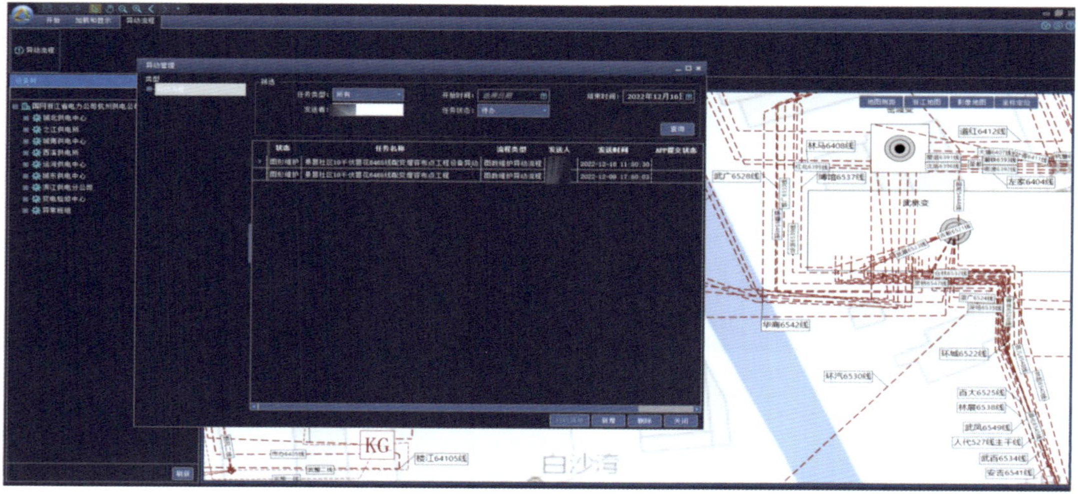

图6-7 异动管理

（二）修改设备移交

（1）工程管控模块任务下发：登录工程全过程管控模块，在工程需求、可研、初设、施工、设计变更、竣工等阶段下发工程任务至设计软件，设计软件根据工程任务开展工程设计，具体操作参照“新增设备移交”。

（2）设计软件加载运行态电网：登录设计软件，进入工程管控模块下发任务，在【通用工具】—【获取现状数据】，或使用快捷命令：hqxz，在弹出窗口中点击【线路数据】，下载线路运行态电网数据，具体操作参照“新增设备移交”。

（3）修改设备：以修改杆塔设备为例，在地图上选择杆塔，右击【单设备选型】，勾选正确的杆塔模块，如图6-8所示。

（4）关联工程检修计划：点击【通用工具】列表中的【现状数据局部推送】功能，单选、框选移交命令：PushXZDataPart，选择对应的周计划，具体操作参照“新增设备移交”。

（5）异动单创建及数字化移交：登录工程全过程管控系统，在【验收管理】找到对应工程，点击【异动申请】维护异动单信息—【保存并发起异动】—【数字化移交】，具体操作参照“新增设备移交”。

（6）登录同源维护套件，点击【异动流程】可以查看从工程全过程管控推送来的异动单信息，点击【维护】可以查看“建设态电网”信息，异动单流程完成后，即完成“建设态”电网与“运行态”电网转换，具体操作参照“新增设备移交”。

图6-8 杆塔设备修改

（三）设备退役移交

（1）工程管控模块任务下发：登录工程全过程管控模块，在工程需求、可研、初设、施工、设计变更、竣工等阶段下发工程任务至设计软件，设计软件根据工程任务开展工程设计，具体操作参照“新增设备移交”。

（2）设计软件加载运行态电网：登录设计软件，进入工程管控模块下发任务，在【通用工具】—【获取现状数据】，或使用快捷命令：hqxz，在弹出窗口中点击【线路数据】，下载线路运行态电网数据，具体操作参照“新增设备移交”。

（3）绘制设备退役：以杆塔退役为例，选择杆塔图元，右击属性，属性状态值改成“拆除”。设备退役如图6-9所示。

（4）关联工程检修计划：点击【通用工具】列表中的【现状数据局部推送】功能，单选、框选移交命令：PushXZDataPart，选择对应的周计划，具体操作参照“新增设备移交”。

（5）异动单创建及数字化移交：登录工程全过程管控系统，在【验收管理】找到对应工程，点击【异动申请】维护异动单信息—【保存并发起异动】—【数字化移交】，具体操作参照“新增设备移交”。

（6）登录同源维护套件，点击【异动流程】可以查看从工程全过程管控推送来的异动单信息，点击【维护】可以查看“建设态电网”信息，异动单流程完成后，即完成“建设态”电网与“运行态”电网转换，具体操作参照“新增设备移交”。

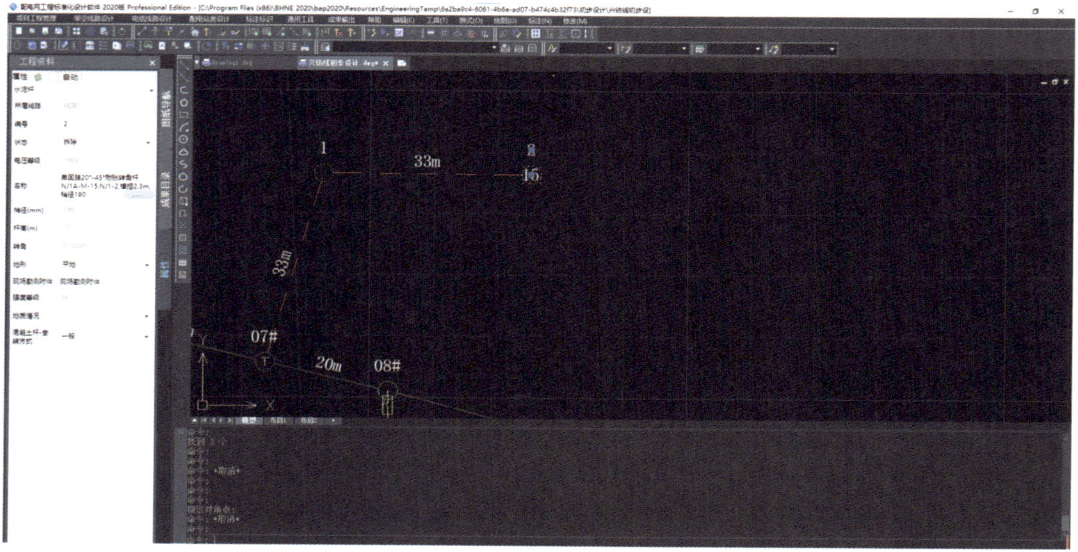

图6-9　设备退役

（四）设备增容移交

（1）工程管控模块任务下发：登录工程全过程管控模块，在工程需求、可研、初设、施工、设计变更、竣工等阶段下发工程任务至设计软件，设计软件根据工程任务开展工程设计，具体操作参照“新增设备移交”。

（2）设计软件加载运行态电网：登录设计软件，进入工程管控模块下发任务，在【通用工具】—【获取现状数据】，或使用快捷命令：hqxz，在弹出窗口中点击【线路数据】，下载线路运行态电网数据，具体操作参照“新增设备移交”。

（3）配电变压器增容：以柱上配电变压器增容为例，将旧配电变压器拆除，新绘制柱上配电变压器。配电变压器增容如图6-10所示。

（4）关联工程检修计划：点击【通用工具】列表中的【现状数据局部推送】功能，单选、框选移交命令：PushXZDataPart，选择对应的周计划，具体操作参照“新增设备移交”。

（5）异动单创建及数字化移交：登录工程全过程管控系统，在【验收管理】找到对应工程，点击【异动申请】维护异动单信息—【保存并发起异动】—【数字化移交】，具体操作参照“新增设备移交”。

（6）登录同源维护套件，点击【异动流程】可以查看从工程全过程管控推送来的异动单信息，点击【维护】可以查看“建设态电网”信息，异动单流程完成后，即完成“建设态”电网与“运行态”电网转换，具体操作参照“新增设备移交”。

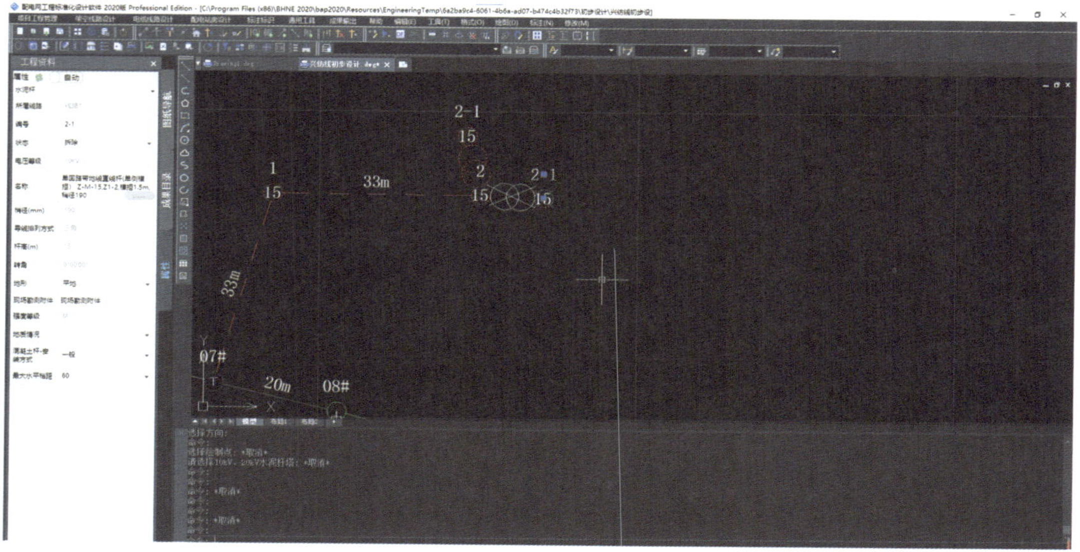

图6-10　配电变压器增容

（五）设备再利用移交

（1）工程管控模块任务下发：登录工程全过程管控模块，在工程需求、可研、初设、施工、设计变更、竣工等阶段下发工程任务至设计软件，设计软件根据工程任务开展工程设计，具体操作参照“新增设备移交”。

（2）设计软件加载运行态电网：登录设计软件，进入工程管控模块下发任务，在【通用工具】—【获取现状数据】，或使用快捷命令：hqxz，在弹出窗口中点击【线路数据】，下载线路运行态电网数据，具体操作参照“新增设备移交”。

（3）设备再利用：以配电变压器利旧为例，在地理图上选择配电变压器图元，右击【单设备选型】—【编辑】修改属性为【利旧】，如图6-11所示。

（4）关联工程检修计划：点击【通用工具】列表中的【现状数据局部推送】功能，单选、框选移交命令：PushXZDataPart，选择对应的周计划，具体操作参照“新增设备移交”。

（5）异动单创建及数字化移交：登录工程全过程管控系统，在【验收管理】找到对应工程，点击【异动申请】维护异动单信息—【保存并发起异动】—【数字化移交】，具体操作参照“新增设备移交”。

（6）登录同源维护套件，点击【异动流程】可以查看从工程全过程管控推送来的异动单信息，点击【维护】可以查看“建设态电网”信息，异动单流程完成后，即完成“建设态”电网与“运行态”电网转换，具体操作参照“新增设备移交”。

SBJ-1-M12
RJ7-170
M20×400
DTL-70
DT-50
JBC10-6
HBG6-280
BG6-280
HBG6-220
BG6-220
SRJ6-3000
HBG6-240

图6-11 设备再利用

二 营销业扩数据移交

（一）设备新增

（1）中电压营销新增。

1）异动流程发起：

a.打开中电压套件—【异动流程】—【新增】—任务来源【计划】—右下角选择【关联计划】，如图6-12所示。

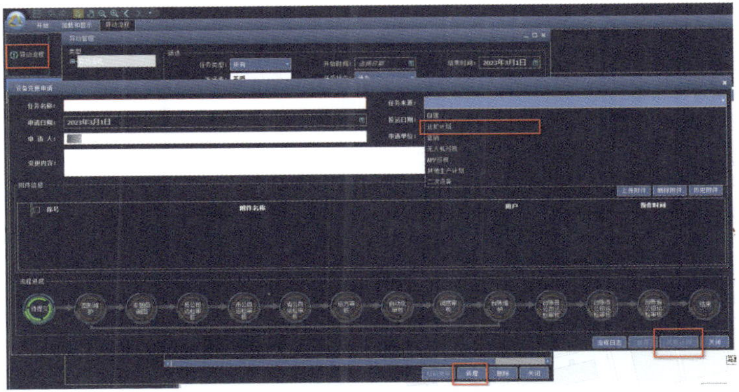

图6-12 关联计划

b.选择对应供服检修计划的班组，点击【查询计划】—在查找出的计划前打勾，再点击【关联】，下面菜单显示“已关联的计划”，点击【确定】。关联计划信息如图6-13所示。

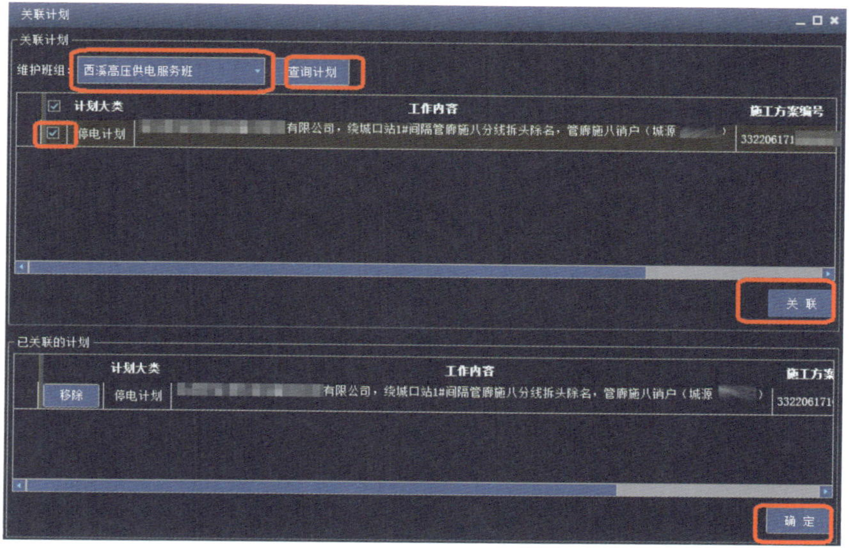

图6-13 关联计划信息

c.维护任务名称—【保存】—【确定】，异动任务示例如图6-14所示。

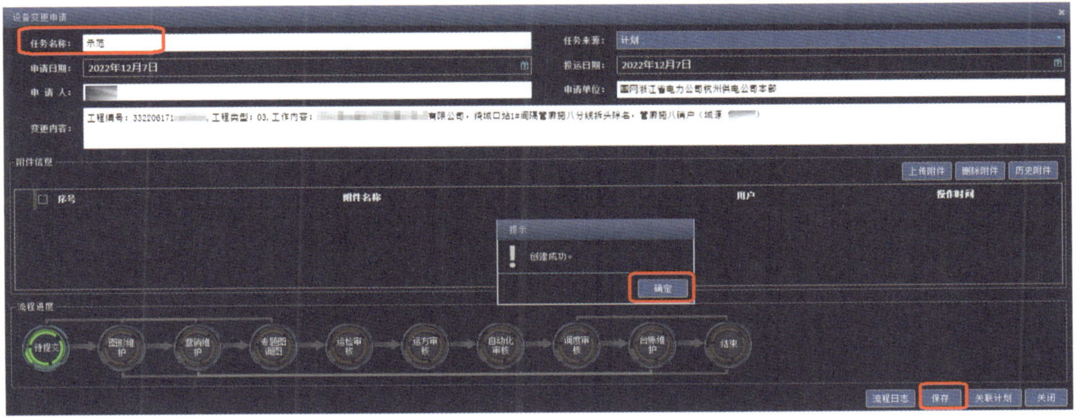

图6-14　异动任务示例

d.选择图形、台账维护人员，如图6-15所示。

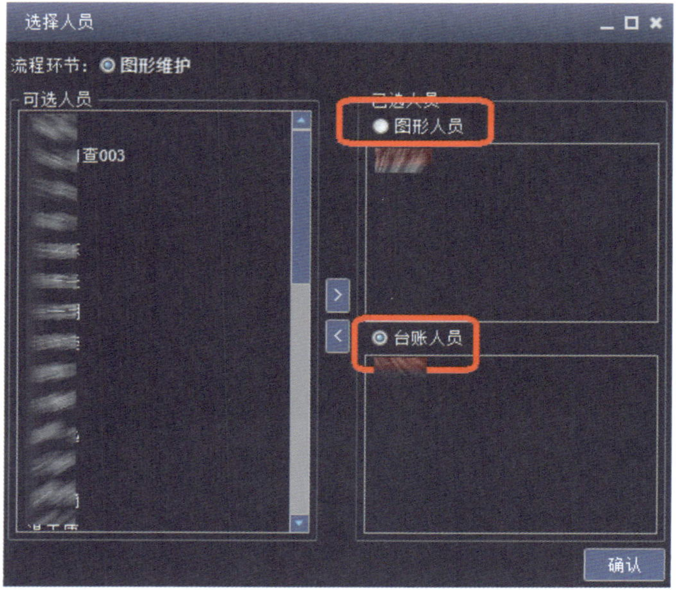

图6-15 图形、台账人员选择

e.双击新建的任务名称，点击【维护】，进入异动任务，如图6-16所示。

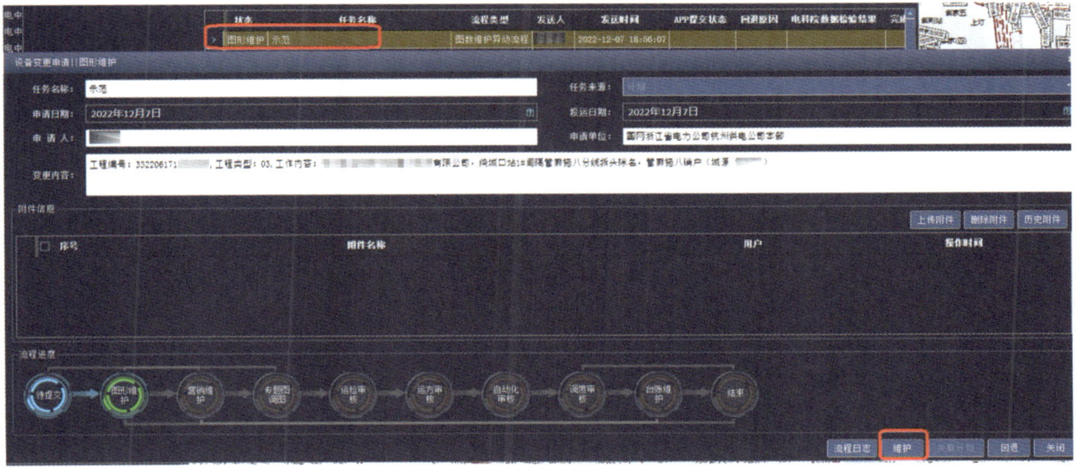

图6-16 异动维护进入

2）馈线加载：

a进入异动。

b.打开左侧任务树。

c.定位电源信息。

d.加载馈线。

e.点击左侧“图元栏”。

f.选择需新增的设备图元。

加载线路如图6-17所示，图元栏如图6-18所示。

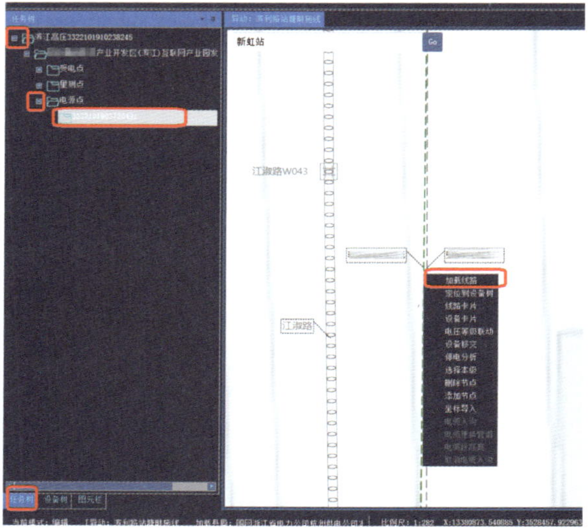

图6-17　加载线路

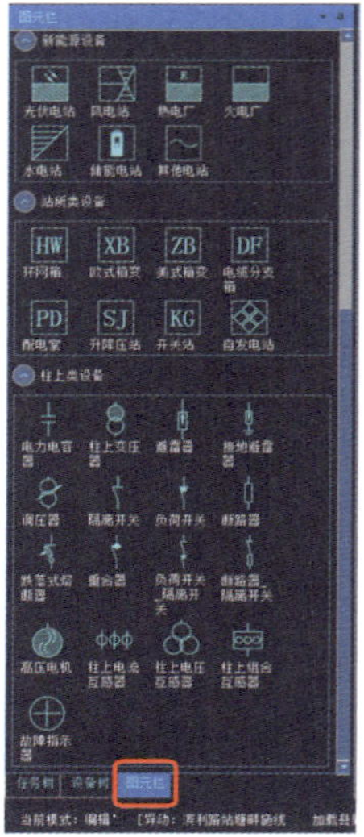

图6-18　图元栏

3）站所类设备新增：

a.选择配电室图元，在地理图中找到正确的位置，点击左键确定，输入名称，站房新增如图6-19所示。

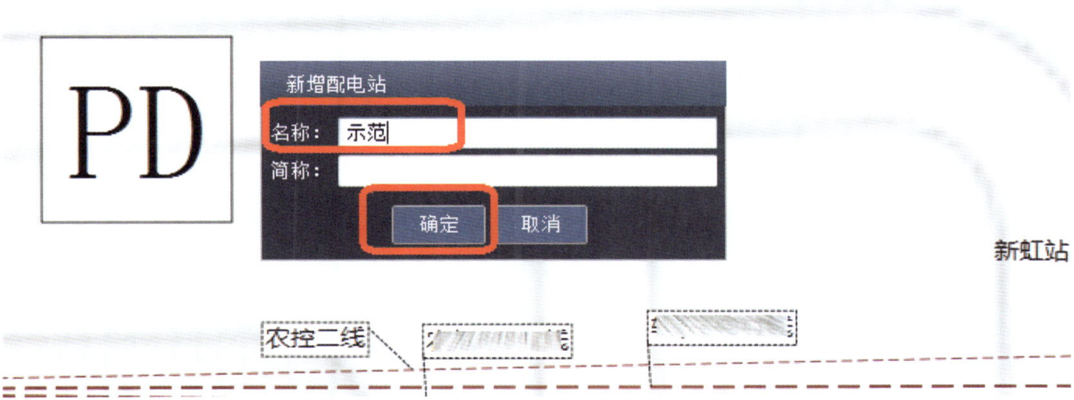

图6-19 站房新增

b.选中站房，右键打开【设备卡片】，新装变压器需要修改变压器的使用性质为专用变压器。站房设备卡片如图6-20所示，配电站使用性质修改专用如图6-21所示。

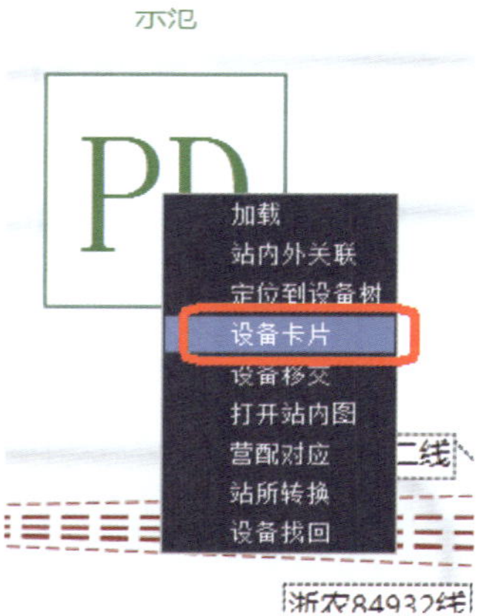

图6-20　站房设备卡片

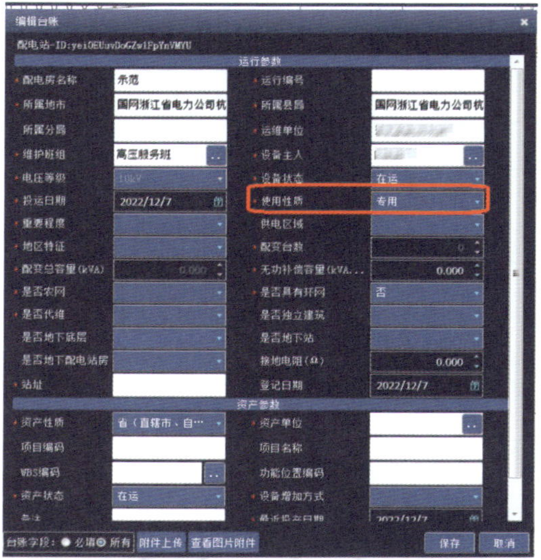

图6-21　配电站使用性质修改专用

c.选中站房，右键【打开站内图】，进行内部设备的绘制。绘制站内图时，应先绘制母线，然后绘制进出线间隔、变压器间隔等。常用工具栏位于系统窗口上方，如图6-22所示，可选择相对应功能进行图形绘制。

图6-22 站内设备常用工具栏

4）母线绘制：

a.选择【添加母线】。

b.在光标出现红点时单击开始绘制。

c.光标移动到合适位置再次单击结束绘制。

d.填写母线名称与母线简称。

e.点击【确定】。

母线绘制如图6-23所示。

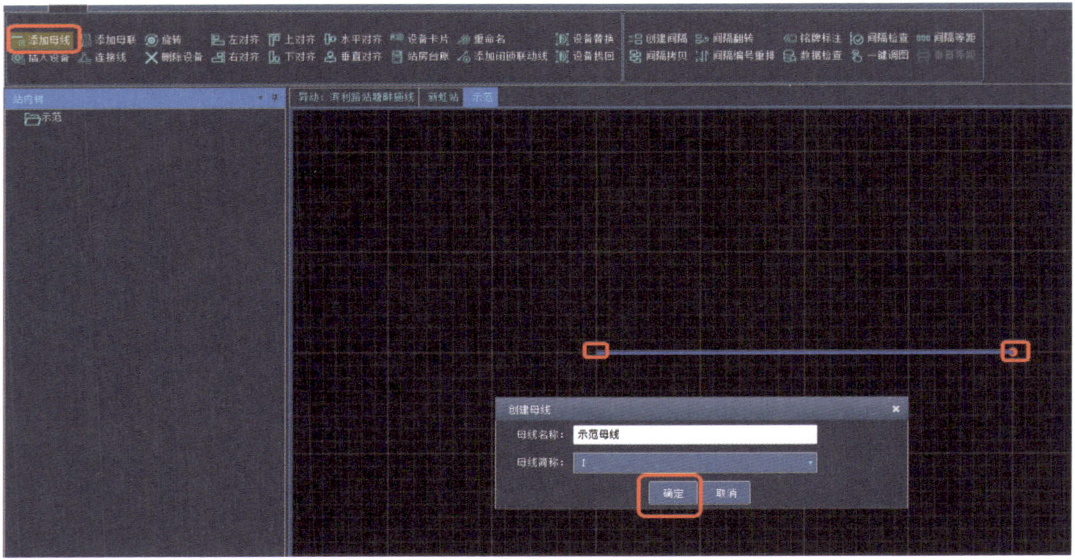
添加母线
添加母联
旋转
左对齐
上对齐
水平对齐
设备卡片
重命名
设备替换
插入设备
连接线
删除设备
右对齐
下对齐
垂直对齐
站房台账
添加闭锁联动线
设备找回
创建间隔
间隔翻转
铭牌标注
间隔检查
间隔等距
间隔拷贝
间隔编号重排
数据检查
一键调图
新虹站
示范
示范
创建母线
母线名称：
示范母线
母线简称：
I
确定
取消

图6-23 母线绘制

5）创建间隔：

a.选择【创建间隔】，间隔类型有进线间隔、出线间隔、变压器间隔、母线间隔等，根据实际需求选择相应的间隔类型。

b.由母线延伸至合适位置。

c.维护间隔类型、间隔名称、进线点名称。

d.点击【确定】。

创建间隔如图6-24所示。

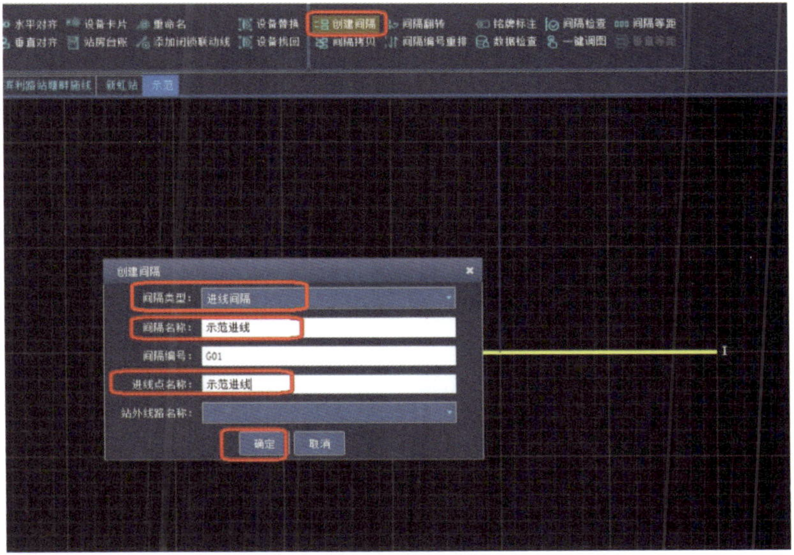

图6-24 创建间隔

6）开关绘制：

a.点击导航栏【插入设备】。

b.在图元栏根据现场情况选中图元样式。

c.插入图元到指定的位置。

d.输入设备名称和简称点击【确定】。

开关绘制如图6-25所示。

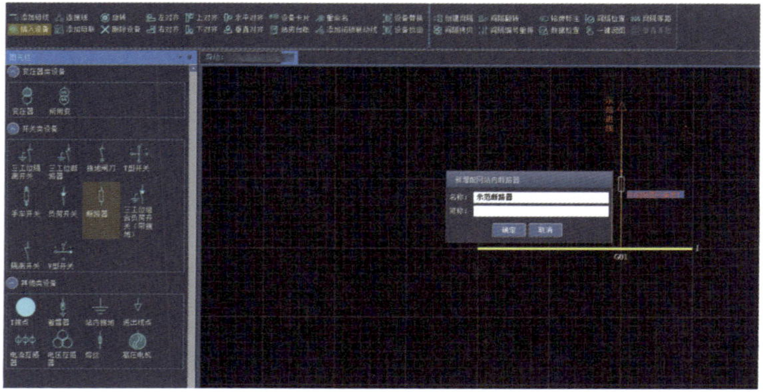

图6-25　开关绘制

7）变压器间隔绘制：

a.选择“创建间隔”。

b.由母线延伸至合适位置。

c.维护间隔类型“变压器间隔”、间隔名称、进线点名称。

d.点击【确定】自动生成变压器图元。变压器间隔如图6-26所示，变压器图元如图6-27所示。

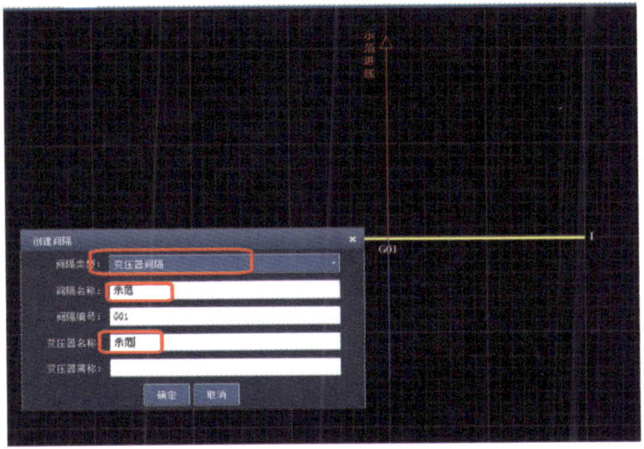

图6-26 变压器间隔

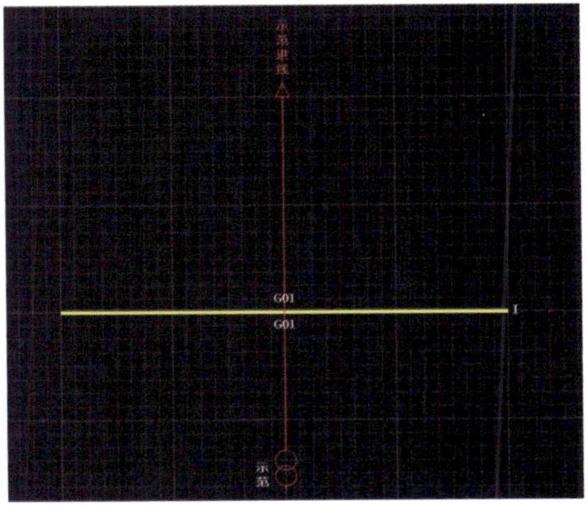

图6-27 变压器图元

8）柱上类设备新增：

a.在地理图中找到要挂接的杆塔后，选中图元栏“柱上配电变压器”图元，光标移动到杆塔中心往外移动，左键确定，弹出小窗口，维护变压器名称与熔断器名称，如图6-28所示。

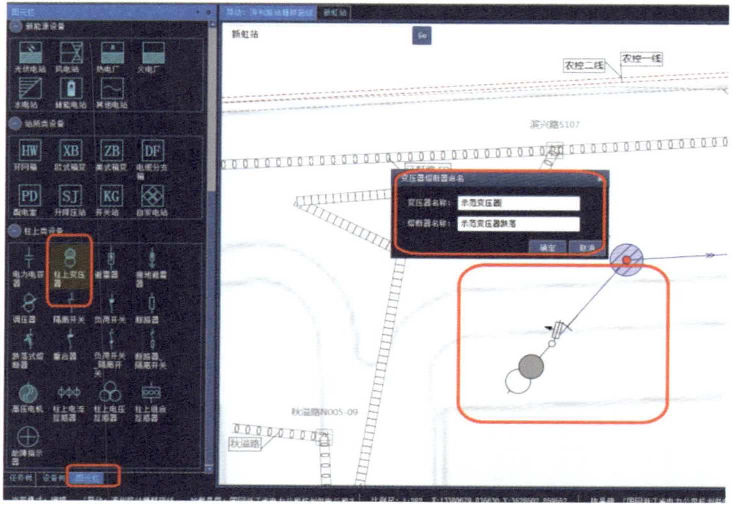

图6-28 柱上配电变压器维护

b.选中变压器，右键打开【设备卡片】，新装变压器需要修改变压器的使用性质为专用变压器。柱上配电变压器设备卡片如图6-29所示，柱上配电变压器使用性质改专用如图6-30所示。

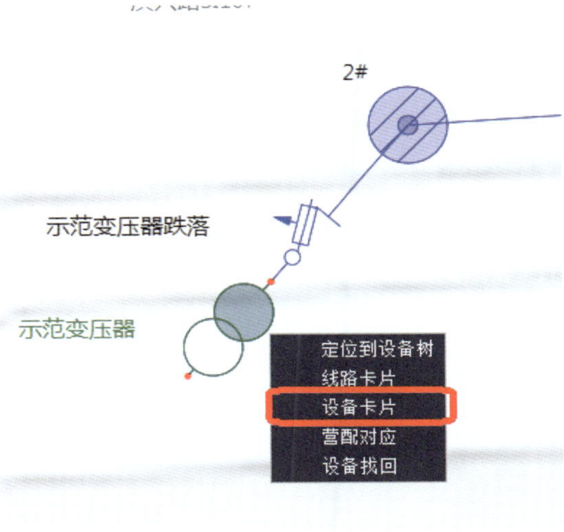

图6-29 柱上配电变压器设备卡片

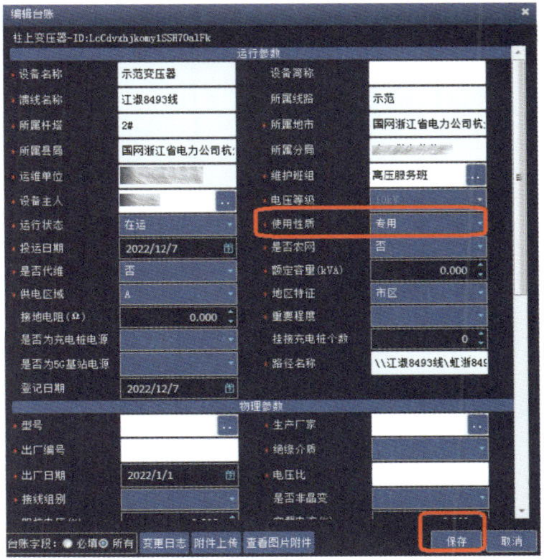

图6-30 柱上配电变压器使用性质改专用

9）线路新增：

a.在常用工具栏中，选择【新建架空线路】或【新建电缆线路】功能，如图6-31所示。

b.移动鼠标至变电站边缘，出现红点后左键单击选择变电站，起始变电站选择如图6-32所示。

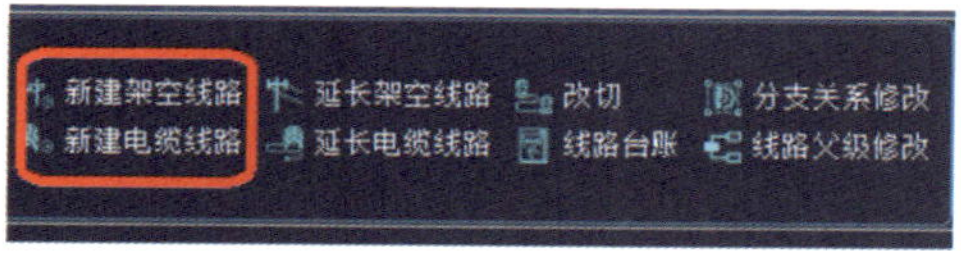

图6-31　线路新增

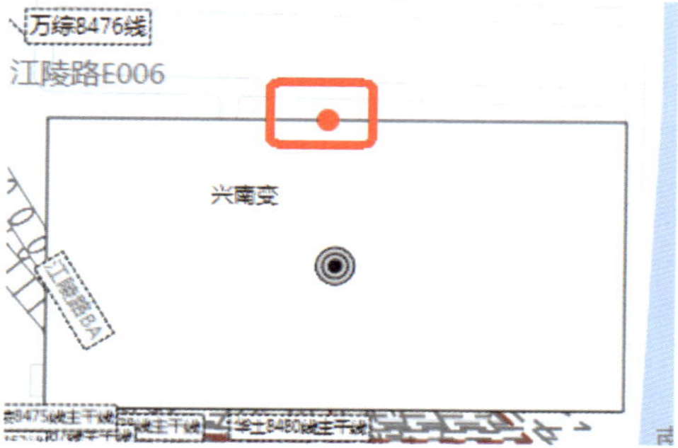

图6-32　起始变电站选择

c.出现弹框，输入线路名称，选择对应出线间隔及出线点，点击【添加】，新建同杆的线路，点击【删除】，删除线路；点击【确定】，弹框消失，开始在地理图上绘图。线路明细维护如图6-33所示。

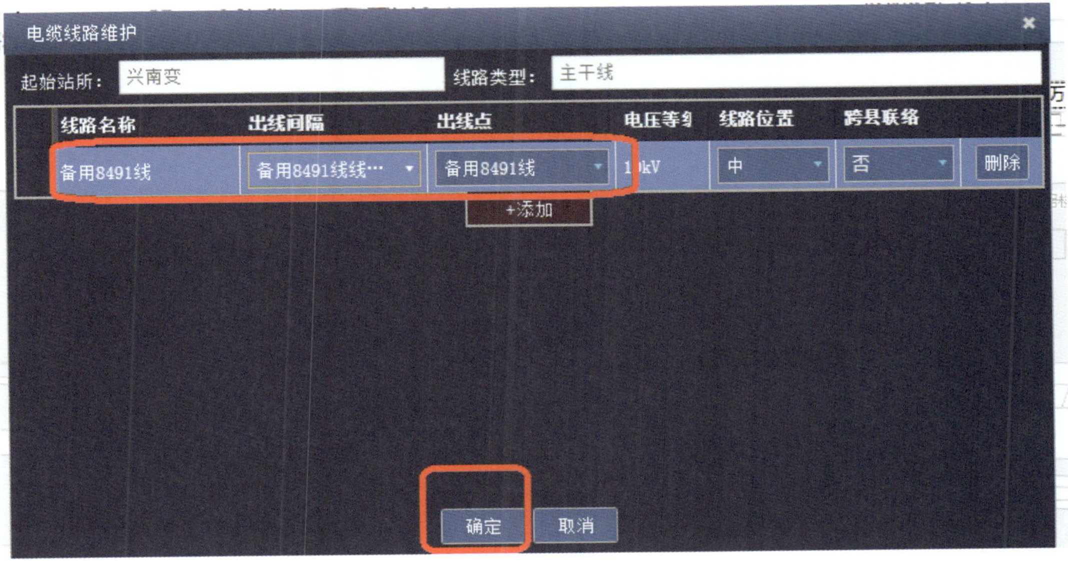

图6-33 线路明细维护

d.连续鼠标左键点击一次，点击处位置以节点显示，按实际需求的线路轨迹进行维护，在线路末端处位置，鼠标左键点击俩次，则完成线路维护。绘制线路轨迹如图6-34所示。

e.鼠标右键弹出操作功能菜单，根据选择的功能菜单做相应操作。功能菜单如图6-35所示。

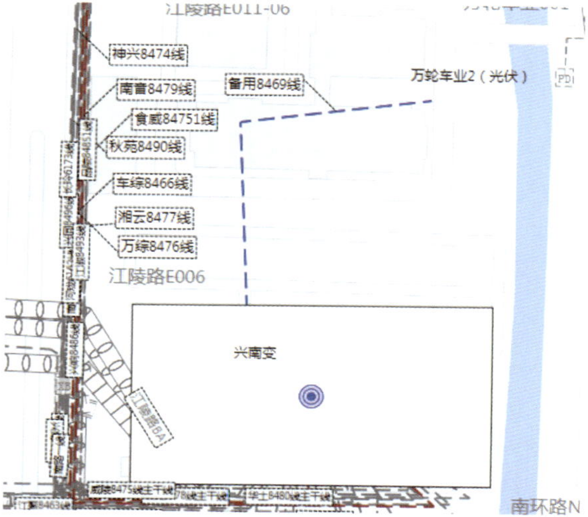

图6-34 绘制线路轨迹

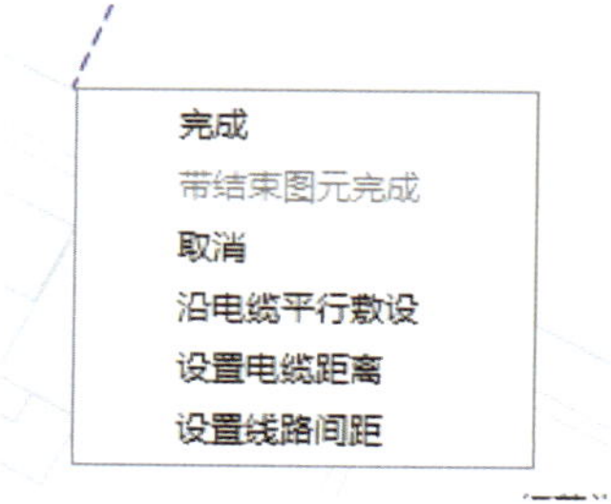

图6-35 功能菜单

f.在左侧设备树中找到新增的馈线，右击【编辑台账】，如图6-36所示。

g.新增馈线需要将台账中的“使用性质”改为“专用”，如图6-37所示。

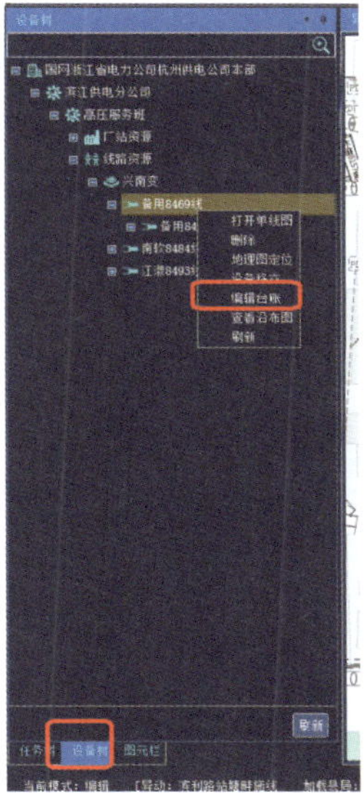

图6-36 编辑台账

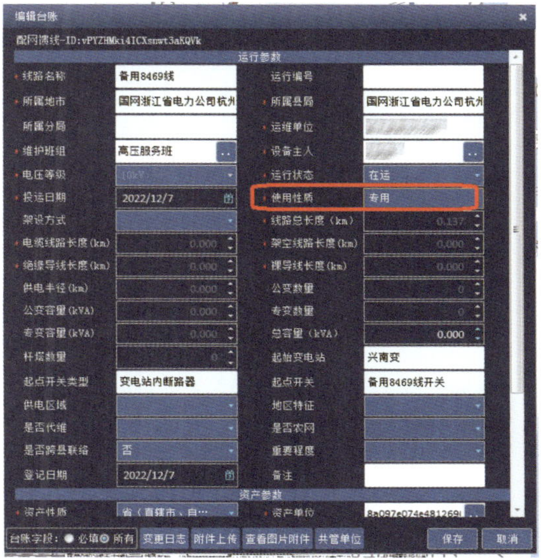

图6-37 线路使用性质改专用

（2）低电压营销新增：

1）打开低电压套件—【异动流程】—【新增】—任务来源【低电压-营配】—【保存】，异动任务示例如图6-38所示。

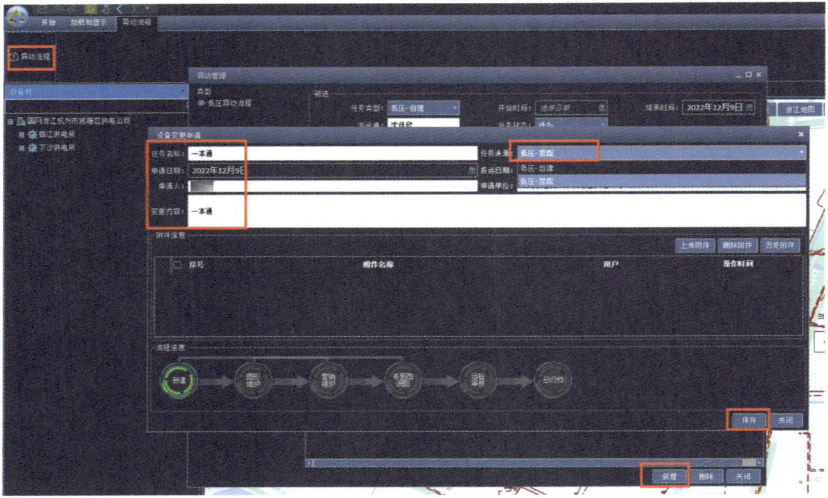

图6-38　异动任务示例

2）进入图形维护，在上方工具栏中找到【任务领取】功能，领取营配任务，如图6-39所示。

3）在弹出的窗口中勾选需要领取的任务，点击【领取】，如图6-40所示。

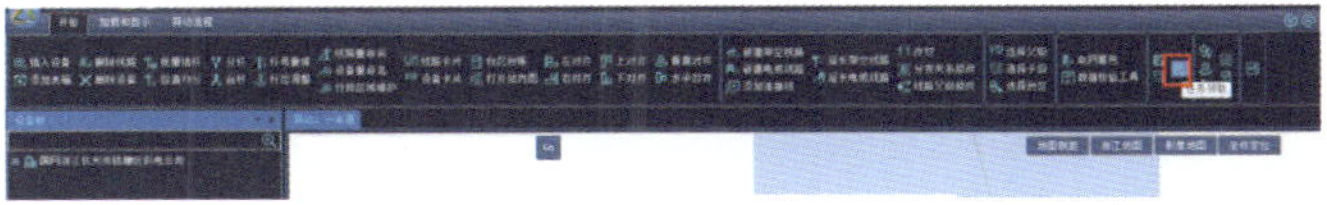

图6-39　任务领取

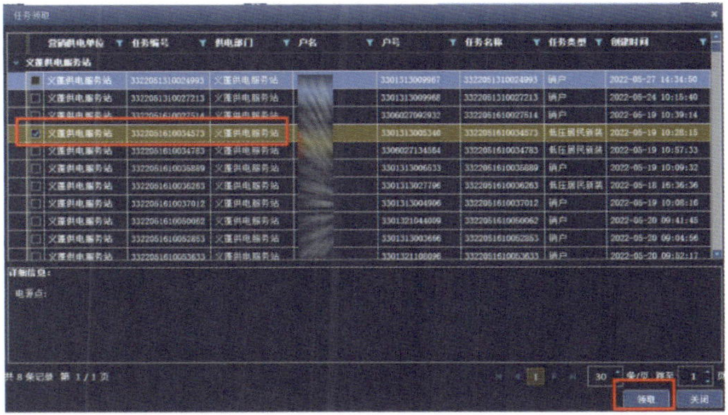

图6-40　任务领取信息表

4）打开左侧的任务树，双击变压器，定位到地理图的变压器，如图6-41所示。

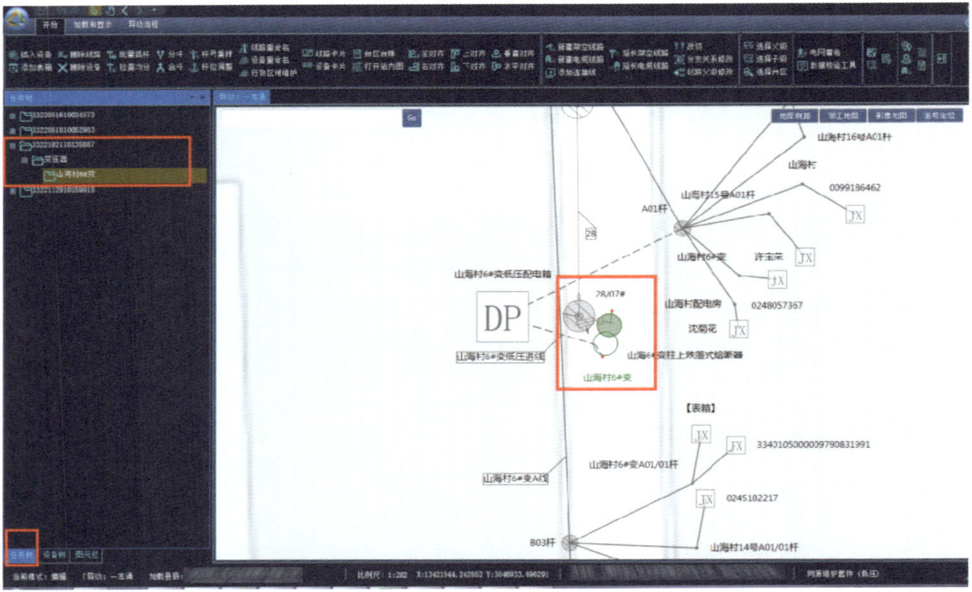

图6-41　变压器定位

5）点击选中变压器，鼠标右键选择【加载台区】，如图6-42所示。

6）在上方常用工具栏中找到【添加表箱】功能，如图6-43所示。

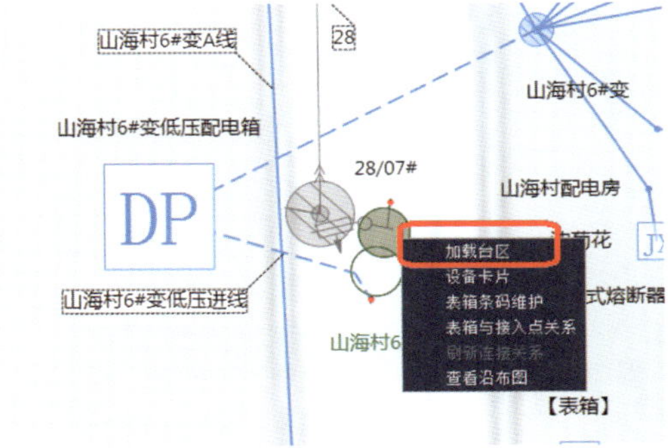

图6-42 加载台区

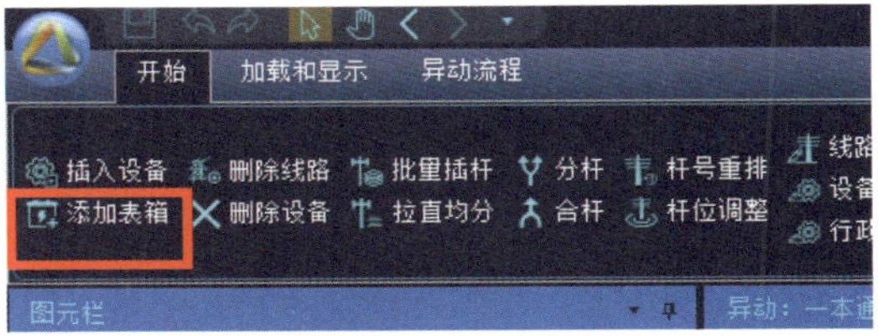

图6-43 添加表箱

7）找到需要挂接的位置，点击【添加表箱】，鼠标放在用户接入点上向外移动到合适的位置，点击【确定】。添加表箱图元如图6-44所示。

8）在弹出的窗口中维护设备名称，如图6-45所示。

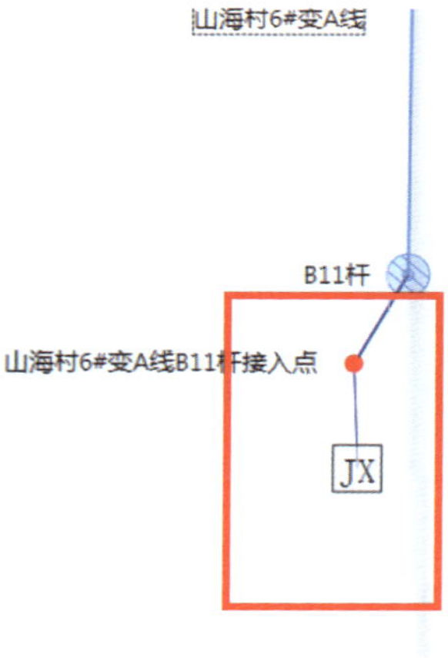

图6-44　添加表箱图元

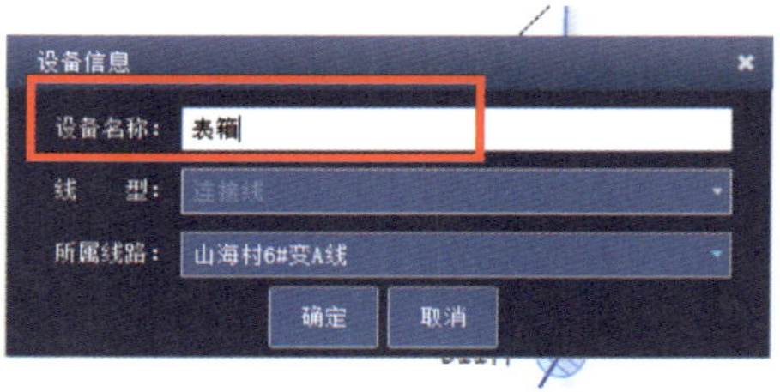

图6-45　表箱名称维护

9）选中新画的表箱，右击选中【表箱条码维护】，根据方案中信息填写方案中的表箱条码信息，完成对应。表箱条码维护如图6-46所示，填写表箱条码信息如图6-47所示。

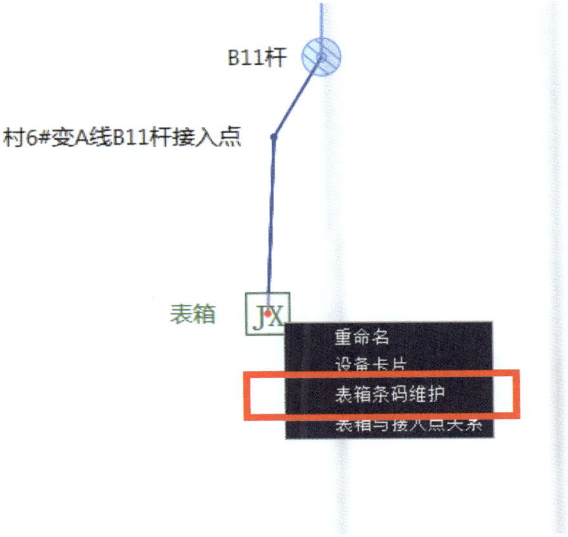

图6-46　表箱条码维护

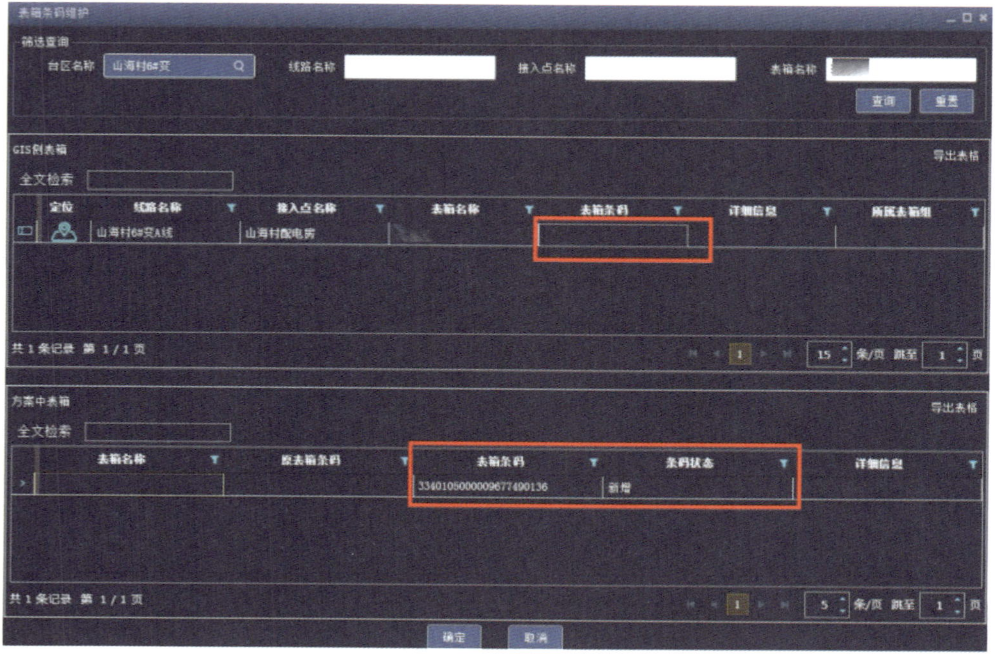

图6-47 填写表箱条码信息

（二）设备修改

（1）图形修改：重命名分为线路重命名和设备重命名两种，主要是修改设备的资源信息里的设备名称。线路、设备重命名如图6-48所示。

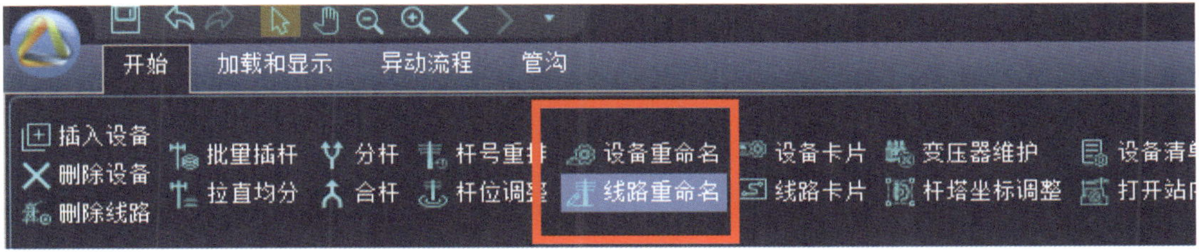

图6-48　线路、设备重命名

1）线路重命名：对线路名称进行修改，选择线路上任意设备。

a.点击【线路重命名】后，弹出名称修改界面进行操作。

b.点击【确定】按钮，重命名校验（同一条馈线下线路名称不允许重名），校验通过保存修改内容到编辑库，重名提示名称重复，不做修改。

c.点击【取消】按钮，关闭界面，不做修改。

线路重命名如图6-49所示。

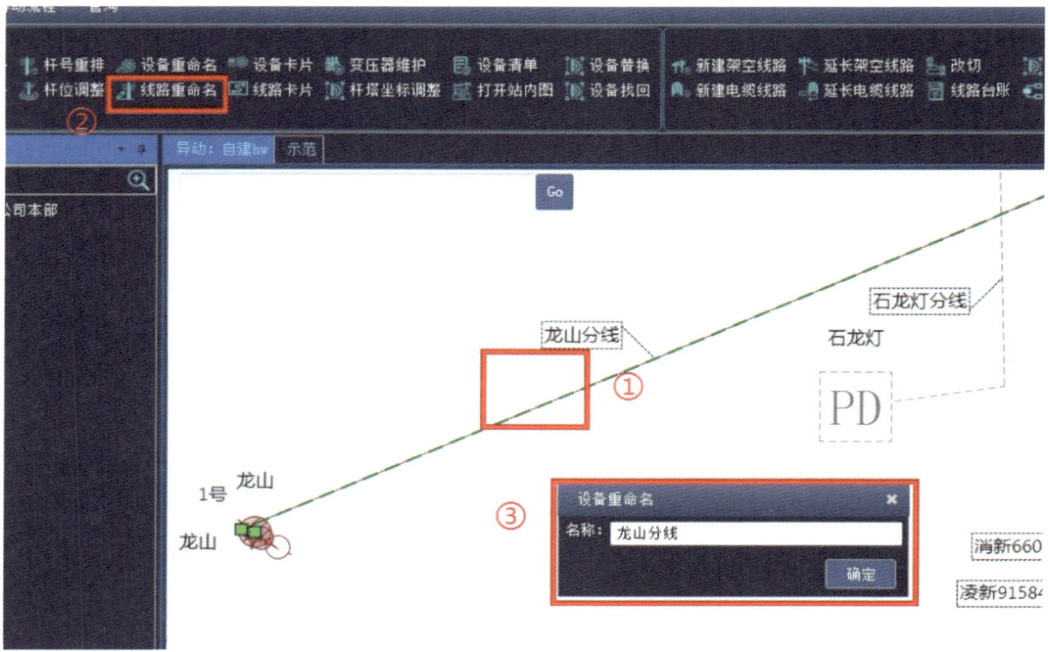
杆号重排
设备重命名
设备卡片
变压器维护
设备清单
设备替换
新建架空线路
延长架空线路
改切
杆位调整
线路重命名
线路卡片
杆塔坐标调整
打开站内图
设备找回
新建电缆线路
延长电缆线路
线路台账
②
异动：自建hw
示范
公司本部
Go
石龙灯分线
龙山分线
石龙灯
①
PD
龙山
1号
龙山
③
设备重命名
名称：
龙山分线
确定
消新660
凌新9158

图6-49　线路重命名

2）设备重命名：对所属人员管辖下的任意点设备和站房设备进行重命名，须先选中要修改的设备。

a.点击【设备重命名】后，弹出名称修改界面进行操作。

b.点击【确定】按钮，重命名校验（同一条馈线下线路名称不允许重名），校验通过保存修改内容到编辑库，重名提示名称重复，不做修改。站房不做重名校验。

c.点击【取消】按钮，关闭界面，不做修改。

设备重命名如图6-50所示。

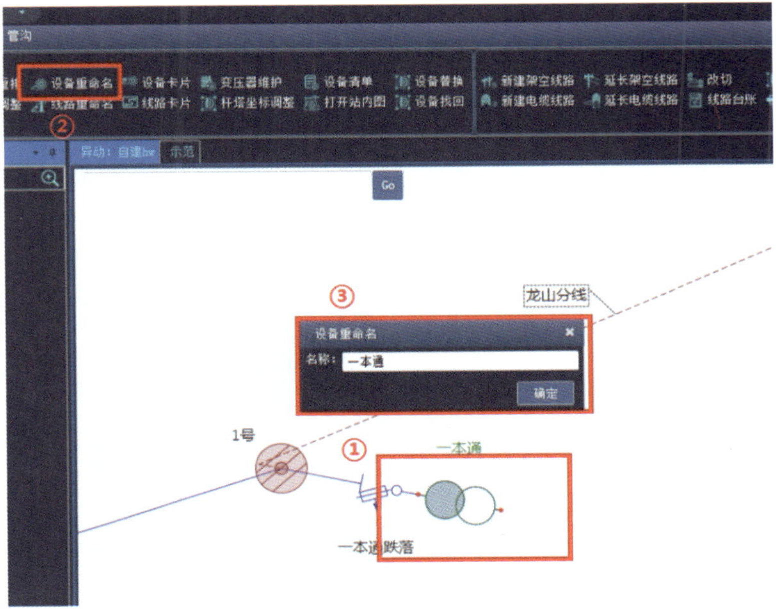

图6-50 设备重命名

（2）线路台账修改：多个设备的台账在一个界面显示和编辑，一种设备类型在一个TAB页面维护。

1）分为“按设备类型”和“按线路”进行展示和编辑。

2）左侧设备树和右侧查询均可筛选数据，并且两种查询不联动。

3）“按设备类型”可分为线路、主/支线、耐张段、线档、电缆、电缆段、柱上设备、站房等设备类型展示，可以选择一种设备类型展示下的数据进行编辑修改，线路台账界面如图6-51所示。

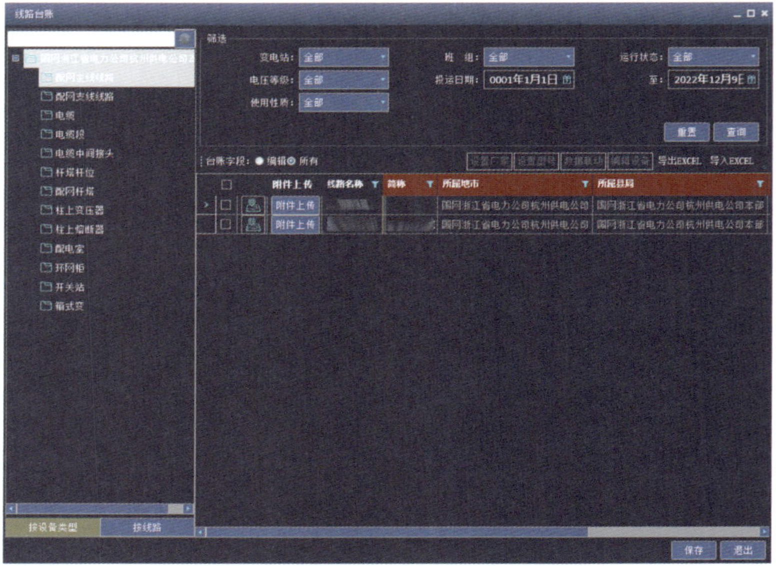

图6-51　线路台账总界面

4）“按线路”是按照增量的线路展示（加载的或者新建的线路），可以对该设备类型展示下的数据进行编辑修改。

5）有些设备类型下还可以继续划分，选中某一条设备类型下的设备，如果有下级，点击【编辑设备】会显示出来，以此下去，可以逐项编辑修改。

6）在台账列表上台账字段可分为：编辑、所有两种分类；选择编辑显示为可编辑的台账字段，选所有显示为该类设备的所有台账字段。

线路台账界面如图6-52所示，线路下设备台账界面图6-53所示。

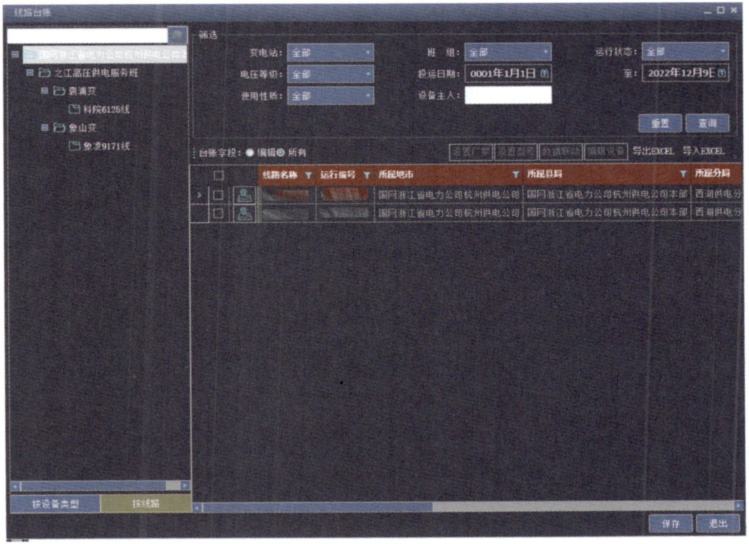

图6-52　线路台账界面

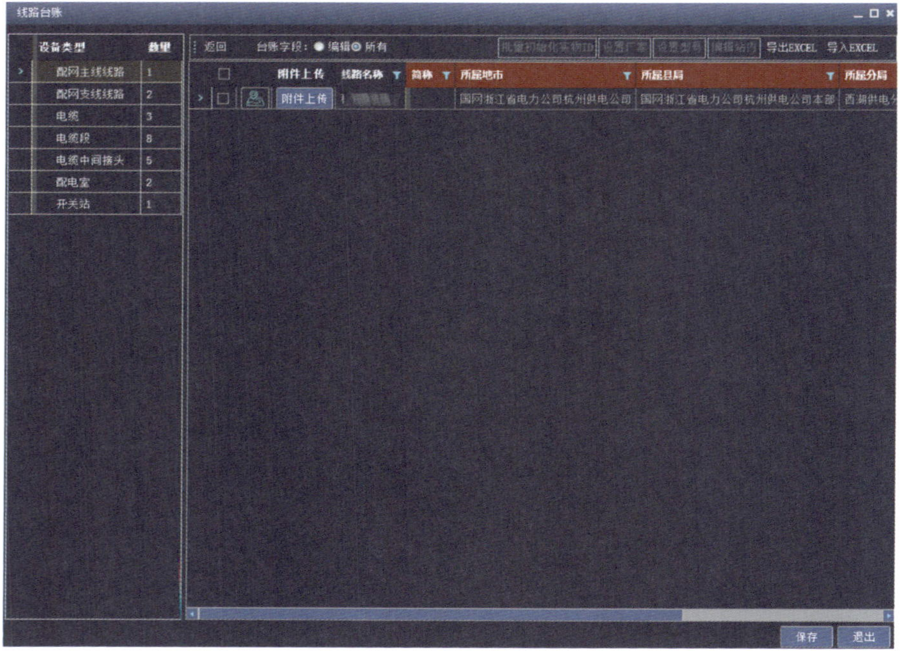

图6-53　线路下设备台账界面

7）可以批量修改数据：对于可以修改的字段，把鼠标放在字段表格末尾，鼠标指针会变成“+”形状，然后向下拖动，即可修改，如字段“使用性质”。

8）每一种设备类型下的设备都可以进行地理图定位，图形工具栏地理图定位图标如图6-54所示。

图6-54 图形工具栏地理图定位图标

9）点击【导出Excel】可以导出设备数据。

10）按线路-选择馈线，点数据联动，自动更新需要计算的字段，如线路长度。

11）点击【保存】按钮，保存修改内容到编辑库。

12）点击【退出】按钮，如果对数据编辑后未保存，会提示“存在数据更新，是否保存”，点击【是】保存编辑数据后退出，点击【否】直接退出；反之，直接关闭界面，不作修改。

13）按照线路→选中馈线，点编辑设备按钮，跳转到所选馈线下的设备编辑页面。可以批量维护设备名称，杆塔类型等可编辑字段。

14）选择一种设备类型，如柱上配电变压器；点击设置型号按钮，弹出弹框。

15）输入型号自动返回搜索结果，输入厂家按照名字模糊匹配；点击【确认】，更新厂家型号并关闭弹框，点【取消】，关闭弹框不更新数据。

（3）站房台账修改：站房台账与线路台账类似，但是站房台账只是针对站内设备的，是对母线、开关、间隔等设备的编辑。

1）按照增量的设备展示，可以对该设备类型展示下的数据进行编辑修改，站房下设备台账界面如图6-55所示。

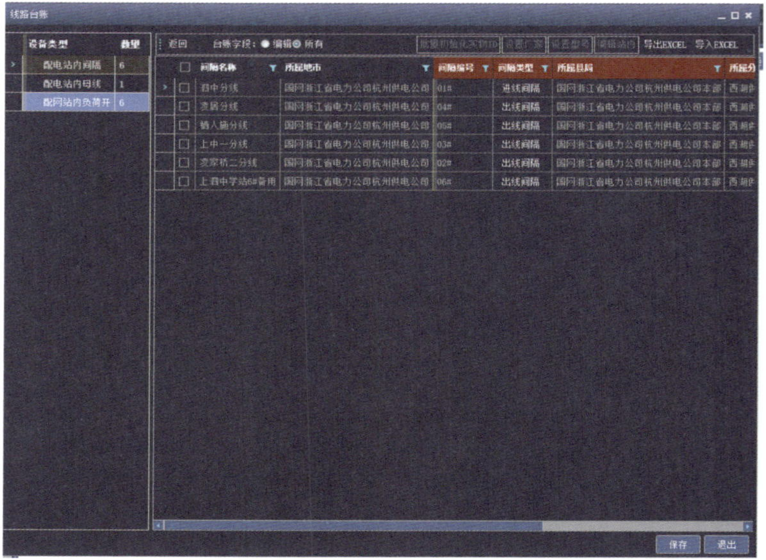

图6-55　站房下设备台账界面

2）可以批量修改数据。对于可以修改的字段，把鼠标放在字段表格末尾，鼠标指针会变成

“+”形状，然后向下拖动，即可修改，如字段“开关作用”。

a.在台账列表上台账字段可分为编辑和所有两种分类；选择编辑显示为可编辑的台账字段，选择所有显示为该类设备的所有台账字段。

b.点击【导出Excel】可以对数据进行导出。

c.点击【退出】按钮，如果对数据编辑后未保存，会提示“存在数据更新，是否保存”，点击【是】保存编辑数据后退出，点击【否】直接退出；反之，直接关闭界面，不作修改。

d.选择一种设备类型，如配电变压器。点击设置型号按钮，弹出厂家型号搜索框。

e.输入型号和厂家名字自动返回所有匹配结果，模糊匹配；点击【确认】，更新厂家型号值并关闭弹框，点【取消】，关闭弹框不更新数据。

（4）线路改切：线路切改是为了配电网改造要求，切改后线路的拓扑关系、层级关系和资产关系均会发生变化，系统完成图形修改后，设备的挂接关系，线路长度均会更新；线路名称、杆塔编号需要修改。

线路改接分为移动节点改接和延长线路改接。其中，延长改接时只允许孤岛线路改接，存在联络线路时，联络开关后不可改接，具体操作为架空线路孤岛时，可通过孤岛处的杆塔然后再选择【延长架空线路】按钮，如图6-56中所示，会有提示与孤岛的设备相连，点击“是”即可；电缆线路孤岛时，可通过孤岛处的杆塔然后再选择【延长电缆线路】按钮，如图6-56中所示，会有提示与孤岛的设备相连，点击“是”即可。移动节点改接具体详见下文描述：

1）架空线路改切操作：

a.选择【改切】按钮，选中需改切线路的改切位置，改切图标如图6-56所示。

b.拉动节点到改切的目标位置（杆塔、站房），弹出线路关系修改框，根据实际情况选择好关系及线路名称后（合并到父级不需要填写线路名称，创建主线和创建支线需要填写线路名称），点击【确定】按钮改切完成。

2）电缆线路改切操作：

a.选择【改切】按钮，选中需要改切的电缆线路，改切图标如图6-56所示。

b.拉动电缆的首末端点节点到改切的目标位置（杆塔、站房），弹出线路关系修改框，根据实际情况选择好关系及线路名称后（合并到父级不需要填写线路名称，创建主线和创建支线需要填写线路名称），点击【确定】按钮改切完成。

（**注意：**柱上开关、变压器允许改切操作，操作步骤同线路改切。）

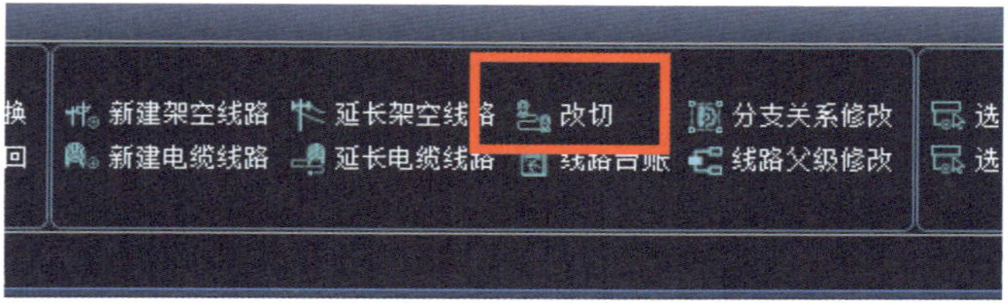

图6-56　改切图标

（5）分支关系修改：配电网络经常发生变化，因而线路之间的分支层次关系也需要随之变化。分支关系修改有以下两种操作方式：

1）在主干线上进行分支关系修改，支持“创建主线”和“创建支线”两种方式，分支关系修改如图6-57所示。

2）在支线上进行分支关系修改，支持“创建主线”“创建支线”和“合并到父级”三种方式，分支关系修改支持三种方式如图6-58所示。

（6）线路父级修改：修改选中线路的父级线路关系，使当前线路挂接到其他和本线路有关联的线路下，线路父级修改如图6-59所示。

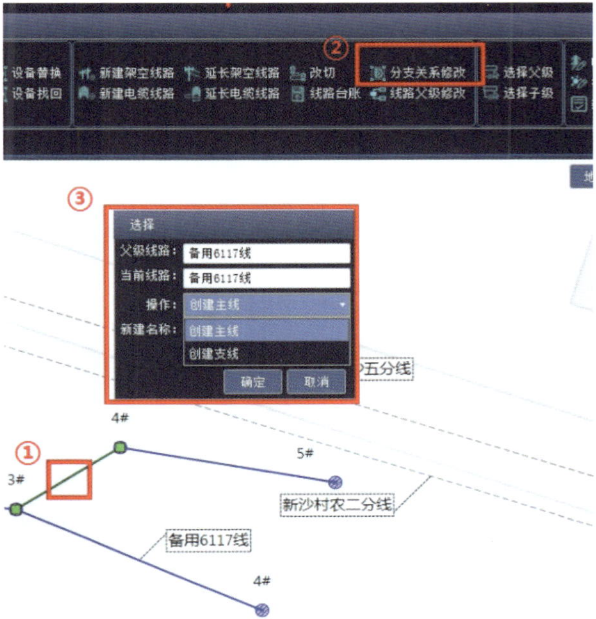

图6-57　分支关系修改

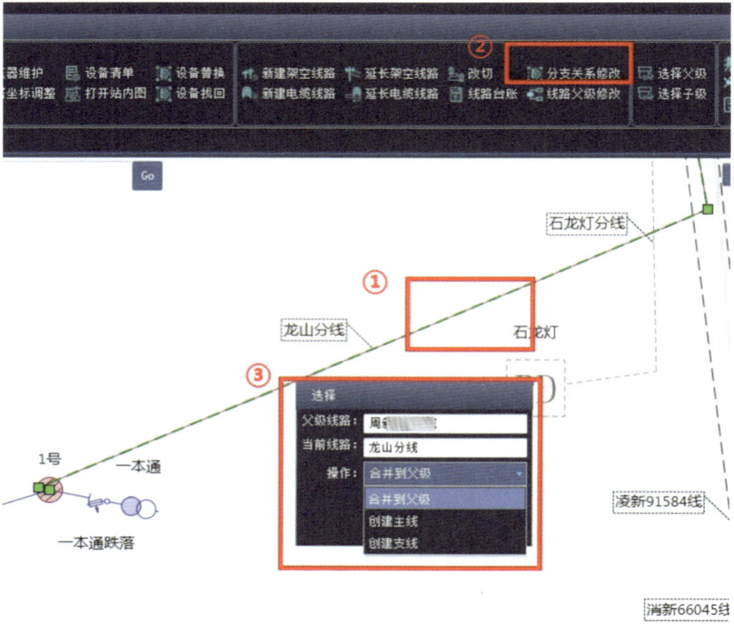

图6-58　分支关系修改支持三个方式

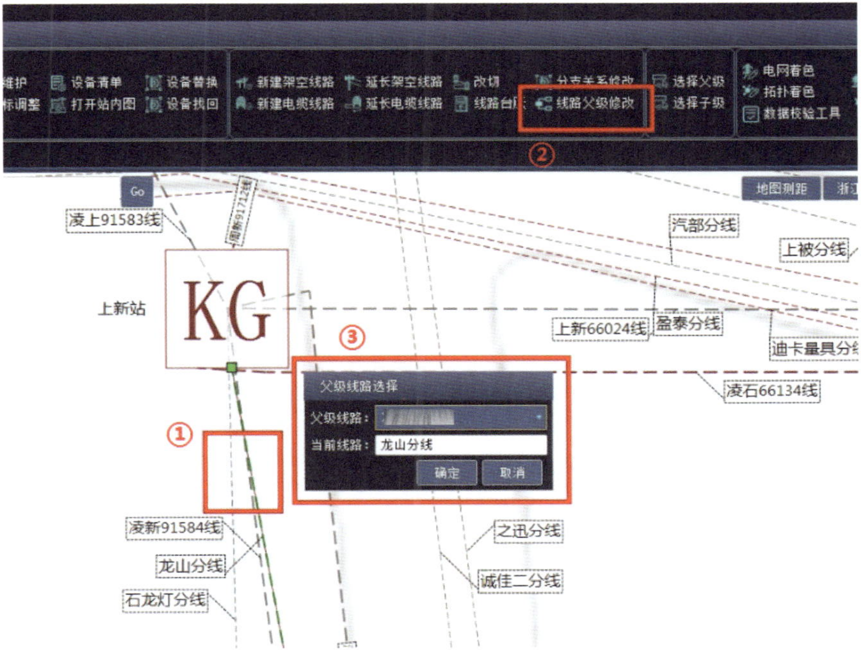
设备清单
设备替换
打开站内图
设备找回
新建架空线路
延长架空线路
改切
新建电缆线路
延长电缆线路
线路父级修改
选择父级
选择子级
电网着色
拓扑着色
数据校验工具
②
Go
地图测距
凌上91583线
汽部分线
上被分线
上新站
KG
上新66024线
盈泰分线
③
凌石66134线
父级线路选择
父级线路：
当前线路：
龙山分线
确定
取消
①
凌新91584线
龙山分线
之迅分线
石龙灯分线
诚佳二分线

图6-59 线路父级修改

（三）设备删除及找回

（1）设备删除：

1）可点击按钮删除，也可直接按Delete键删除。设备删除如图6-60所示。

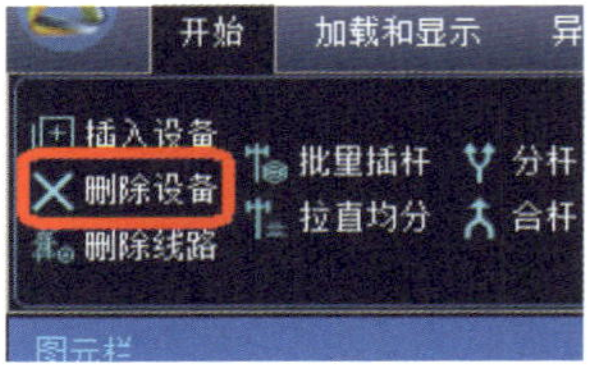

图6-60 设备删除

2）将选中的设备删除，若没有选中相连的线设备，则提示不能删除；反之，连线一起删除（架空线与电缆线删除后不同，电缆线会保留）。

3）编辑区域中即时删除。

4）删除设备后同时删除设备的关联关系。

5）对于有站所连接的线路，站所有站内外关系的，必须先清空站内外关系，然后才能删除站所，接着删除线路，不能直接删除线路。

6）与ERP系统交互的有PM编码的七类设备（馈线、柱上配电变压器、站内变压器、箱式变压器、环网柜、开关柜、低电压台区资产组）删除时会有两种选择退役或者删除，应当选择退役，才能使设备推送到退役处置库且状态为“30”；如果删除则到回收表，设备状态为“60”，不与其他系统交互；其他的设备选择删除即可，增量设备维护错误删除即可。

（2）设备找回：编辑模式下，选中一个设备（站外开关或者柱上配电变压器），右键【设备找回】，也可在常用工具栏中点击【设备找回】—【搜索】—【确认】，设备找回如图6-61所示，设备找回确认如图6-62所示。

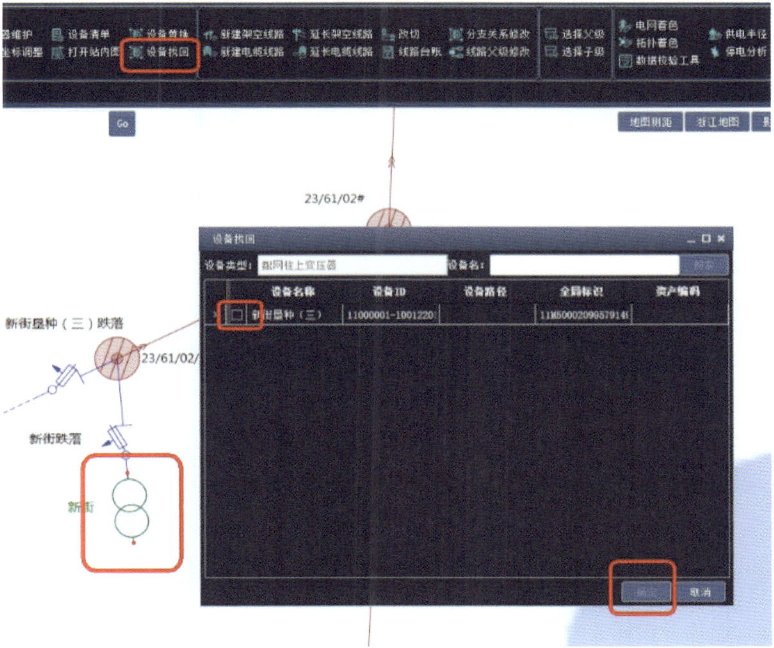

图6-61 设备找回

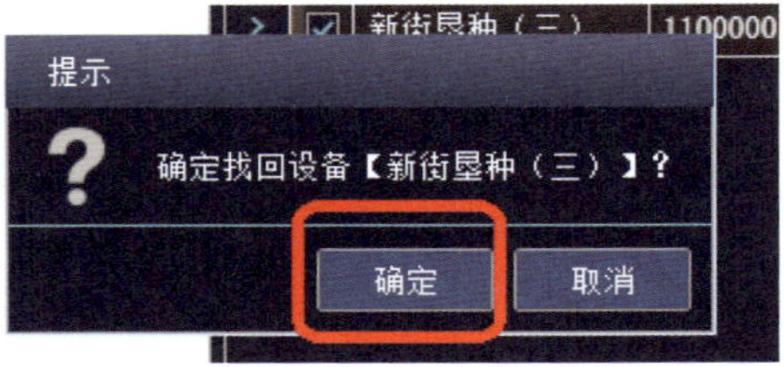

图6-62　设备找回确认

适用场景：当线路出现开关或变压器连接处断开的状态，通过改切也无法修复时，先把异常处的设备（柱上跌落式熔断器、柱上配电变压器等）删除，然后在同一位置新增一个同样的设备，这种情况下设备的ID和路径是不能对应的，则需要通过该功能找回。

当误操作删掉一个开关或变压器并进行保存操作后，保存操作后是无法进行撤销返回的，此时如果重新画一个开关或断路器，则会存在设备ID 和路径与被删除的设备ID 和路径不一致的情况，这样也是可以使用该【设备找回】功能的。

（四）设备增容

（1）发起一个异动流程，在任务中对增容的专用变压器完成台账信息的变更，通过【查找定位】功能或者地理图搜索框查询定位到需要增容设备。设备定位如图6-63所示。

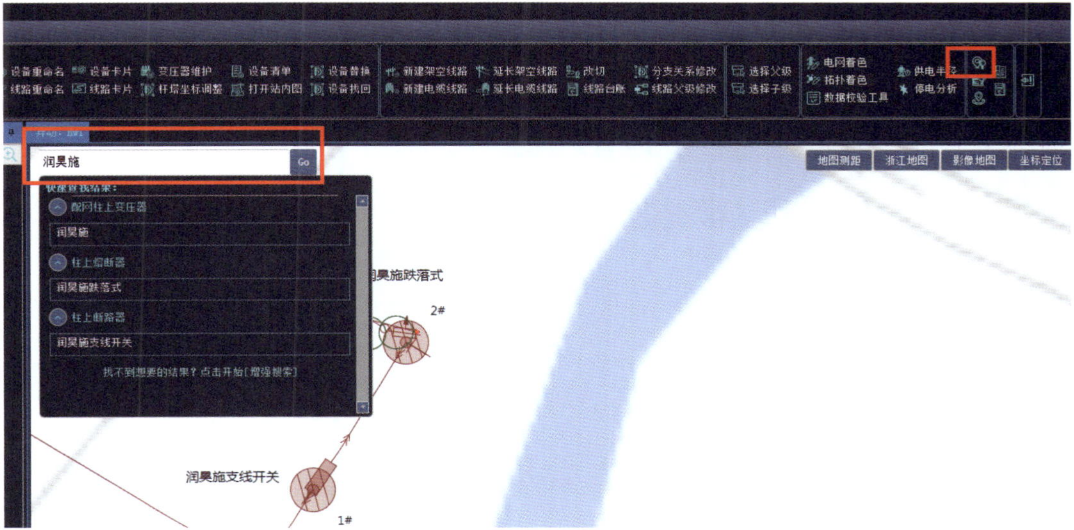
设备重命名
设备卡片
变压器维护
设备清单
线路重命名
线路卡片
杆塔坐标调整
打开站内图
新建架空线路
延长架空线路
改切
分支关系修改
新建电缆线路
延长电缆线路
线路台账
线路父级修改
选择父级
选择子级
电网着色
拓扑着色
数据校验工具
停电分析
地图测距
浙江地图
影像地图
坐标定位
润昊施
Go
配网柱上变压器
润昊施
柱上熔断器
润昊施跌落式
柱上断路器
润昊施支线开关
找不到想要的结果？点击开始[增强搜索]
2#
润昊施支线开关
1#

图6-63　设备定位

（2）选中设备，点击【设备替换】，选择【新设备】，点击【下一步】。设备替换如图6-64所示，选择新设备如图6-65所示。

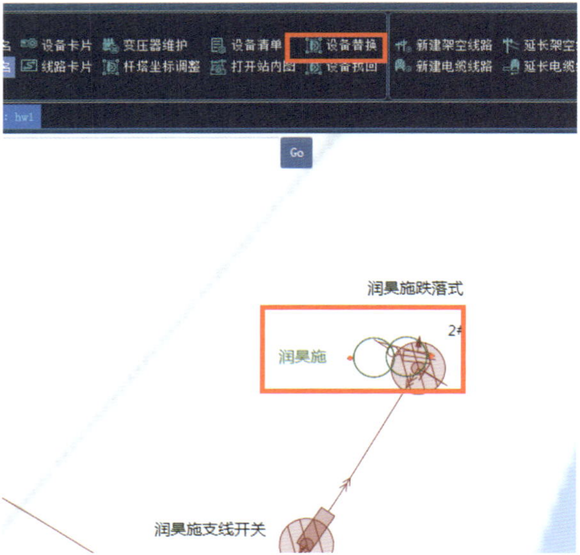

图6-64　设备替换

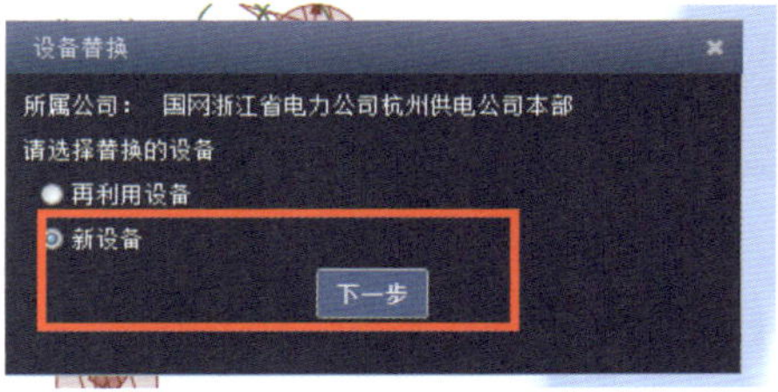

图6-65　选择新设备

（3）此时出现一个窗口“设备替换会将原设备的资产退役，并生成一个新的资产，是否继续?”，选择【是】。设备替换确认如图6-66所示。

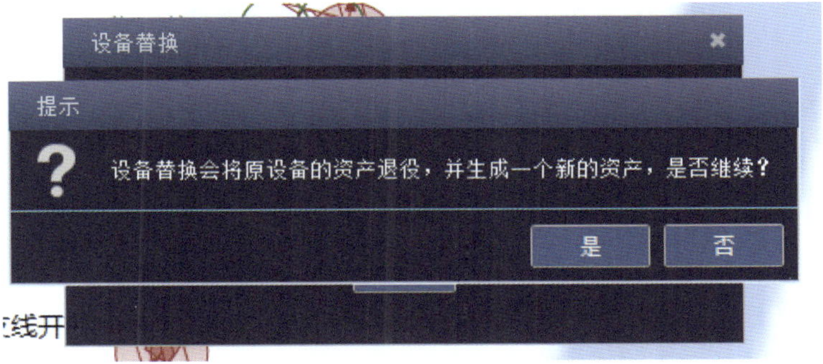

图6-66　设备替换确认

（4）选中设备，右击打开设备卡片，重新维护设备台账。新台账信息重新维护如图6-67所示。

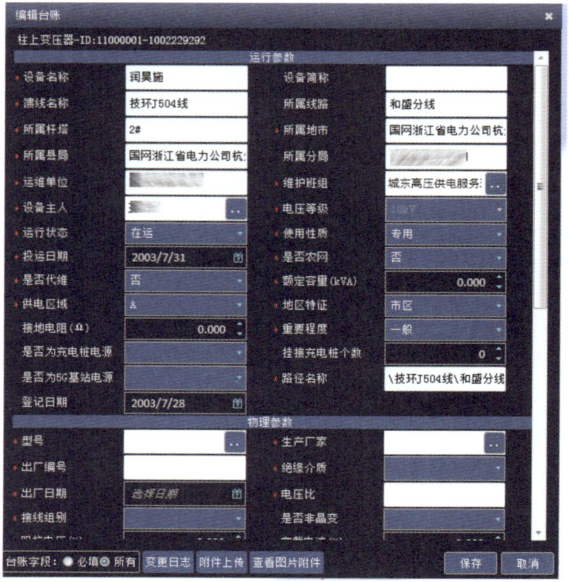

图6-67　新台账信息重新维护

（5）台账维护后，需进行营销对应，选中设备，右击选中【营配对应】。营配对应如图6-68所示。

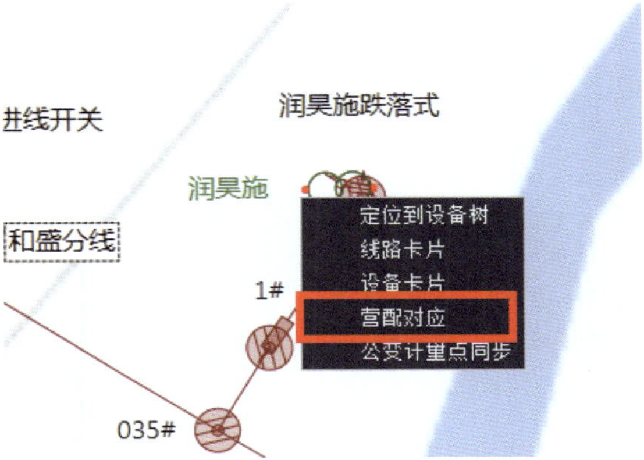

图6-68 营配对应

（6）点击【解绑】，解除原先户号绑定，并保存，营配对应窗口消失。解绑原先对应关系如图6-69所示。

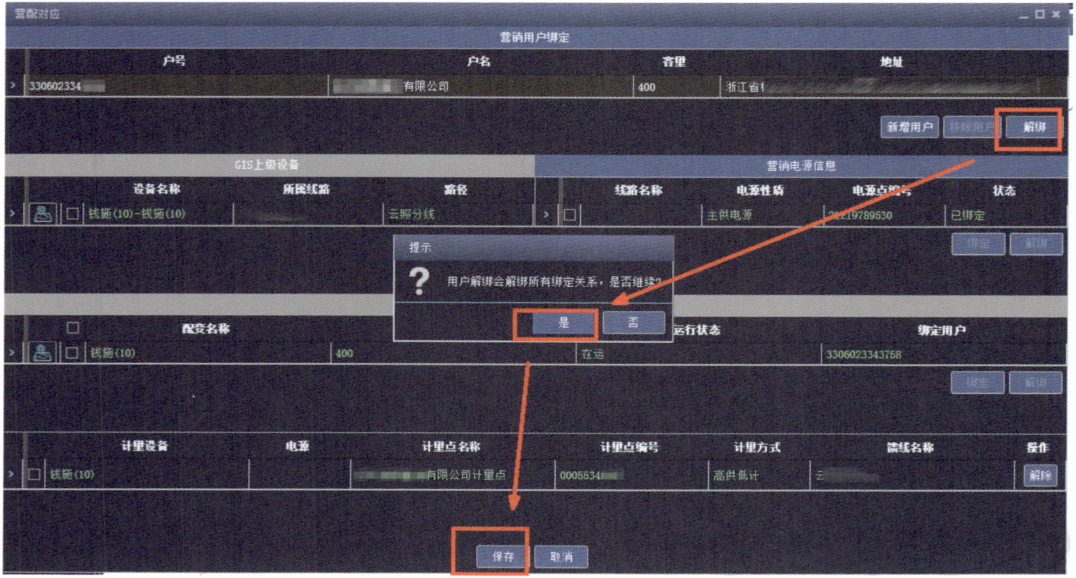

图6-69　解绑原先对应关系

（7）重新打开营配对应的窗口，点击【新增用户】，输入新户号，点击【查询】，选择查询到的信息，点击【确定】。重新对应营配关系如图6-70所示。

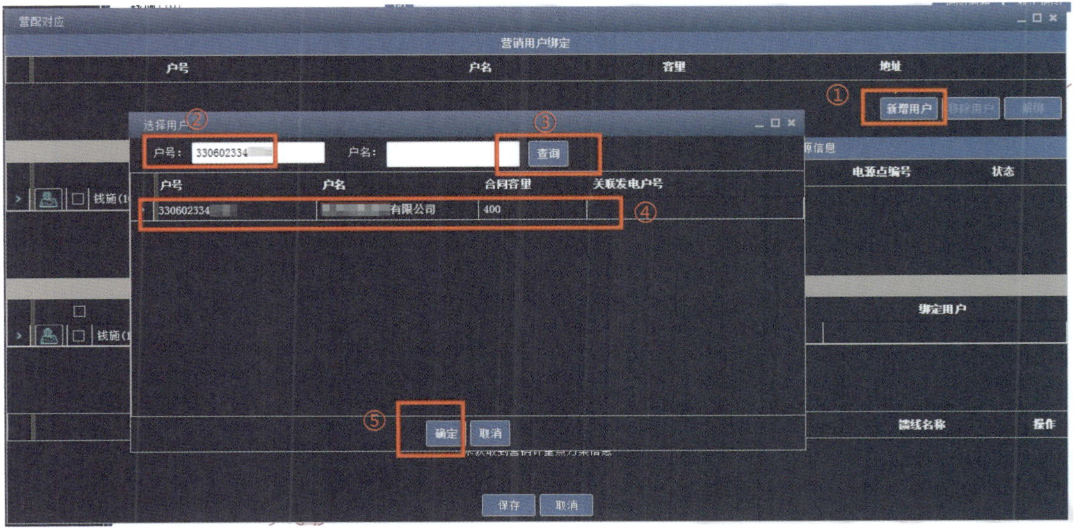

图6-70　重新对应营配关系

（8）对应线路、所属变压器与计量点信息，并点击【绑定】，完成后点击【保存】，完成户号的更新。重新绑定营配关系界面如图6-71所示。

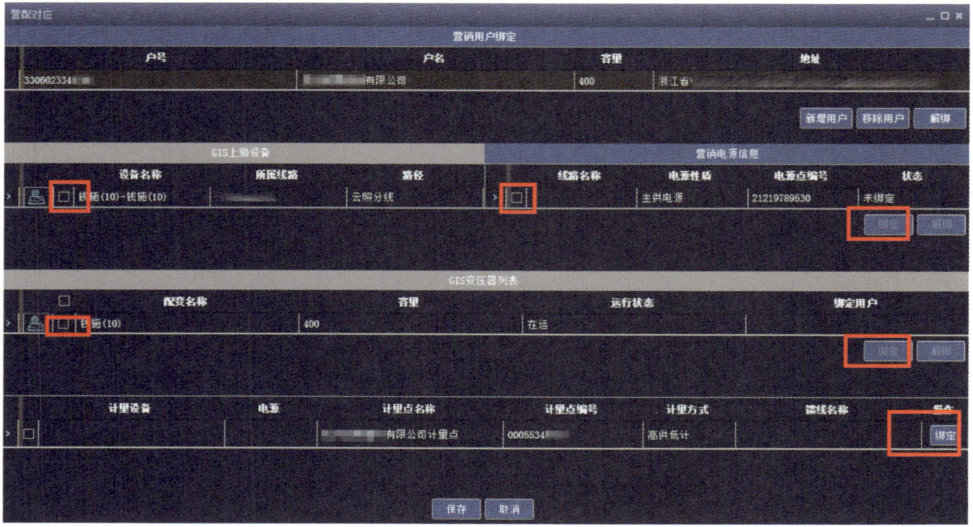

图6-71 重新绑定营配关系

（五）设备再利用

（1）在异动编辑页面，选中需替换的设备，点击工具栏中的【设备替换】按钮。设备替换界面如图6-72所示。

（2）出现设备替换选项提示框，选中设备替换提示框中【再利用设备】，点击【下一步】。再利用设备界面如图6-73所示。

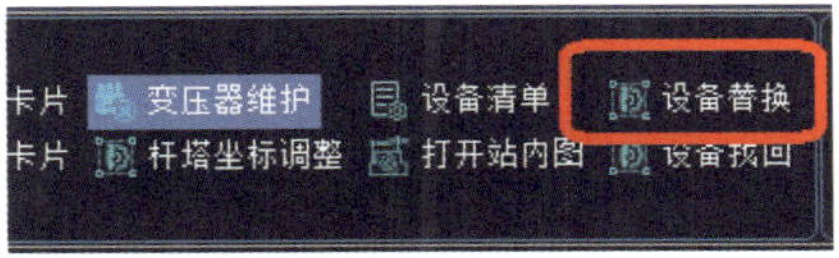

图6-72　设备替换

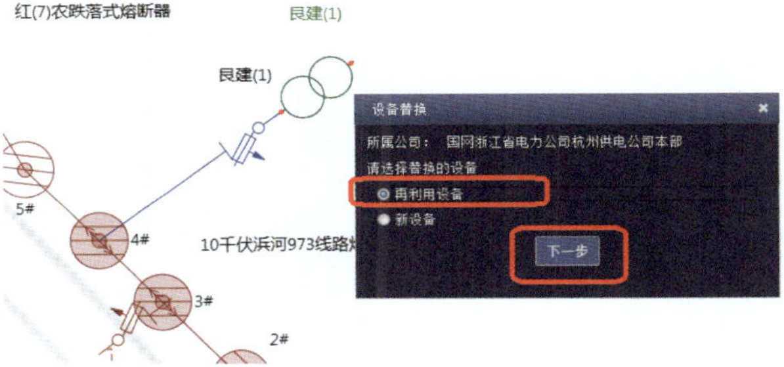

图6-73　再利用设备

（3）弹出库存备用设备查询界面，库存备用设备查询界面如图6-74所示。本窗口的设备类型由所选中的被替换设备类型决定，目前不支持对设备类型进行选择修改，即不允许跨设备类型进行再利用。

（4）在库存备用设备查询界面的设备名称栏中，输入名称，进行模糊查询，库存备用设备查询界面下半部分为模糊查询的结果清单。

（5）选中清单中的设备，点击【选择】按钮，将库存备用设备替换原设备，旧设备进行改名。

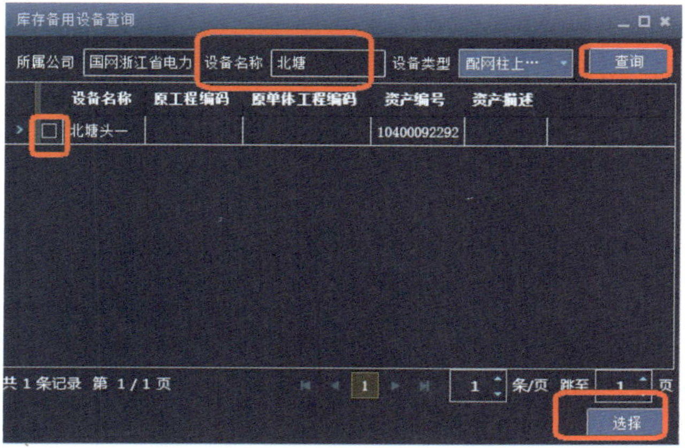

图6-74 库存备用设备查询界面

（6）再利用设备保留旧设备运行参数，其他参数继续使用库存备用设备信息（包括容量）。旧设备运行参数界面如图6-75所示。

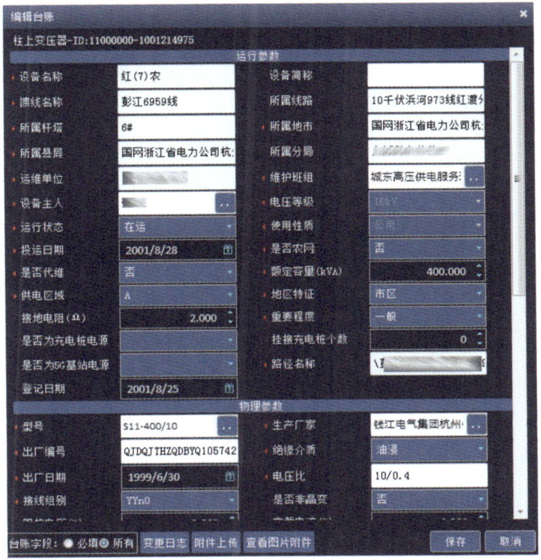

图6-75　旧设备运行参数

（六）设备退役

与ERP系统交互的有PM编码的七类设备（馈线，柱上配电变压器，站内变压器，箱式变压器，环网柜，开关柜，低电压台区资产组）删除时会有两种选择：退役、删除。其中，选择【退役】，才能使设备推送到退役处置库且状态为退役；如果选择【删除】则到回收表，设备状态为删除，不与其他系统交互，设备退役界面如图6-76所示。

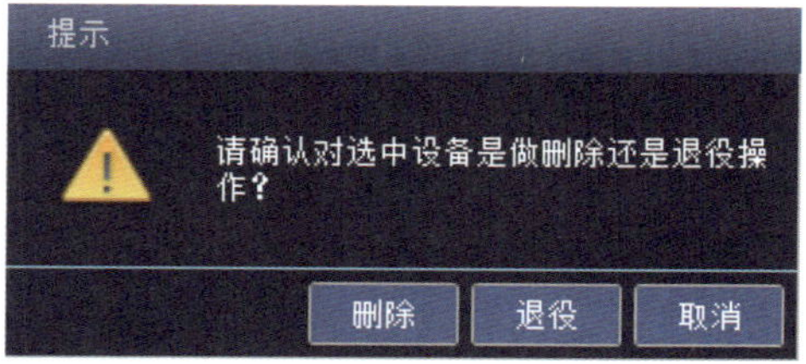

图6-76　设备退役

三 电缆通道维护

电缆通道异动维护指通过异动管理页面，双击一条异动任务，弹出异动维护页面；点击维护按钮即可进入通道维护模块；进入异动任务，工具栏内选择管沟模式，即可进行通道维护。异动流程页面如图6-77所示，异动流程维护页面如图6-78所示，任务内地理图如图6-79所示。

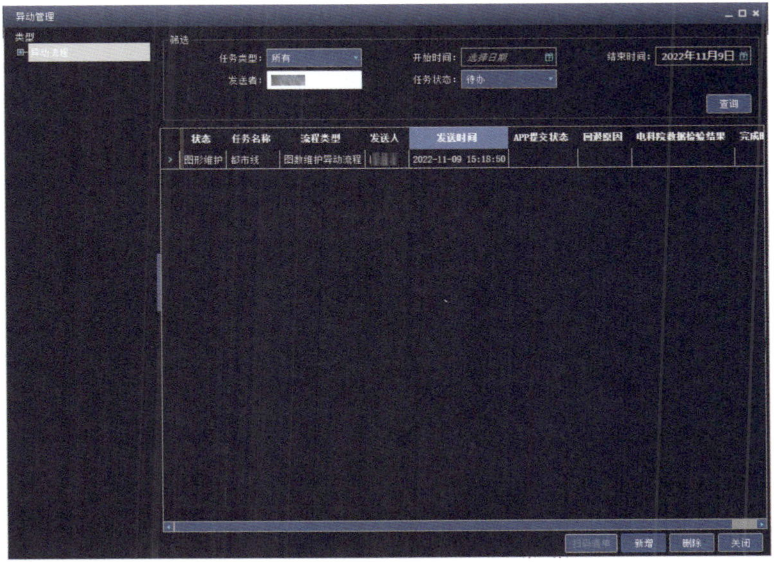

图6-77 异动流程页面

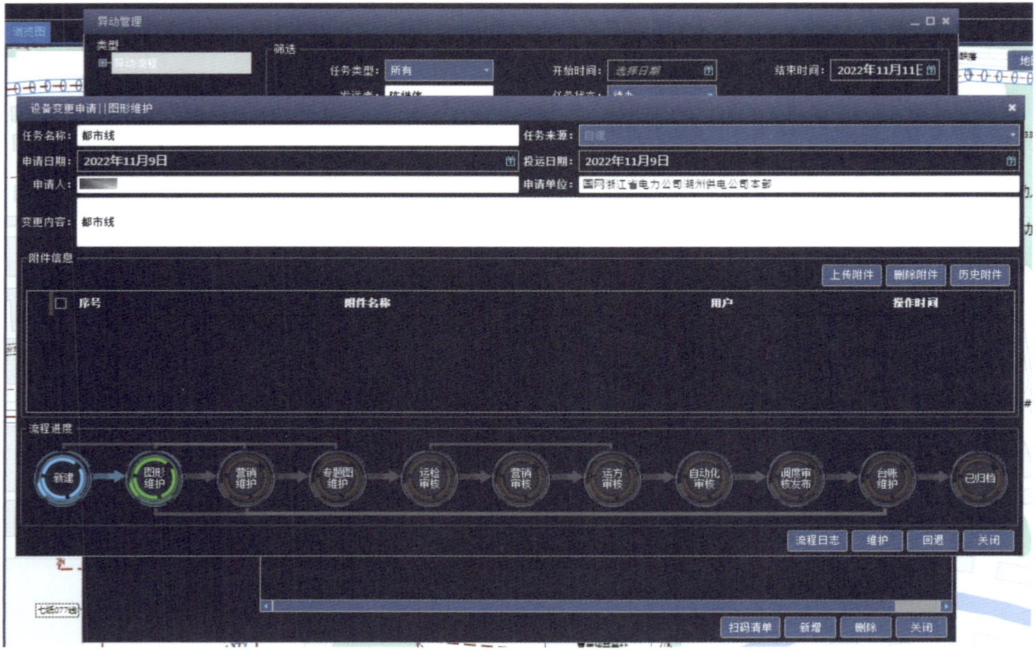

图6-78　异动流程维护页面

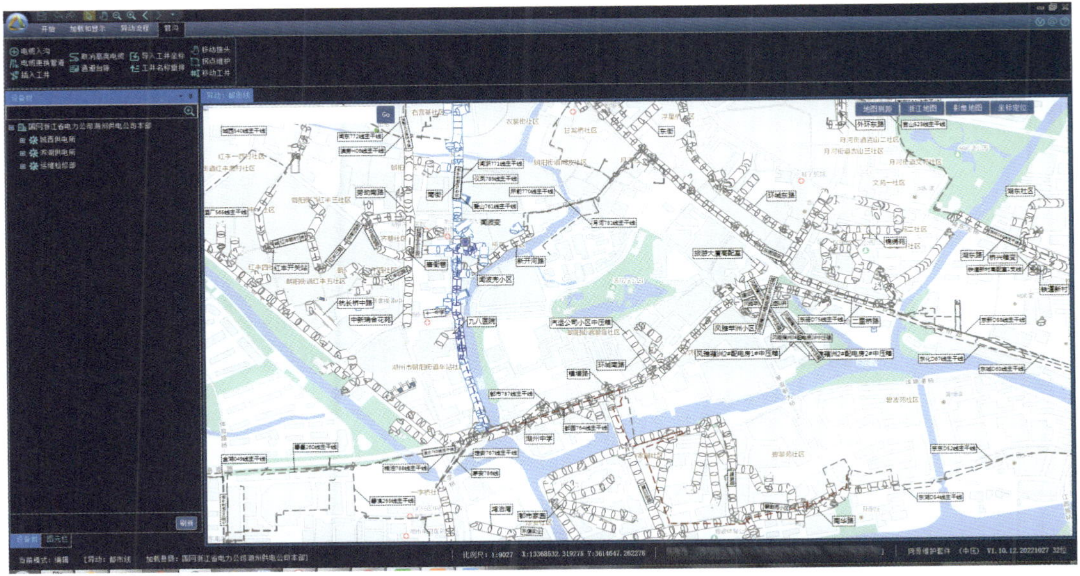

图6-79 任务内地理图

（一）功能菜单栏说明

功能菜单栏位于系统窗口左上方，用户可以菜单的形式选择配电通道维护编辑通道建模工具的绝大部分功能。功能菜单栏如图6-80所示。

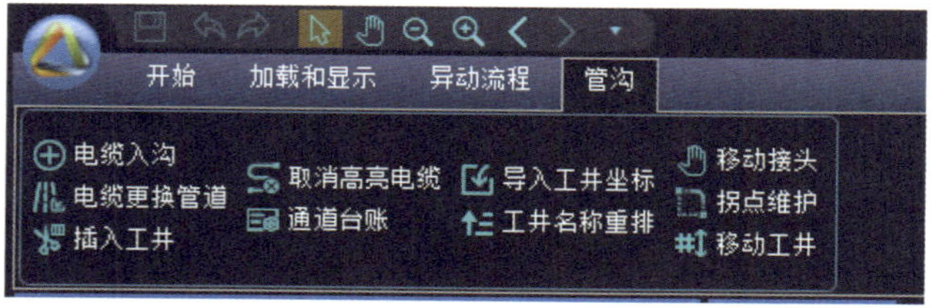

图6-80　菜单栏

（1）电缆入沟：可通过在轨迹图中选择电缆后，点选该功能按钮，弹出电缆入沟轨迹，并引导完成电缆入沟。

（2）电缆更换管道：从原有的管路中移出加入别的管路中；相当于先清除入沟，再自动生成入沟路径，根据路径索引，进行电缆入沟；电缆更改路径后，相同路径的工井截面图中的电缆示意点会被保留，不同路径的电缆示意点则会被清除。

（3）插入工井：点选该功能按钮，在待插入通道段处选择工井插入点，自动将通道段一分为二，插入点处自动生成工井。

（4）取消高亮电缆：电缆段高亮显示后（玫红色），取消该高亮显示状态，恢复电缆本身颜色。

（5）通道台账：点选该功能按钮，可展示当前异动任务中的设备台账，该界面中，可进行设备台账信息的编辑。

（6）导入工井坐标：通过导入工井 Excel 表格，进行工井坐标的批量修改。

（7）工井名称重排：可批量修改工井的名称，对其进行顺序或逆序排列。

（8）移动接头：通过该按钮，可以对未入沟和已入沟电缆中的中间接头，对其进行换井操作，即将中间接头从某一口井的关系改变到另一口井的关系中。

（9）拐点维护：点击该按钮，进入拐点维护模式，用以增加通道段的转折点；选中通道段后，即可右键新增拐点、删除拐点。

（10）移动工井：点击该按钮，即可在地理图上移动工井，工井连接的通道段和电缆也同步联动移动。

（二）定位查找

（1）设备树中查询定位：在设备树上的查询定位中，输入需查询设备名称的关键字，点选下方搜索列表中的设备，可在设备树上定位到该设备，且进行高亮显示；在设备树上可右键设备，选择定位到地图功能，可将选中的设备定位到地理图中。设备树搜索如图6-81所示。

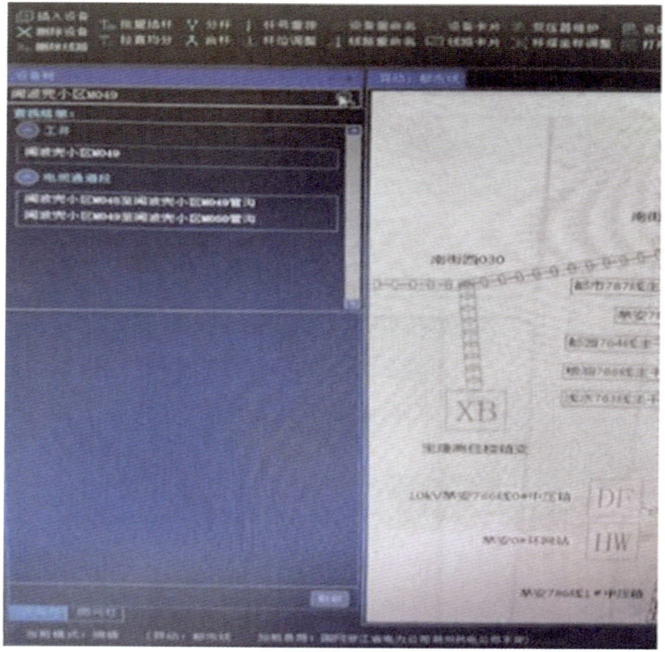

图6-81 设备树搜索

（2）地理图中查询定位：在地理图上的查询定位中，输入需查询设备名称的关键字，点选下方搜索列表中的设备，可在地理图上定位到该设备，且进行高亮显示；在地理图上选中的设备，可右键选中设备，选择定位到设备树功能，可将选中的设备定位到设备树上。地理图搜索如图6-82所示。

（三）通道维护

（1）线路加载：

方法一：打开新建的异动界面点维护按钮，系统弹出“数据加载”窗口。加载线路如图6-83所示。

方法二：在地理图中的搜索框中，输入线路名称，选中目标线路，线路会自动定位到当前视图中，然后在地理图中右键选择该线路，选中【加载线路】即可，可加载线路及线路关联的工井和通道段；或者在地理图中的搜索框中输入通道名称，选中目标通道，即可按照通道范围加载通道上的工井及通道段。地理图加载线路如图6-84所示。

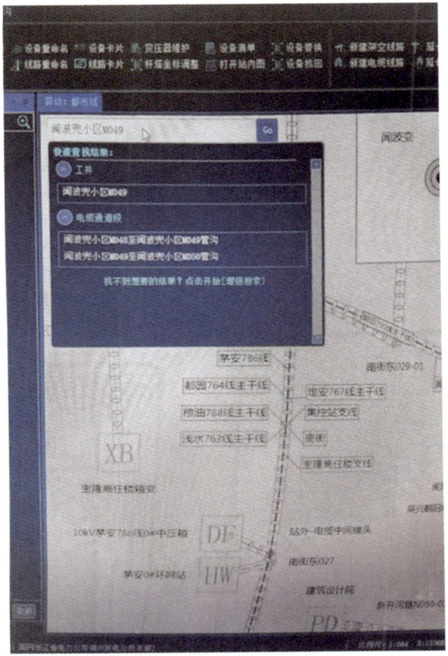

图6-82　地理图搜索

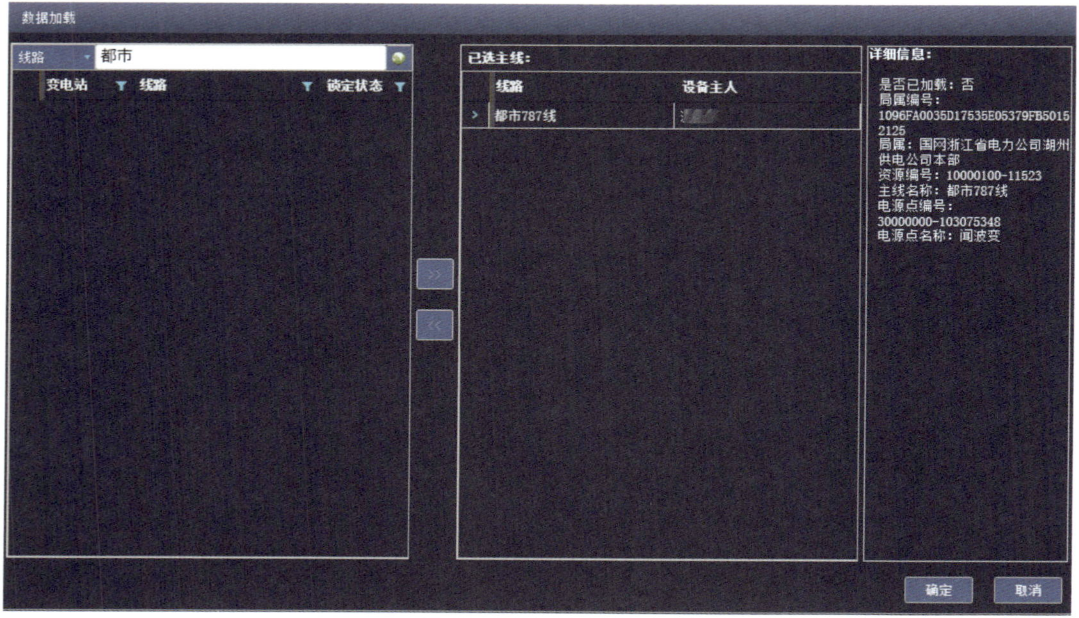
数据加载
线路
都市
变电站
线路
锁定状态
已选主线:
线路
设备主人
都市787线
详细信息:
是否已加载：否
局属编号：
1096FA0035D17535E05379FB5015
2125
局属：国网浙江省电力公司湖州
供电公司本部
资源编号：10000100-11523
主线名称：都市787线
电源点编号：
30000000-103075348
电源点名称：闻波变
确定
取消

图6-83　加载线路

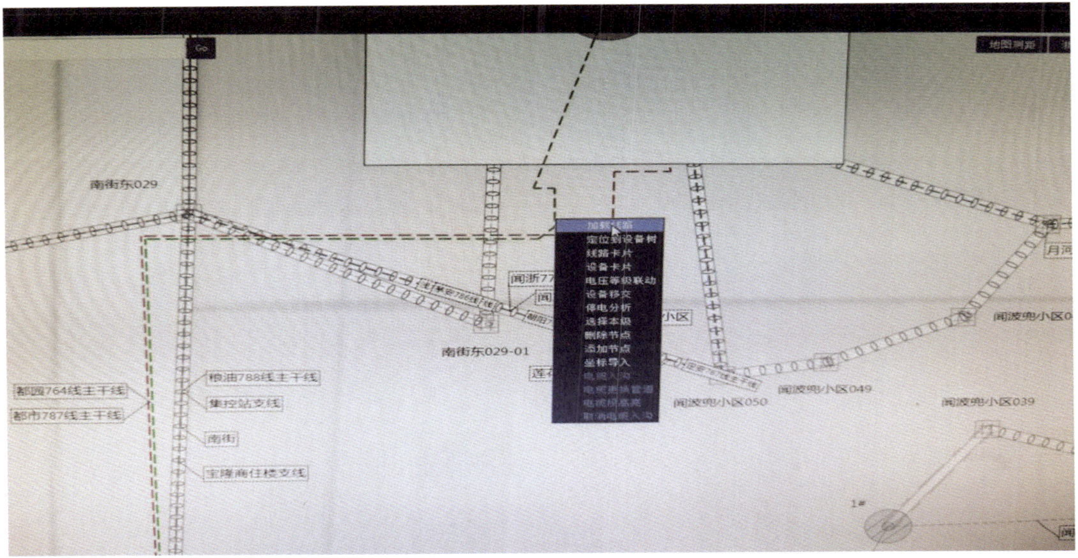

图6-84 地理图加载线路

（2）通道加载：

方法一：地理图上点选单个工井，右键选择【加载通道】，完成工井所属通道数据的加载。由工井加载通道如图6-85所示。

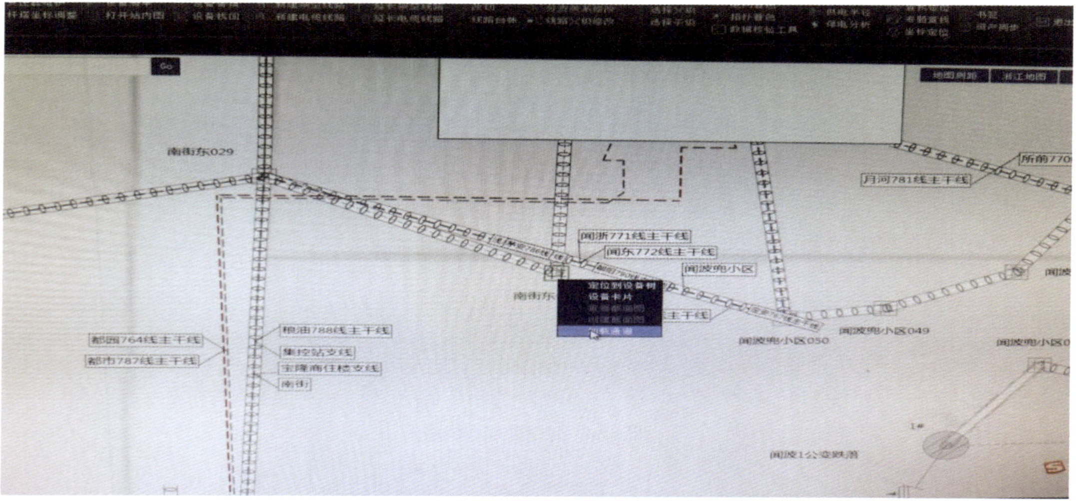

图6-85 由工井加载通道

方法二：地理图上点击选择单个通道段，右键选择【加载通道】，完成工井所属通道的数据加载。由通道段加载通道如图6-86所示。

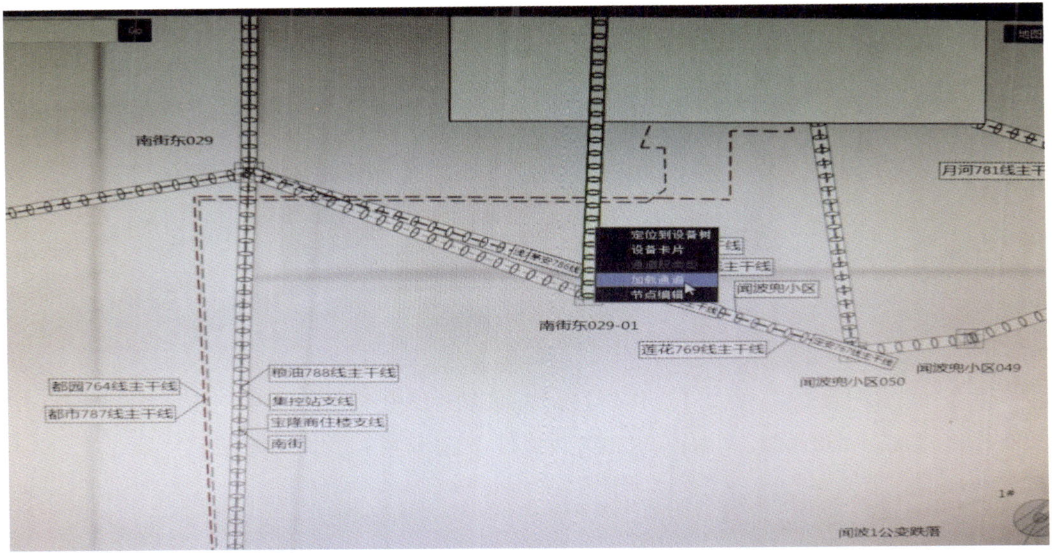

图6-86 由通道段加载通道

（3）工井维护：

1）工井新增：工井新增的时候，图形和台账一并新增，部分台账信息需要人工手动维护。

单个工井添加：在图元栏中，点选【工作井】图元，在轨迹图中点击鼠标左键，自动生成一口工井，默认生成方形工井，如需要结束添加，可点击鼠标右键。土建图元如图6-87所示。

图6-87 土建图元

批量工井添加：在图元栏中，点选【工作井】图元，在轨迹图中不同位置连续点击鼠标左键，点击N次，可生成N口工井，若需要结束添加，可双击或右键结束绘制。连续新增工井如图6-88所示。

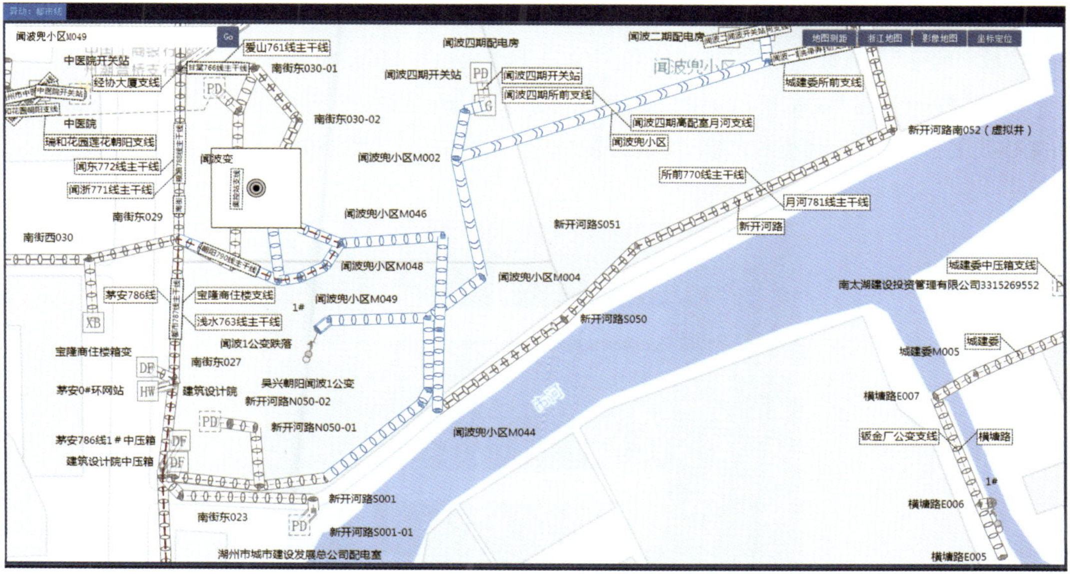

图6-88 连续新增工井

2）新增工井名称设置：在点击绘制工井时，会弹出新增工井名称设置界面，工井命名规则为“所属通道+方位+三位数字编码”，例如：闻波兜小区N001；用户按照要求填写工井的相关信息。

a. 所属通道：一般为工井的所在道路，只保留一个所属通道的属性值；若通道不存在，可点击【新增通道】功能，在弹出的窗口中输入通道的名称，完成通道的新建。添加工井如图6-89所示。

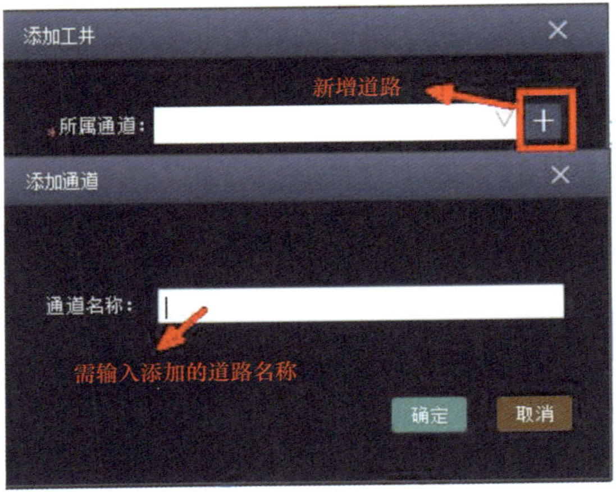

图6-89 添加工井

b. 方位：东西南北中可供选择，工井所在道路为东西走向时，通道一般在道路南北两侧/中间分布。

c. 起始编号：用于工井命名的编号信息，若操作批量添加工井时，则连续新增的工井命名规将会继承初始的设置进行命名。新增工井命名如图6-90所示。

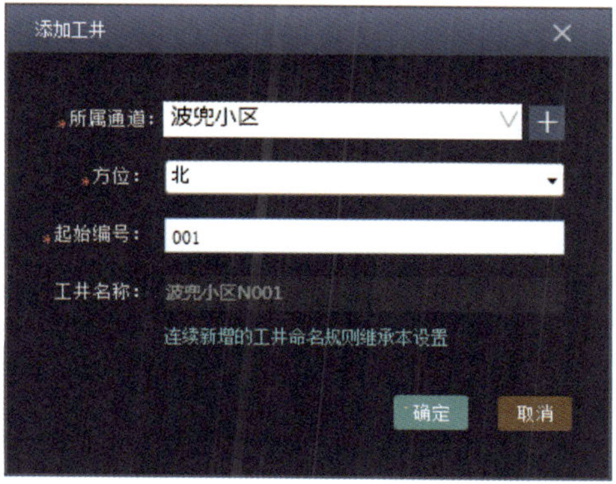

图6-90 新增工井命名

（四）插入工井

插入工井功能，相当于在一段通道段中间增加一口工井的功能。选择该功能按钮后，在待插入通道段的位置点击鼠标左键，弹出新增工井名称设置的窗口，输入方位、编号信息，点击【确定】完成工井的插入工作，插入的工井会将原来的通道段一分为二。插入工井如图6-91所示。

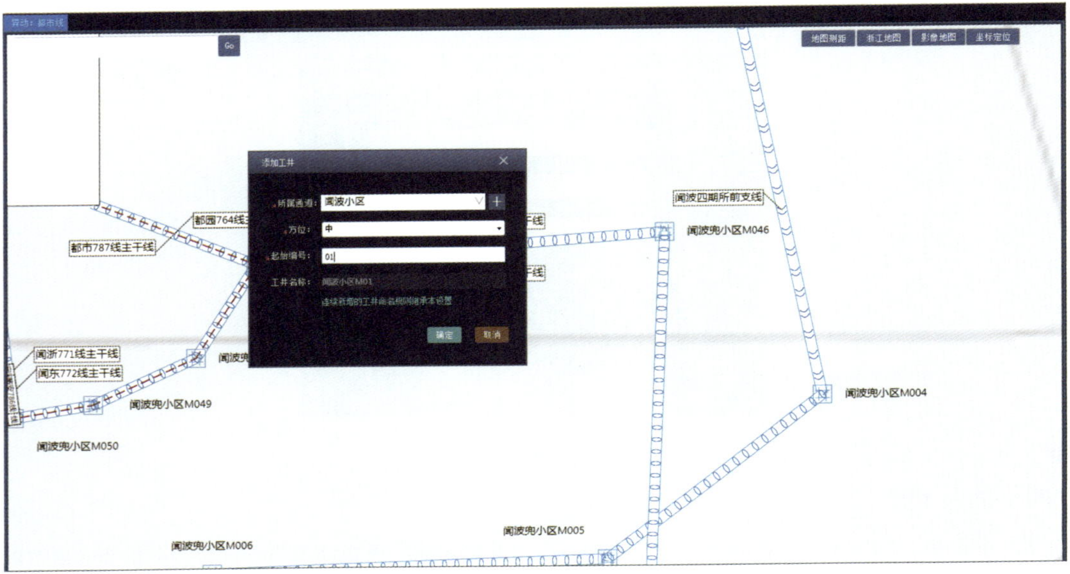

图6-91　插入工井

（五）工井删除

工井删除的时候，图形和台账一并删除；在删除的时候，工井一般会提示其关联设备的删除，由用户最终确认删除的设备。

方法一：在地理图中选择待删除的工井，然后点击工具栏中的【删除设备】按钮（或直接点击Delete键），并在弹出的窗口中确认删除，点击【确认】即可删除。地理图工井删除如图6-92所示。

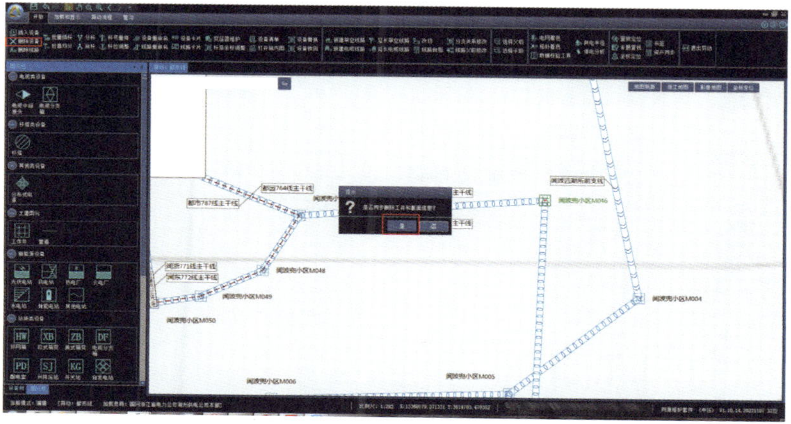

图6-92 地理图工井删除

方法二：设备树展开找到待删除的工井，点击右键进行删除，可直接删除该工井。设备树工井删除如图6-93所示。

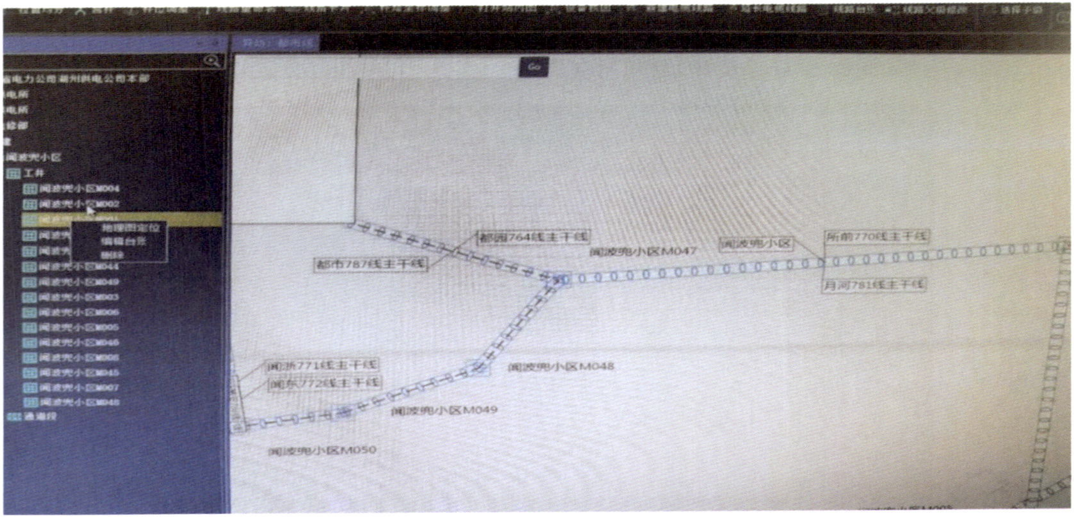

图6-93　设备树工井删除

方法三：在地理图上，按住Ctrl键点选待删除工井的名称，即可进行批量删除。批量工井删除如图6-94所示。

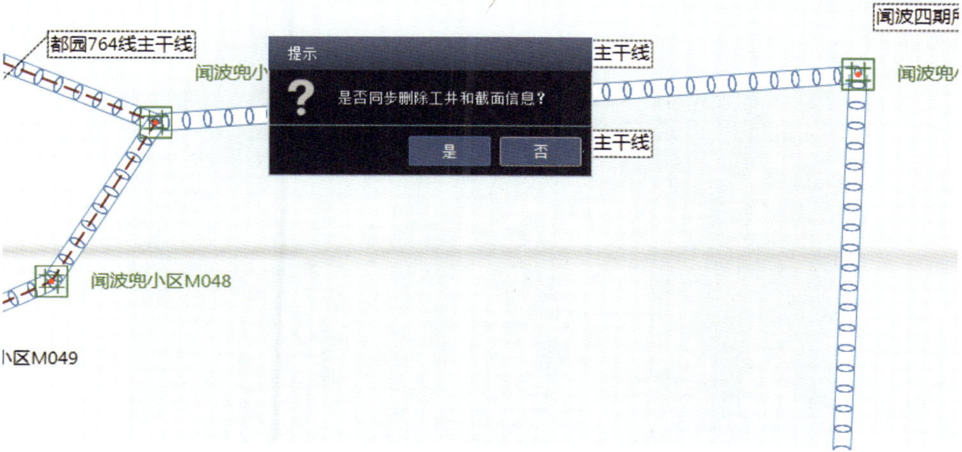

图6-94 批量工井删除

（六）工井台账修改

工井台账修改，主要指工井属性（如所属通道）、工井经纬度等信息的修改，修改方法如下：

方法一：在轨迹图中右键待修改工井，在弹出的菜单栏中选择设备卡片中，进行工井属性的修改（含经纬度、工井类型的修改）。

方法二：在功能按钮栏点击【通道台账】按钮，在弹出的台账维护框中，直接在需要修改的属性的文本框中进行修改即可（有底色的字段为自动获取，无法直接修改）。工井台账界面如图6-95所示。

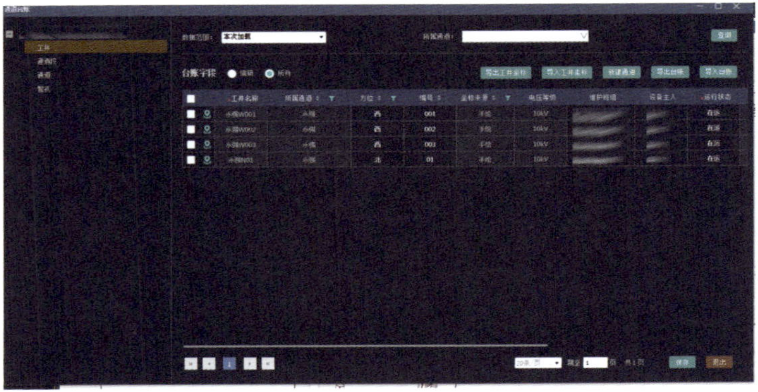

图6-95　工井台账界面

方法三：通过【导入工井坐标】功能，对工井经纬度进行批量修改。

（七）导入工井坐标

导入工井坐标可对存量工井进行坐标纠正，在工具栏中点击【导入工井坐标】，在弹出的菜单中选择上传文件，选择含有工井名称及坐标信息的标准模板表格，点击【导入】，导入成功和失败的条数均会进行提示。导入工井坐标具体步骤如下：

步骤一：点击菜单栏中的【导入工井坐标】按钮，并下载模板表格，导入工井坐标如图6-96所示。

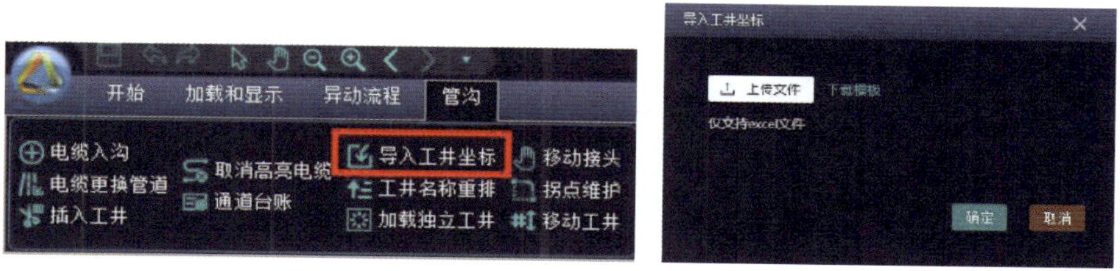

图6-96　导入工井坐标

步骤二：在模板表格中填写正确的坐标后，点击【上传文件】，最后点击【确定】按钮，导入失败的数据可下载【导入结果】查看具体失败原因。导入工井坐标表格如图6-97所示。

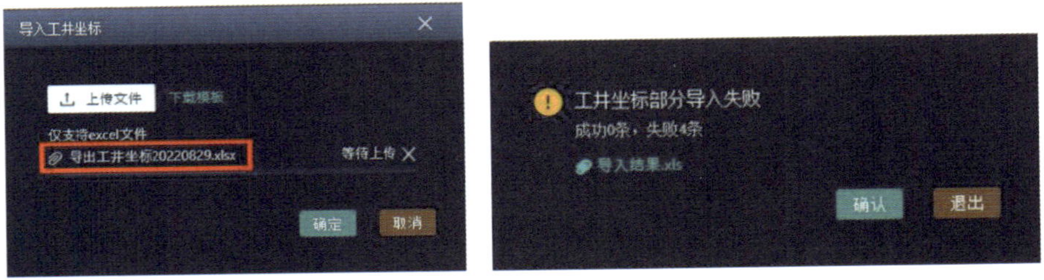

图6-97　导入工井坐标表格

（八）工井名称重排

工井名称重排如图6-98所示，存在工井的编号或者方位不正确时，可使用【工井名称重排】功能，对工井的名称进行批量修改。

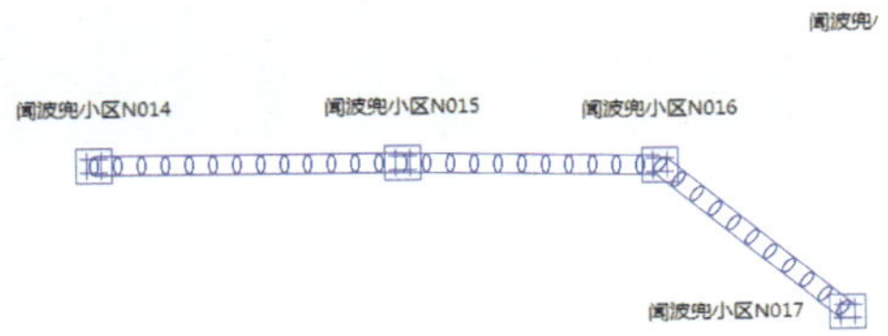

图6-98　工井名称重排

起始工井如图6-99所示，终点工井如图6-100所示，点击【工井名称重排】，根据提示选择待重名的起点工井和终点工井（支持选择同一口工井作为工井名称重排的起点工井或终点工井）。

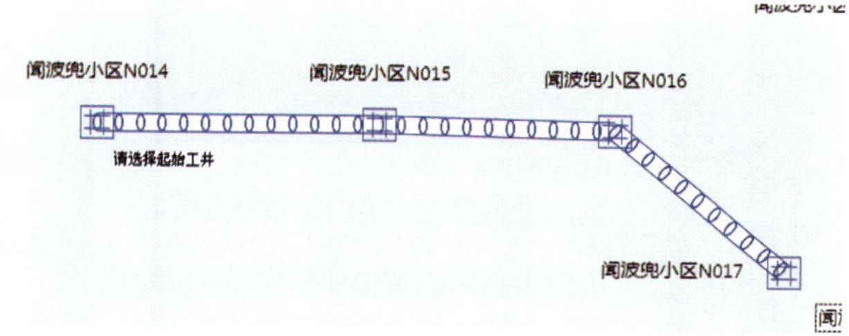

图6-99 起始工井

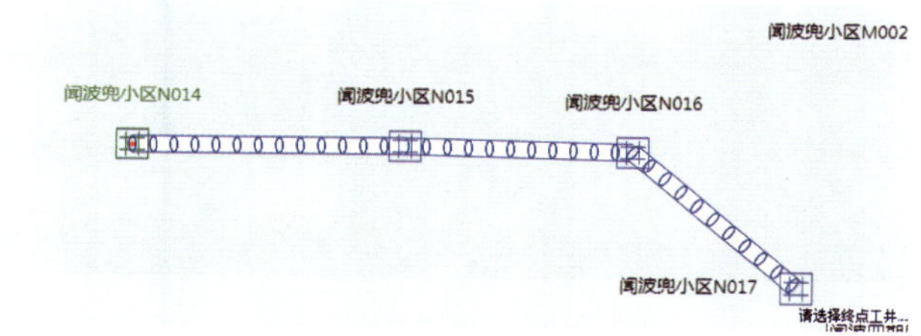

图6-100 终点工井

工井名称重排如图6-101所示，在弹出的【工井名称重排】的对话框中，填写正确的信息，点击【确定】，即可实现工井名称的重排。

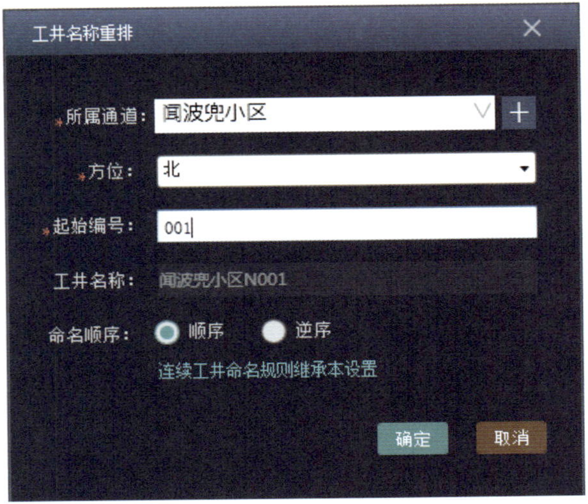

图6-101　工井名称重排

工井重排后名称如图6-102所示。

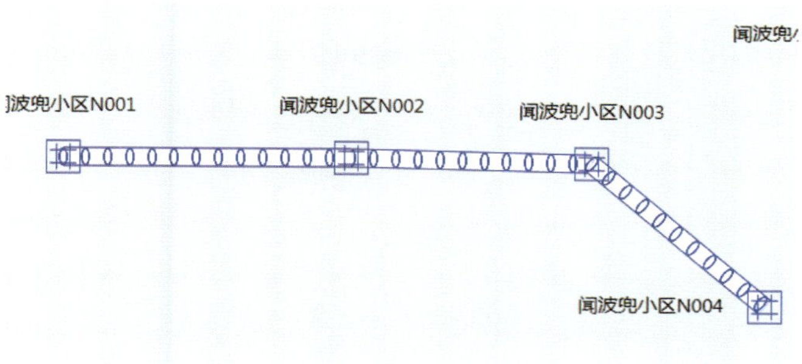

图6-102 工井名称重排后

（九）通道段维护

（1）通道段新增：通道段新增的时候，图形和台账一并新增，通道段的名称会根据它的起终点设备的名称自动生成。

单个通道段添加：通过图元栏，点选通道段图元，在轨迹图中依次点选通道段的起点和终点，自动生产一个通道段，如需要结束添加，可点击鼠标右键退出。（**注意：**通道段的起点和终点设备类型可以是工井、杆塔、站房。）新增单个管道段如图6-103所示。

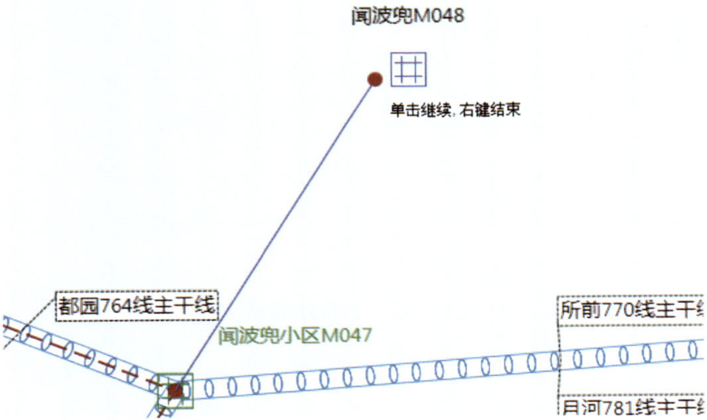

图6-103　新增单个管道段

批量通道段添加：通过图元栏，点选通道段图元，在轨迹图中不同位置连续点选通道段的起终点设备，可连续生产通道段数据。连续新增通道段（一）如图6-104所示，连续新增通道段（二）如图6-105所示。

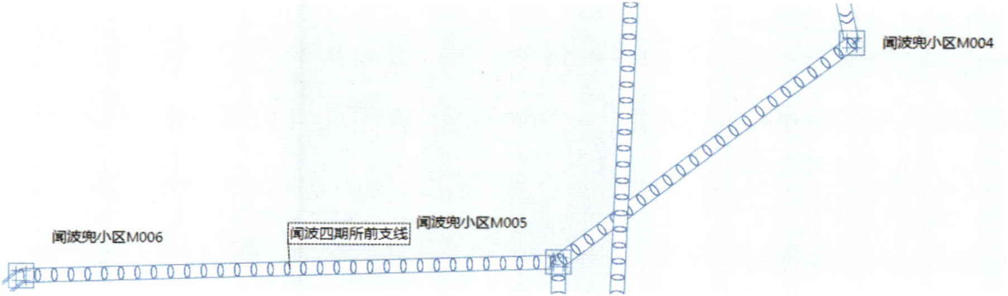

图6-104 连续新增通道段（一）

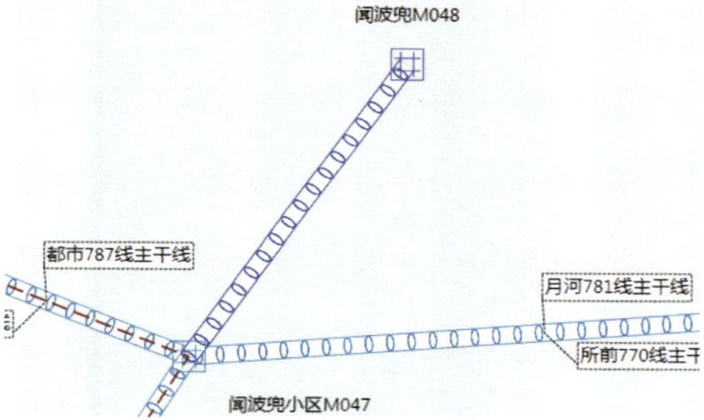

图6-105 连续新增通道段（二）

（2）通道段删除：通道段删除的时候，图形和台账一并删除；通道段在删除的时候，一般会提示其关联设备的删除，由用户最终确认删除的设备；删除通道段时，系统会校验该通道段是否已关联剖面且已绘制管孔信息，若存在管孔信息，则弹出的窗口提示是否保留管孔信息；通道段内若有已入沟电缆，则无法删除通道段。

方法一：在轨迹图中选择待删除通道段，点击功能栏上的“删除”按钮，在弹出的窗口中点击【确认】，即可删除。设备树删除通道段如图6-106所示。

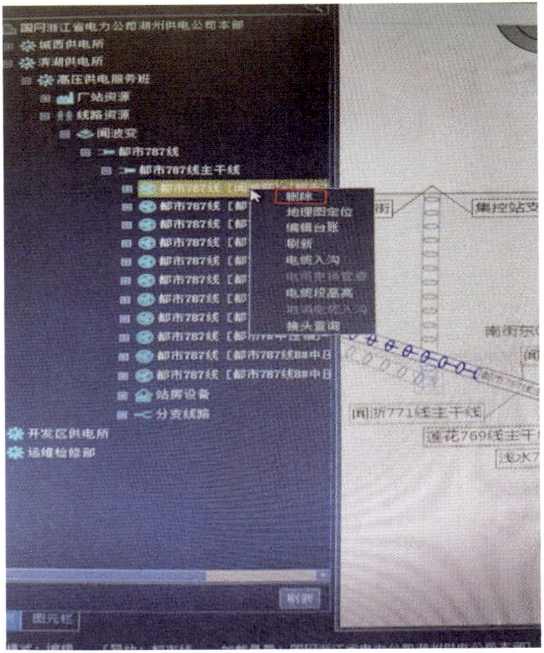

图6-106 设备树删除通道段

方法二：在轨迹图中通过鼠标选中待删除通道段，支持点击【Delete】键，即可进行删除。通道段删除如图6-107所示。

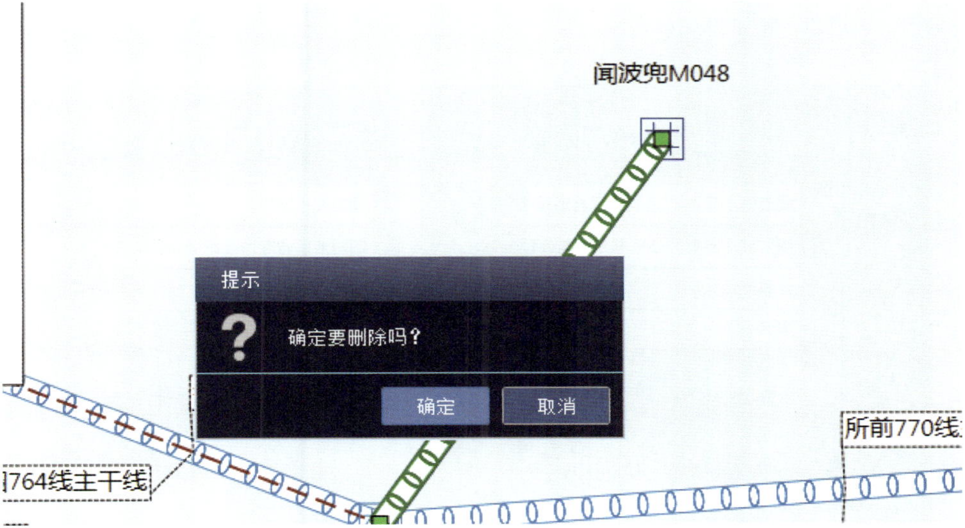

图6-107 通道段删除

（3）通道段台账编辑：通道段修改的时候，图形和台账是同步修改的，主要是改通道段属性（如长度、设备主人、埋深等字段）的修改，修改方法如下：

方法一：在轨迹图中选择待修改通道段处再进行鼠标右击操作，在弹出的菜单栏中选择设备卡片，进行通道段属性的修改。通道段台账如图6-108所示。

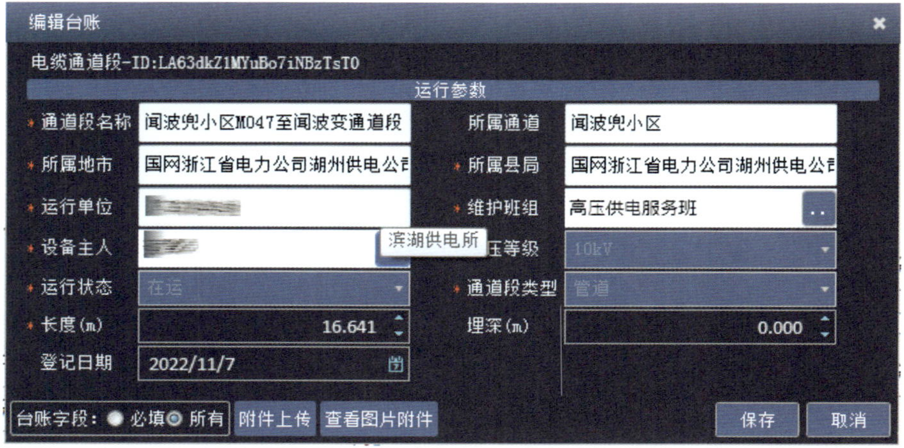

图6-108 通道段台账

方法二：在设备树中选择待修改通道段处再进行鼠标右击操作，在弹出的菜单栏中选择设备卡片，进行通道段属性的修改。设备树通道段台账如图6-109所示。

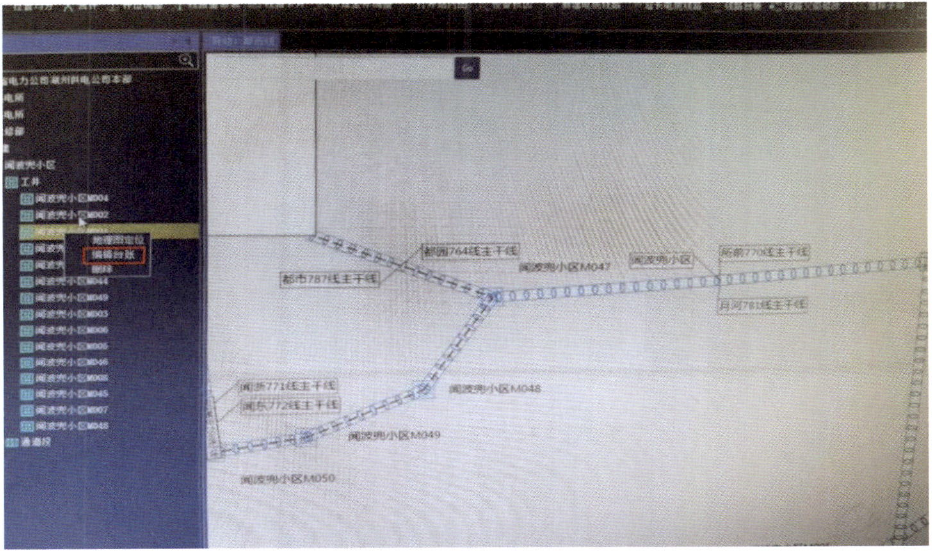

图6-109 设备树通道段台账

方法三：在功能按钮栏点击【通道台账】按钮，弹出的台账维护框中，直接在需要修改的属性的文本框中进行修改即可。通道台账如图6-110所示。

（4）通道段拐点维护：在菜单栏中，点击【拐点维护】按钮，在地理图中找到待新增拐点的通道段。拐点维护如图6-111所示。

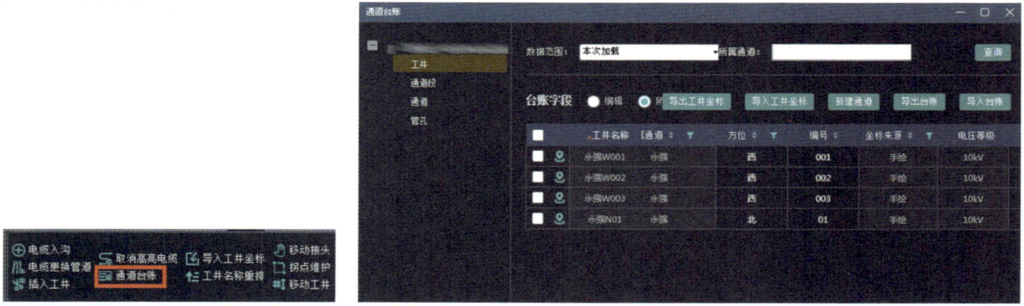

图6-110　通道台账

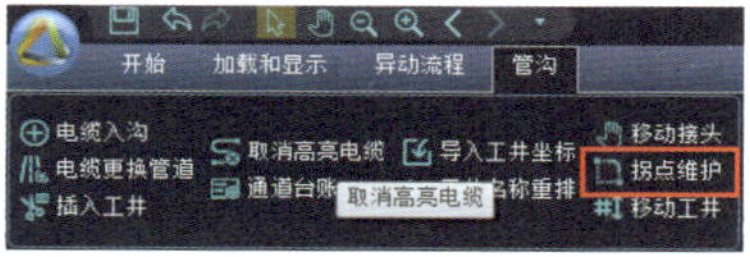

图6-111　拐点维护

再右键选择通道段，点击【新增拐点】功能，即可新增拐点，若想继续新增拐点，可在待新增拐点处继续右键，选择【新增拐点】。新增拐点如图6-112所示。

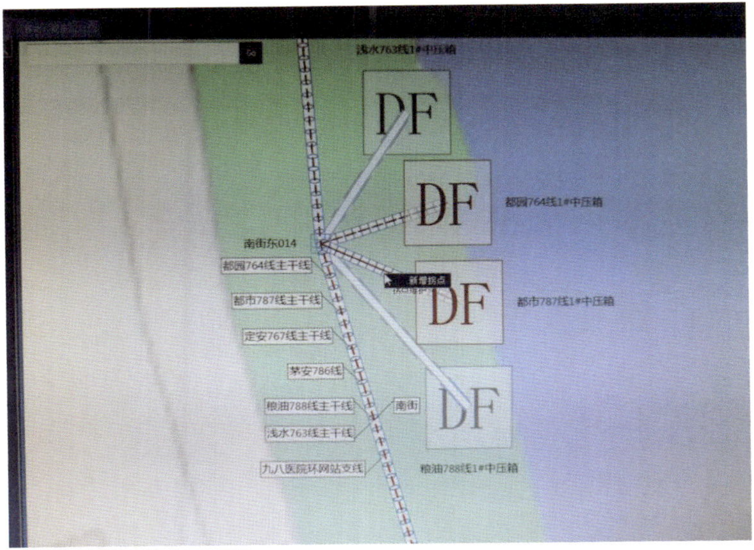

图6-112　新增拐点

对于新增的拐点，可对其进行移动等编辑，鼠标左键选中该拐点后拖动到正确的位置即可；编辑完成后，需使用鼠标右键点击空白处结束编辑，或点击右上角的“保存并退出”按钮，结束拐点的编辑。拐点如图6-113所示。

电缆入沟状态下也可进行【拐点维护】操作，完成通道段、电缆同步路径的整改效果。

删除拐点：在通道段右键，弹出【删除拐点】按钮，即可删除，也可使用Delete按键进行删除。

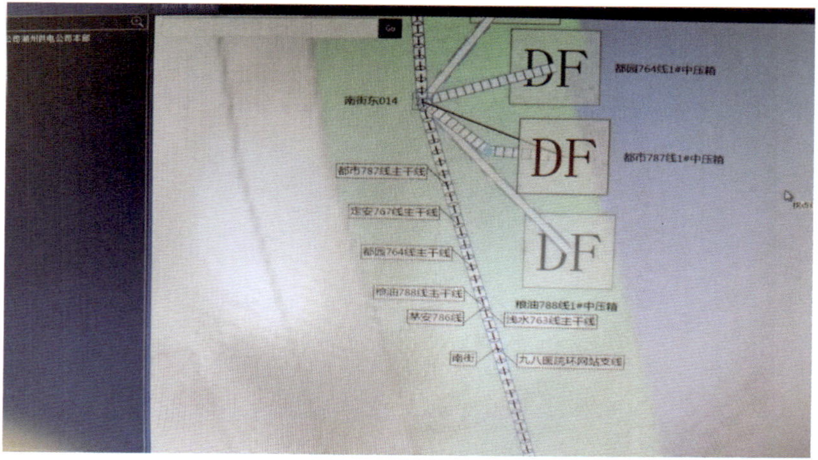

图6-113　拐点

（5）通道段节点编辑：选中通道段，右键点击【节点编辑】功能，进入通道段节点编辑状态，可分别对起始位置和终点位置的蓝色圆点进行拖拉至正确的拓扑点位置，右键结束即可完成通道段新的拓扑连接关系；若关联失败，则恢复至原来的状态；若通道段内有电缆入沟了，则节点编辑按钮将会显示灰色，不能进行节点编辑操作。此功能常用于迁移的存量通道段与设备的连接。节点编辑前如图6-114所示，节点编辑后如图6-115所示。

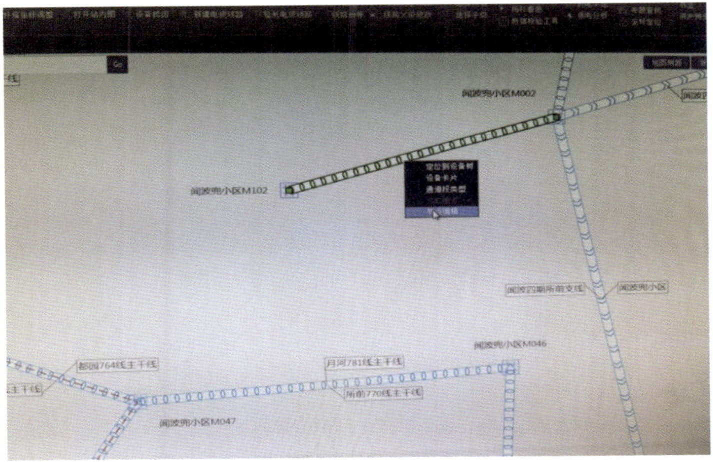

图6-114　节点编辑前

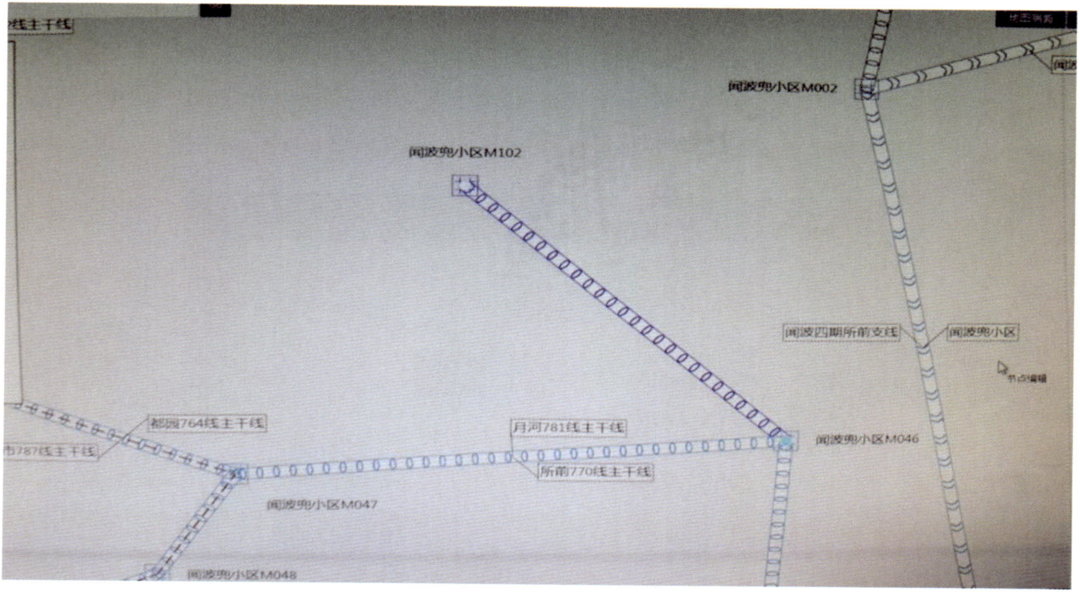
线主干线
闻波兜小区M002
闻波兜小区M102
闻波四期所前支线
闻波兜小区
都园764线主干线
月河781线主干线
闻波兜小区M046
市787线主干线
所前770线主干线
闻波兜小区M047
闻波兜小区M048

图6-115　节点编辑后

（十）中间接头维护

（1）中间接头坐标及所在位置维护：

方法一：电缆入沟前，会对电缆下挂接的中间接头进行校验，并进行提示，进行入井操作。中间接头入沟如图6-116所示，接头入井操作如图6-117所示。

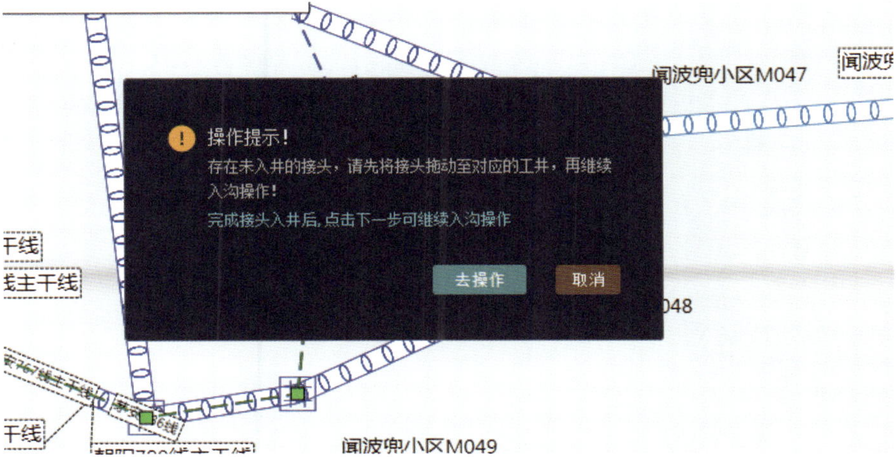
闻波兜小区M047
操作提示！
存在未入井的接头，请先将接头拖动至对应的工井，再继续入沟操作！
完成接头入井后，点击下一步可继续入沟操作
去操作
取消
闻波兜小区M049

图6-116　中间接头入沟

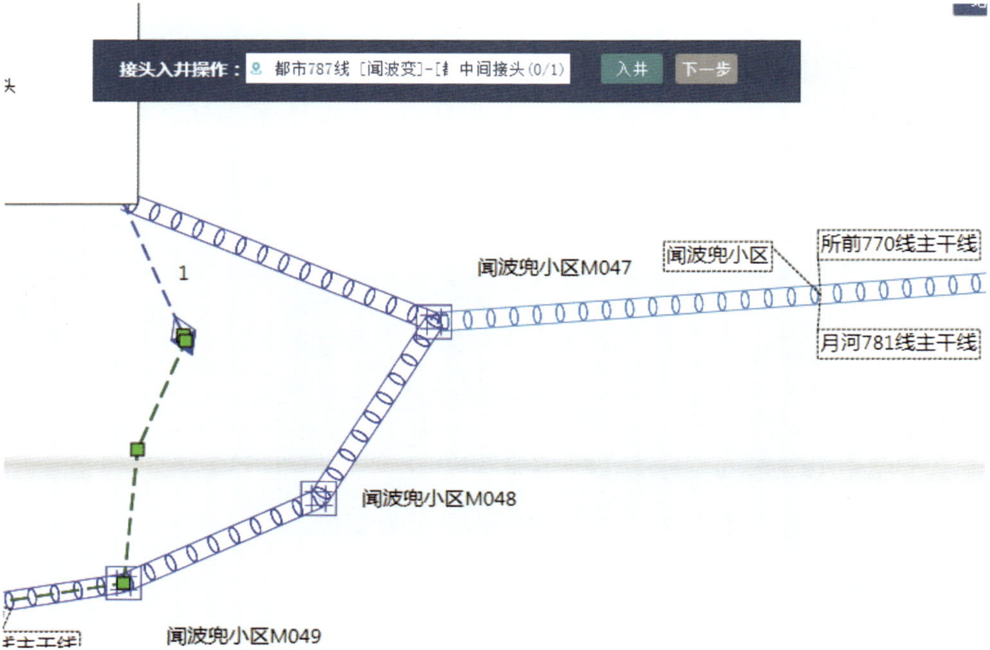

图6-117　接头入井操作

未入井的中间接头，需要进行手动操作，将中间接头移动到正确的工井内，可通过定位按钮依次定位到待入井的接头。接头入井操作如图6-118所示。

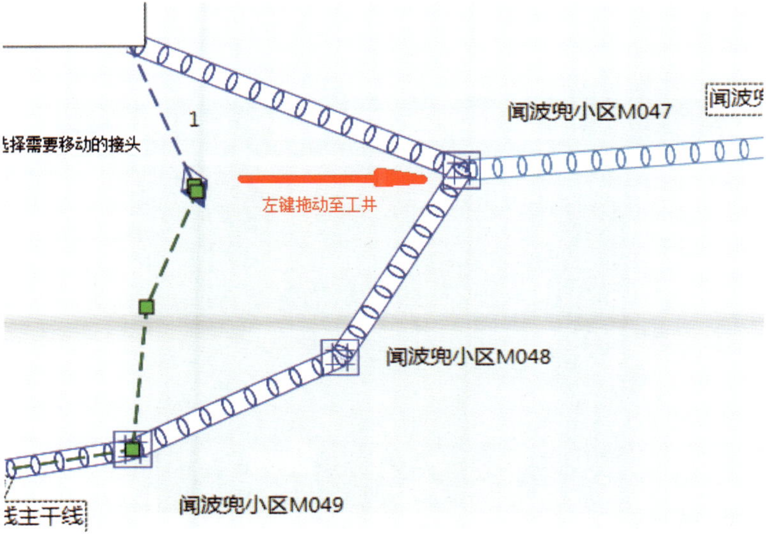

图6-118 接头入井操作

完成中间接头坐标的修正和接头所在位置的维护，中间接头维护完成后，可继续进行电缆入沟的操作，同时该工井的类型会自动变更成接头井。

方法二：接头批量入井，点击【入井】按钮，弹出接头批量入井窗口，输入需绑定的工井名称即可。批量接头入井如图6-119所示。

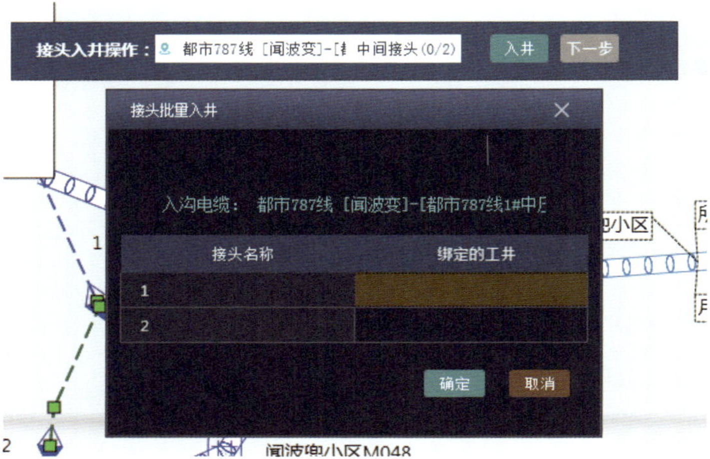

图6-119　批量接头入井

方法三：电缆入沟后，若中间接头所在工井维护有误，仍然可以对接头的所在工井进行处理。移动接头如图6-120所示。

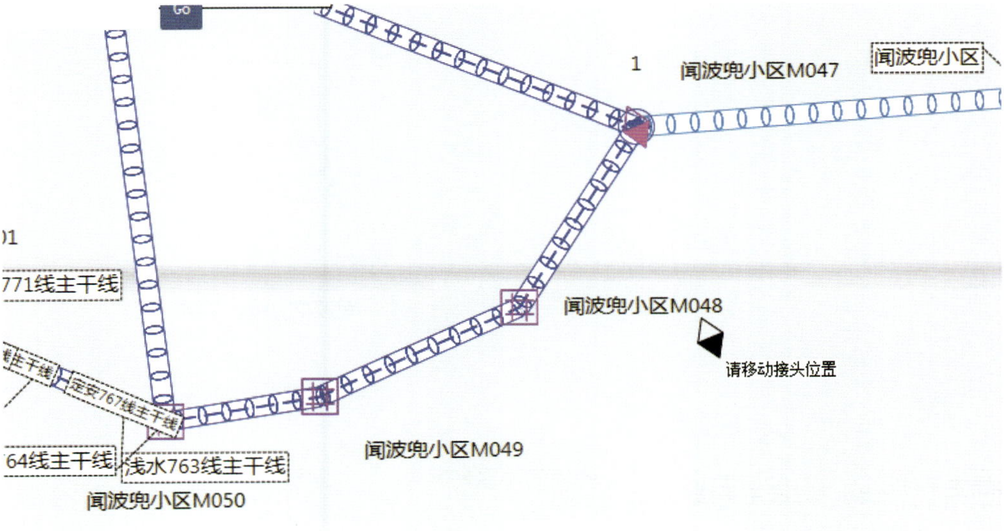

图6-120 移动接头

通过点击【移动接头】按钮，在地理图中选择待移动工井位置的中间接头，然后选择目标工井，点击【确定】，即可将该中间接头与目标工井建立关联关系，同时，目标工井的类型会自动变更成接头井。移动前如图6-121所示，移动后如图6-122所示。

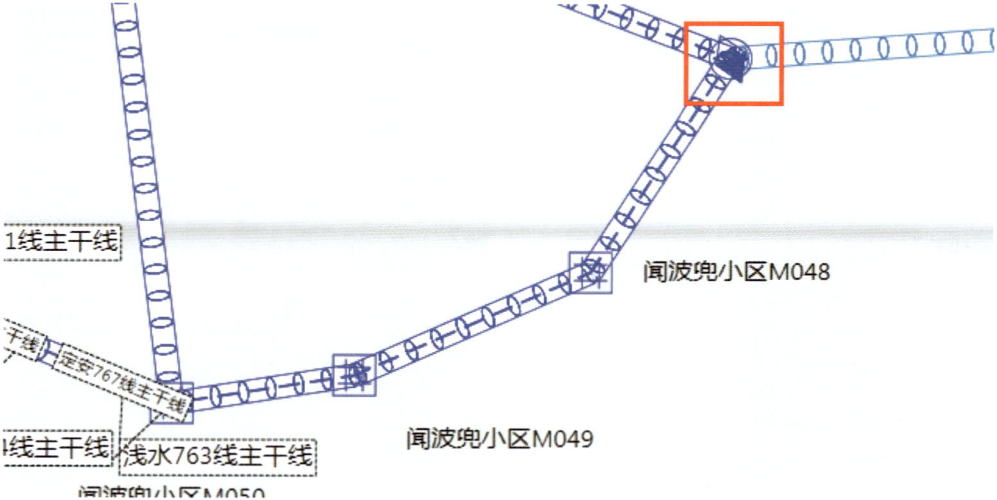

图6-121 移动前

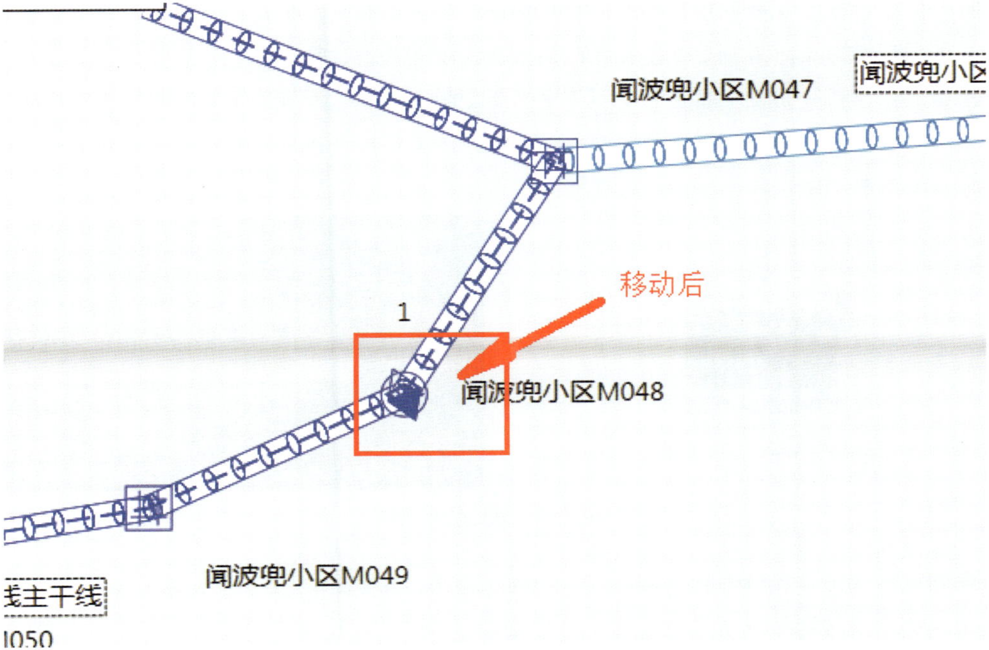

图6-122 移动后

方法四：电缆入沟后，若中间接头所在工井维护有误，可右键接头，点击【更改所属工井】按钮，重新选择关联的工井。所属工井的下拉列表存在限制条件：仅展示该电缆经过的工井，且工井范围为两侧接头中间的工井（一侧没有接头则那一侧的全部工井），且不更改接头的原有顺序。更换所属工井如图6-123所示。

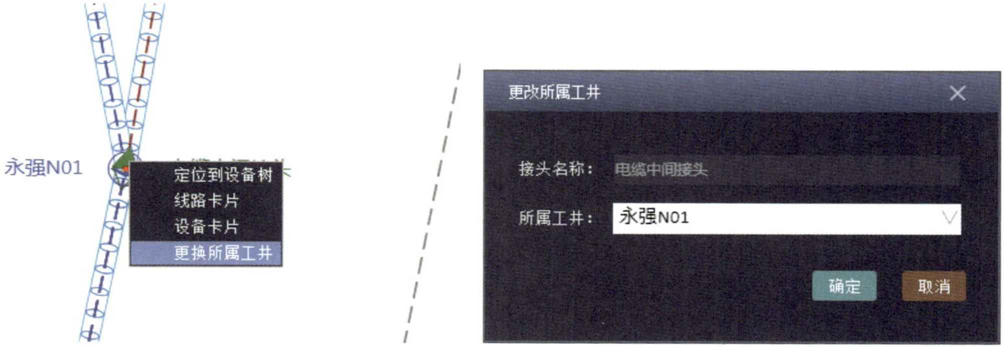

图6-123　更换所属工井

（2）插入接头：对已入沟的电缆，支持在工井中插入接头，具体操作为点击图元栏中接头图元，选择需要插入的工井，弹窗选择需要插入接头的电缆；插入完成后打断电缆段，并自动更新入沟关系。插入接头如图6-124所示。

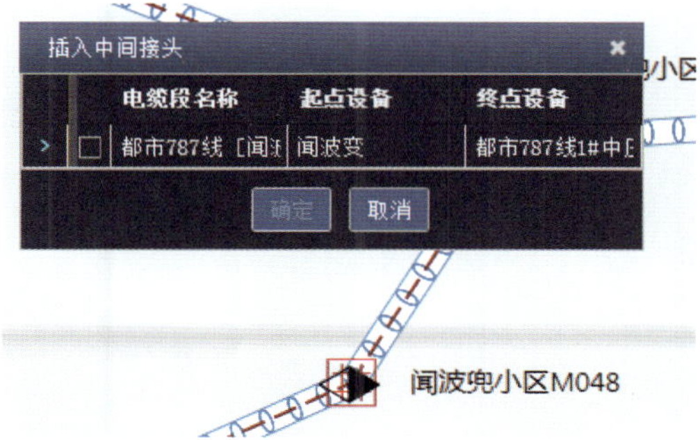

图6-124　插入接头

若选择的工井无已入沟的电缆，则直接提示“当前工井未穿过电缆，无法制作中间接头”，其中一个电缆在一个工井中只允许关联一个接头；若在该工井中，已存在中间接头的电缆段在设备列表会展示信息但会显示灰色将会无法选择处置。

（十一）电缆维护

（1）电缆入沟：

方法一：可在设备树右键待入沟电缆—电缆入沟，自动生成电缆入沟路径，弹出入沟操作功能栏，由用户按照指引进行单步/多步电缆入沟。设备树电缆入沟如图6-125所示。

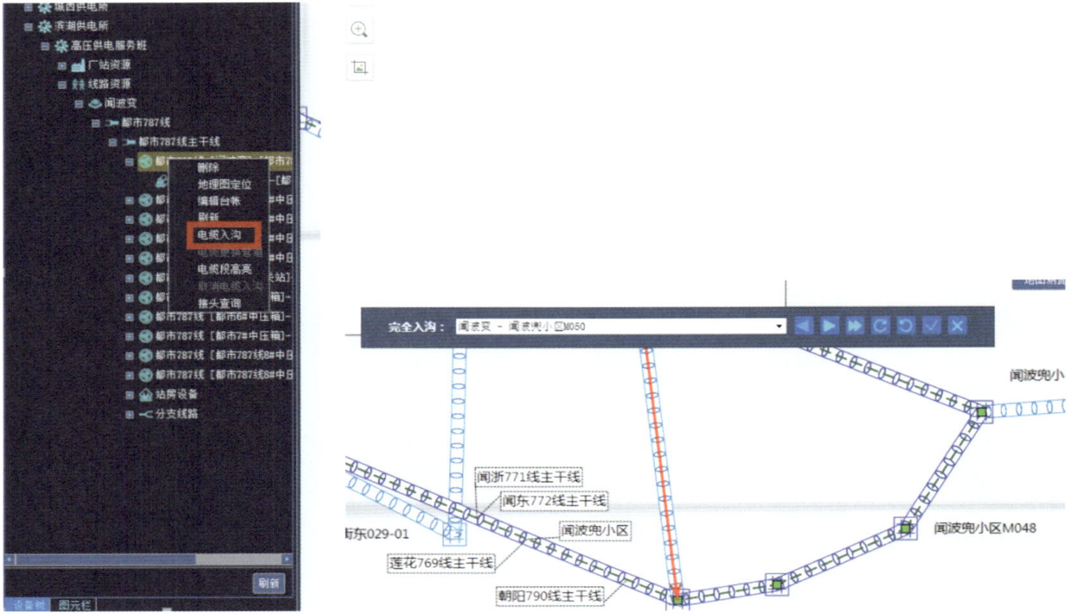

图6-125　设备树电缆入沟

方法二：可在轨迹图中鼠标右击待入沟电缆—电缆入沟，自动生成电缆入沟路径，弹出入沟操作功能栏，由用户按照指引进行单步/多步电缆入沟。电缆入沟如图6-126所示。

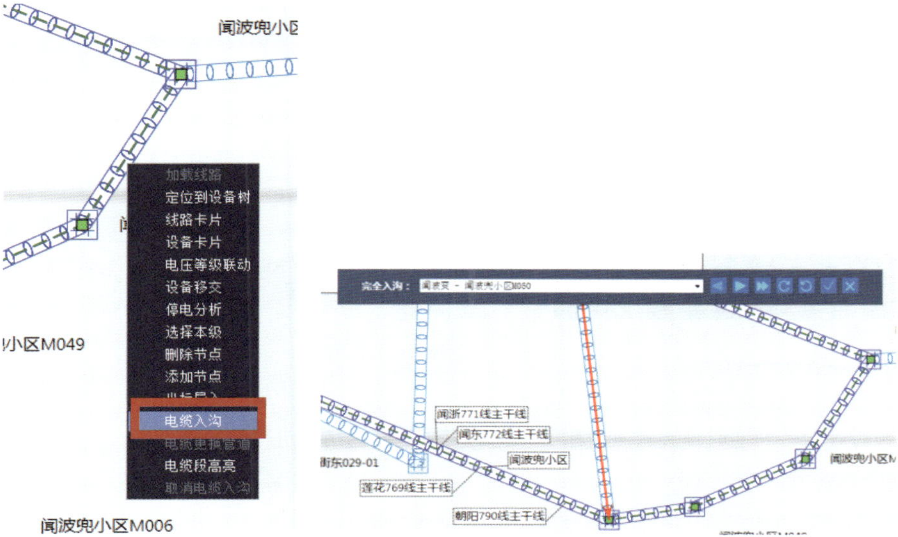

图6-126　电缆入沟

方法三：可在功能按钮列表中选择电缆入沟，在轨迹图中鼠标右击待入沟电缆—电缆入沟，自动生成电缆入沟路径，弹出入沟操作功能栏，由用户按照指引进行单步/多步电缆入沟。功能栏电缆入沟如图6-127所示。

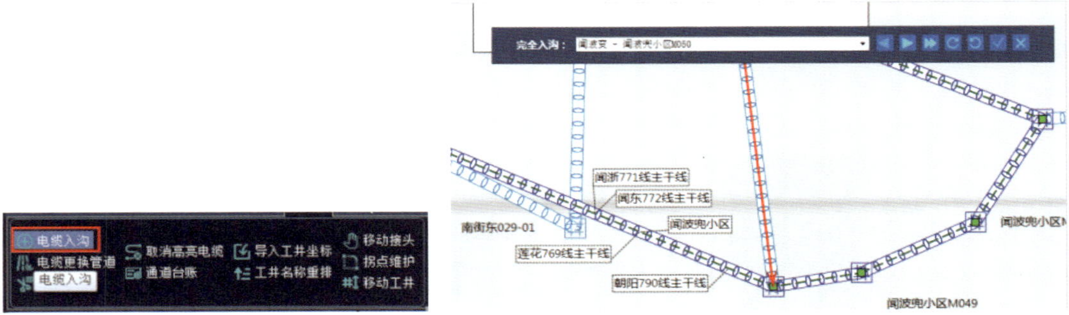

图6-127　功能栏电缆入沟

（**注意：**顺时针旋转和逆时针旋转主要用于入沟时有分岔路的情况进行路径选择。）

（2）电缆更换管道：

方法一：可在设备树鼠标右击待入沟电缆—电缆更换管道，先移动需要更换工井的接头到正确的工井中（若无接头需要更换工井位置，则直接点击下一步），再根据可选入沟路径索引，进行电缆重新入沟。

方法二：可在功能按钮栏，点击【电缆更换管道】在轨迹图中选择更换管道的电缆，先移动需要更换工井的接头到正确的工井中（若无接头需要更换工井位置，则直接点击【下一步】），再根据可选入沟路径索引，进行电缆重新入沟。

电缆更换管道操作后，将更换后的工井与更换前工井作对比，若有电缆轨迹变更的工井，则清除截面图信息；若电缆轨迹完全无变动的工井，则自动保留原来的截面图信息，可减少维护工作量。管道更换如图6-128所示。

（3）取消电缆入沟：

方法一：可在设备树鼠标右击需要出沟的电缆—取消电缆入沟，电缆将取消与土建的关联关系，出沟后可对电缆进行切改等操作，然后再进行入沟操作。

方法二：可在轨迹图中右键需出沟电缆—取消电缆入沟，电缆将取消与土建的关联关系，出沟后可对电缆进行切改等操作，然后再进行入沟操作。取消电缆入沟如图6-129所示。

（4）分支箱入沟：有两类分支箱，第一种为电缆类分支箱，放在电缆中间，当作中间接头的作用；第二种为站所类分支箱，当作电缆起始点。需支持两种分支箱的入沟。

电缆类分支箱：点击【电缆入沟】时，除校验中间接头外，还需支持校验在电缆中间的分支箱（当作接头），提示用户需要将接头或者分支箱关联到对应的工井中；分支箱则为关联到工井的两侧方向（和通道段同方向）。

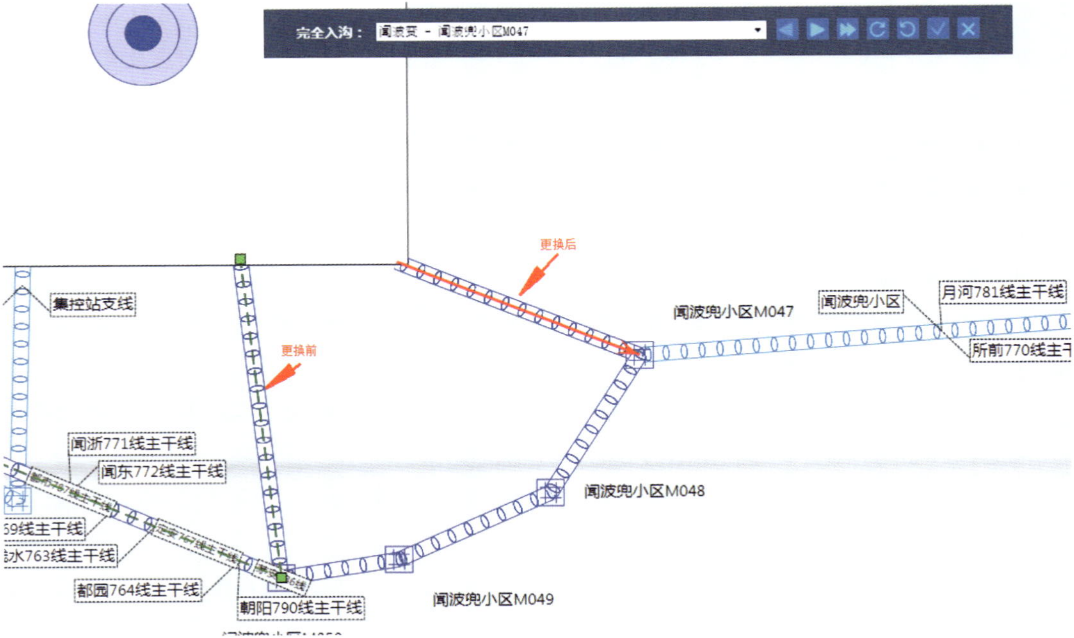
完全入沟：
更换后
更换前
集控站支线
闻波兜小区M047
闻波兜小区
月河781线主干线
闻浙771线主干线
闻东772线主干线
闻波兜小区M048
闻波兜小区M049
都园764线主干线
朝阳790线主干线

图6-128　管道更换

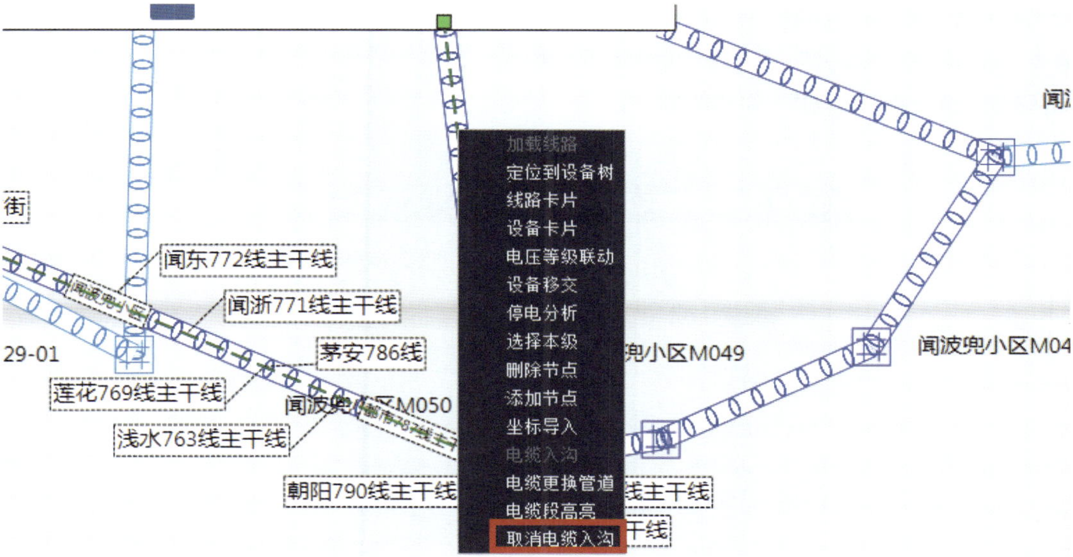

图6-129 取消电缆入沟

分支箱关联工井操作成功后，分支箱台账中“安装位置设备名称”字段自动填充关联的工井名称，安装位置设备类型自动填充为“工井”，字段在台账中不可编辑。

站所类分支箱，则正常当作电缆起终点入沟。分支箱电缆入沟如图6-130所示。

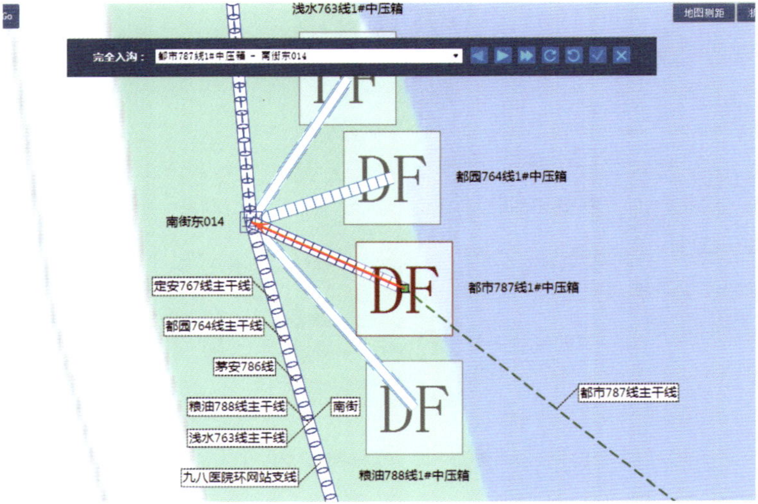

图6-130 分支箱电缆入沟

（十二）工井截面图维护

（1）创建截面：对于新建的且没有截面图的工井，可通过轨迹图上右键工井—绘制截面图，进入工井截面图绘制界面，并自动弹出截面图生成的界面；输入剖面图相关的信息，即可创建工井的剖面。创建剖面如图6-131所示。

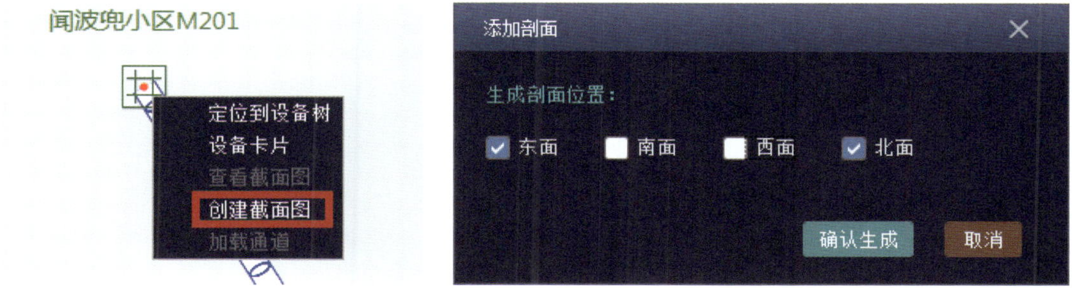

图6-131 创建剖面

（2）查看已有截面：在轨迹图中右键需查看截面图的工井，选择【查看截面图】功能，即可查看工井的截面图信息，如图6-132所示。

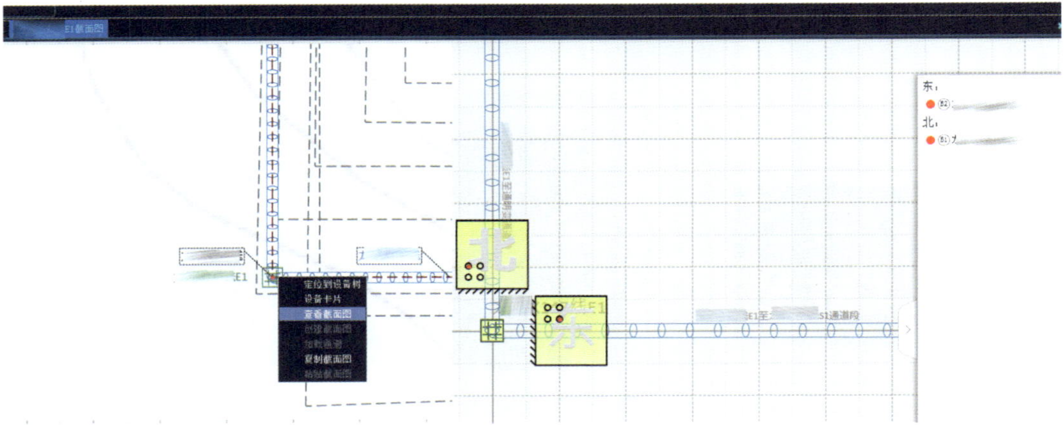

图6-132　查看截面图

（3）在截面图中添加剖面：在功能栏上选择【添加剖面】功能，在弹出的“添加剖面”弹窗中，勾选待添加剖面的位置，可为工井添加剖面；已经添加过剖面的方位会置灰，不可选。添加剖面如图6-133所示。

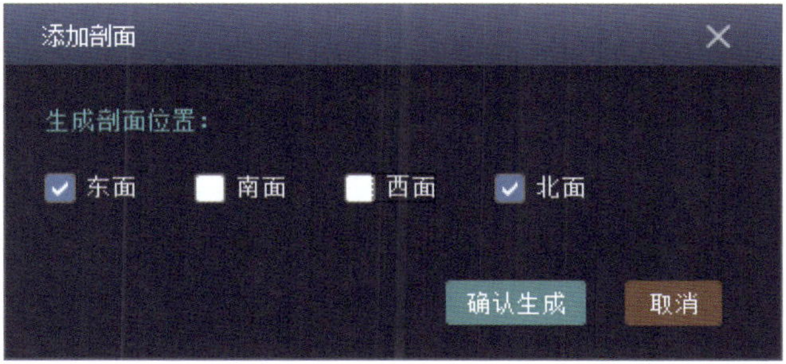

图6-133　添加剖面

（4）删除截面图中的剖面：在功能栏上选择【删除】功能，在截面图中选择删除剖面，即可完成剖面的删除，删除剖面时提示关联设备的删除。删除剖面如图6-134所示。

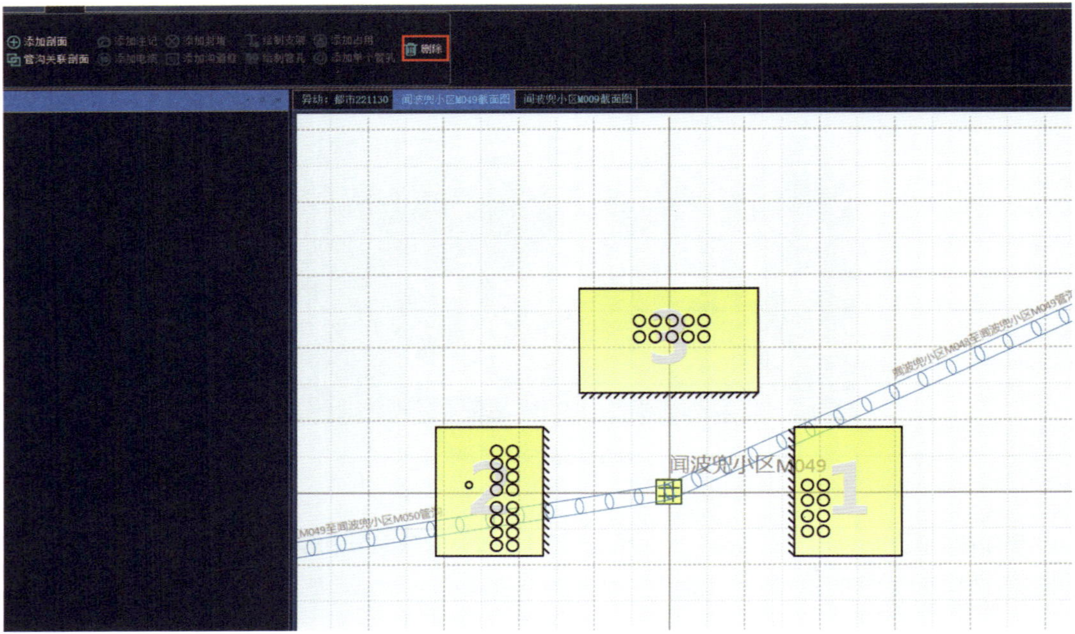

图6-134　删除剖面

（5）通道段关联剖面：因工井的截面图信息在生成后，剖面会自动与通道段建立关联关系，若通道段关联的剖面不正确，支持选中通道段后变更关联的剖面，在功能栏上选择【通道段关联剖面】功能，然后通过“重新选择”选择需进行修改关联剖面的通道段，再下拉选择正确的剖面，可实现通道段与剖面关联信息的变更，关联剖面如图6-135所示。

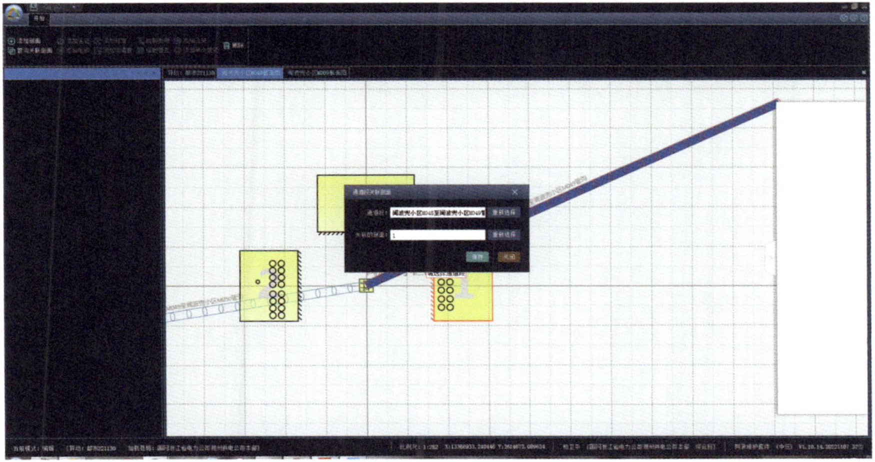

图6-135　关联剖面

通过重复操作【通道段关联剖面】功能，可为每个剖面最多关联3个通道段。关联3个通道段如图6-136所示。

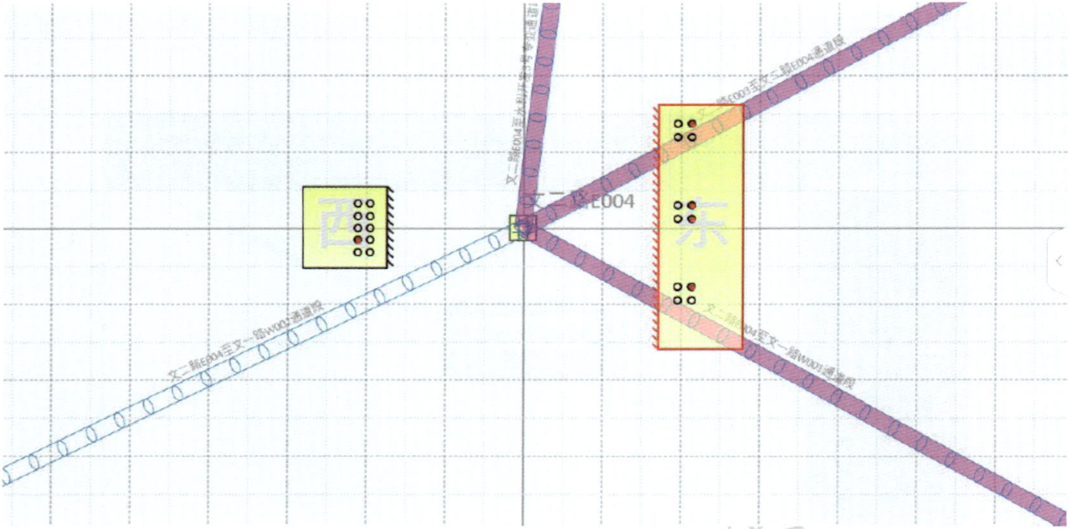

图6-136　关联3个通道段

（6）通道段取消关联剖面：若管沟段已与剖面关联，也支持取消两者的关联关系。具体操作步骤为右键管沟段，点击【取消剖面关联】，若该管沟未绘制管孔，则直接弹窗提示已取消通道段与剖面的关联；若该管沟段已绘制管孔，则先弹窗提示是否保留管孔；若选择保留管孔信息，则该剖面保留管孔信息，但会清除电缆关联关系。取消关联如图6-137所示，保留管孔如图6-138所示，取消剖面与通道段关联如图6-139所示。

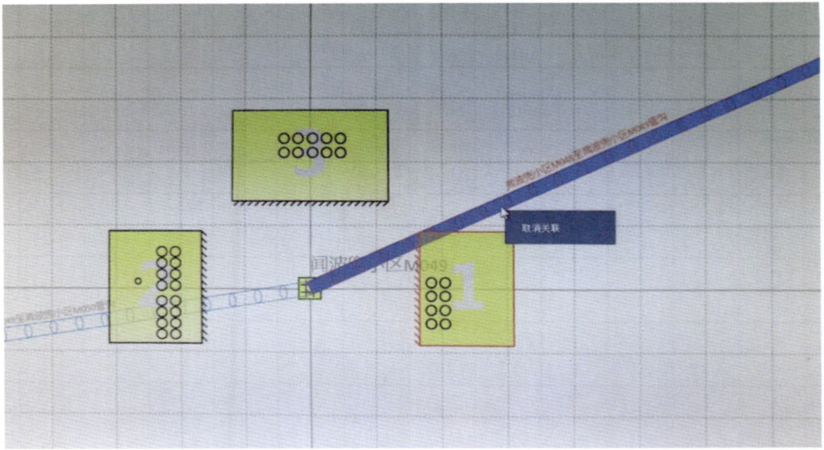

图6-137　取消关联

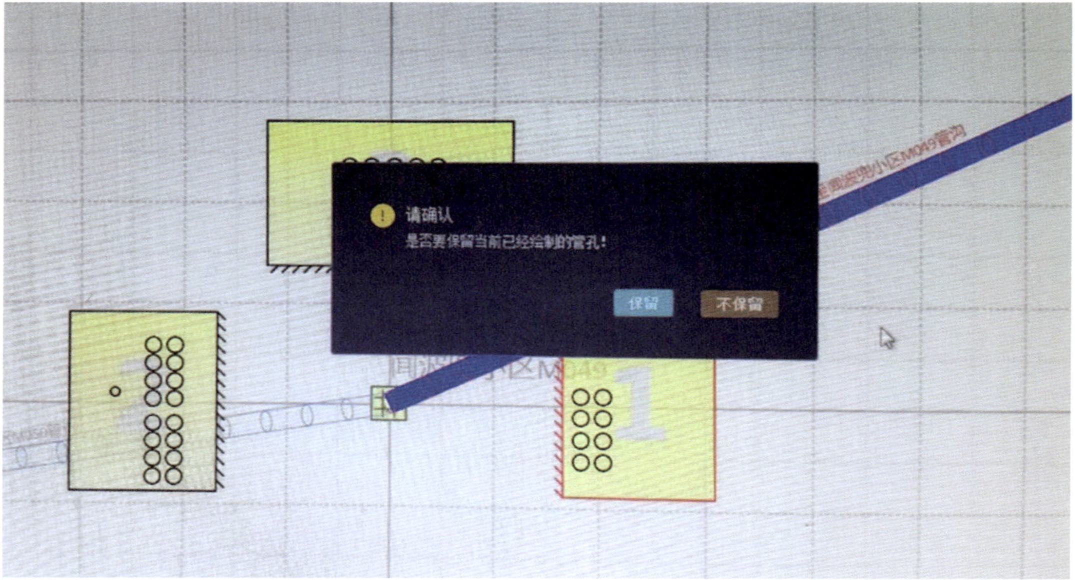
请确认
是否要保留当前已经绘制的管孔!
保留
不保留

图6-138　保留管孔

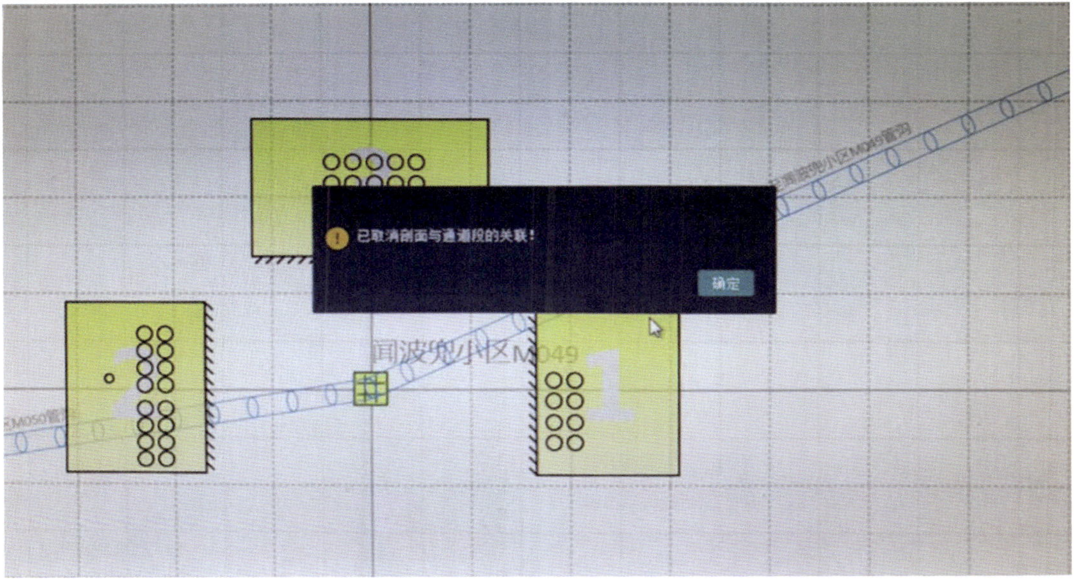
已取消剖面与通道段的关联！
确定

图6-139 取消剖面与通道段关联

（7）剖面信息：在截面图中，右键剖面，点击【管孔信息表】，弹窗展示该剖面内管孔列表，支持输入或编辑管孔孔径大小。孔径大小默认为空，可编辑；管孔编号、关联电缆、管孔状态均为系统自动读取，不可编辑。管孔信息表如图6-140所示。

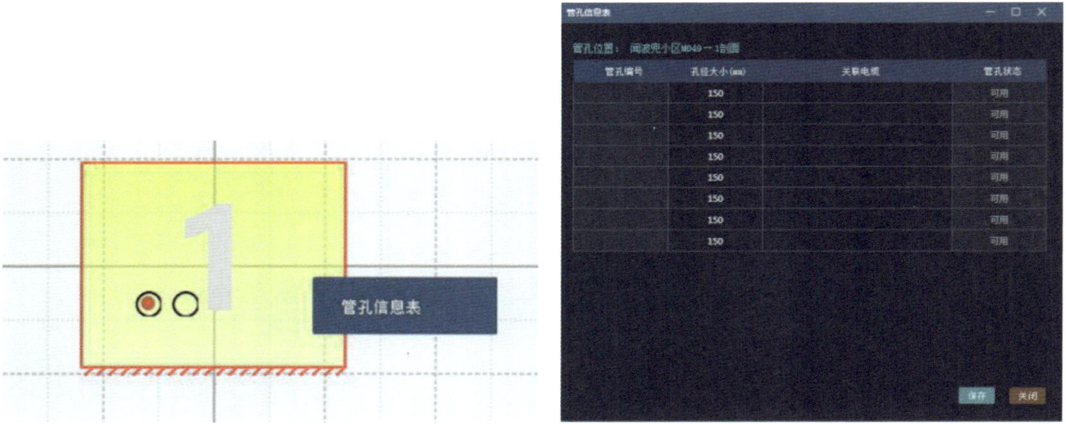

图6-140　管孔信息表

（8）对剖面进行编辑：在截面图中，右击待编辑管孔等信息的剖面，选择【编辑剖面】，即可进行当前剖面的编辑状态。编辑剖面如图6-141所示。

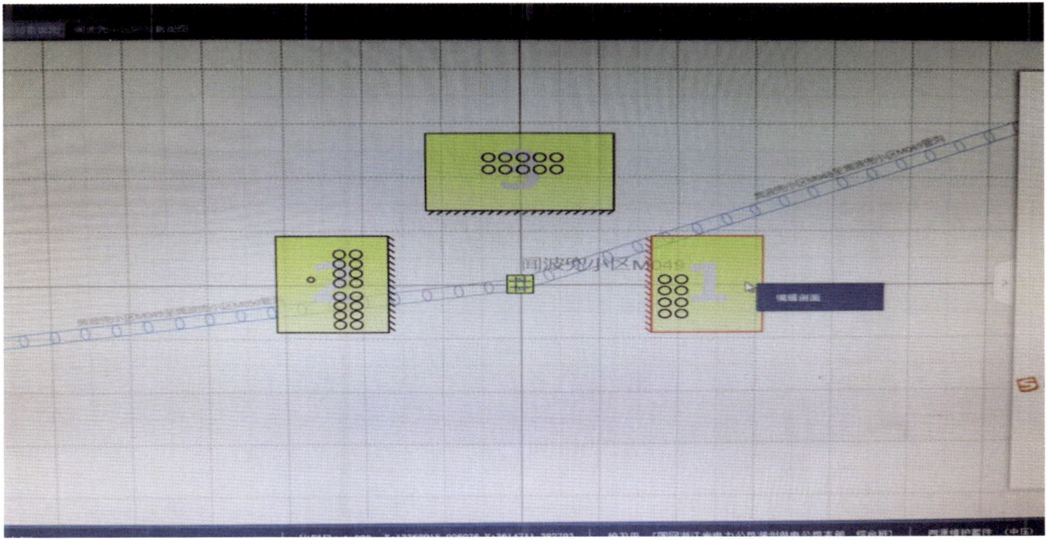

图6-141　编辑剖面

如果选择编辑的剖面关联了多段通道段，可选择要编辑的通道段，随后进入编辑该通道段的剖面图编辑状态。进入编辑如图6-142所示。

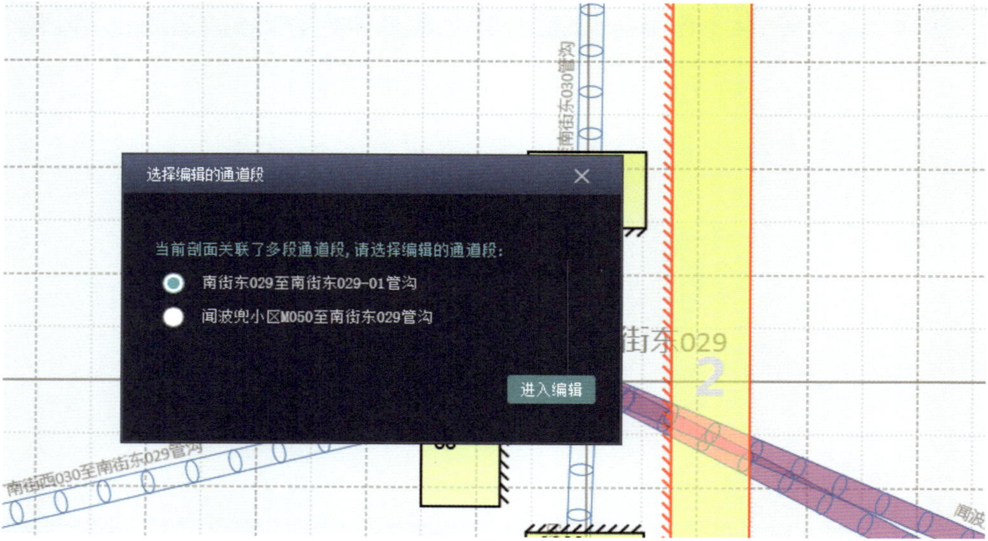

图6-142　进入编辑

在剖面图的编辑状态，同时支持切换已关联的通道段进行编辑。关联通道段如图6-143所示。

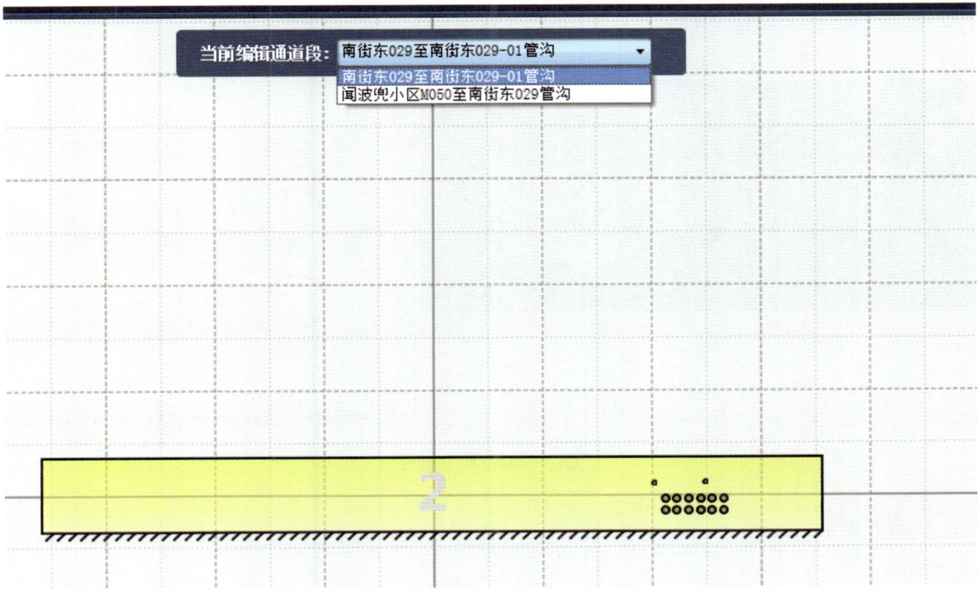

图6-143　关联通道段

（9）在剖面上批量添加管孔：在功能栏上选择【绘制管孔】功能，点击待添加管孔的剖面，输入相关管孔数量及排列信息，完成管孔的添加。绘制管孔如图6-144所示。

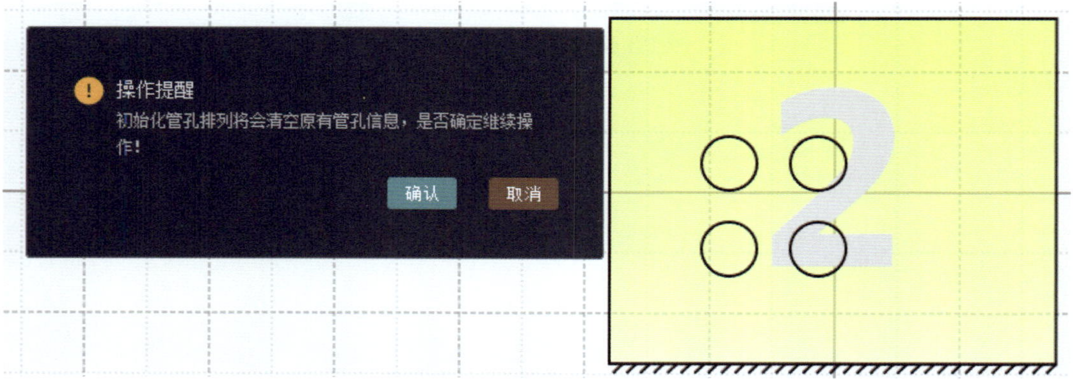
操作提醒
初始化管孔排列将会清空原有管孔信息，是否确定继续操作！
确认
取消
2

图6-144　绘制管孔

（10）在剖面上添加单个管孔：在功能栏上选择【添加单个管孔】，鼠标提示【点击添加管孔】，但管孔可添加位置需与原有管孔排列对齐，可添加位置会有有系统标识提示，单击后则绘制完成单个管孔。若在非可绘制区域点击，则系统弹窗提示“请在规整的行列位置添加单个管孔”，点击【确定】后，才可以继续添加管孔，右键则可退出添加操作。支持多个单个管孔添加，具体操作还是继续点击可点区域继续添加单个管孔，右键退出。绘制单个管孔如图6-145所示。

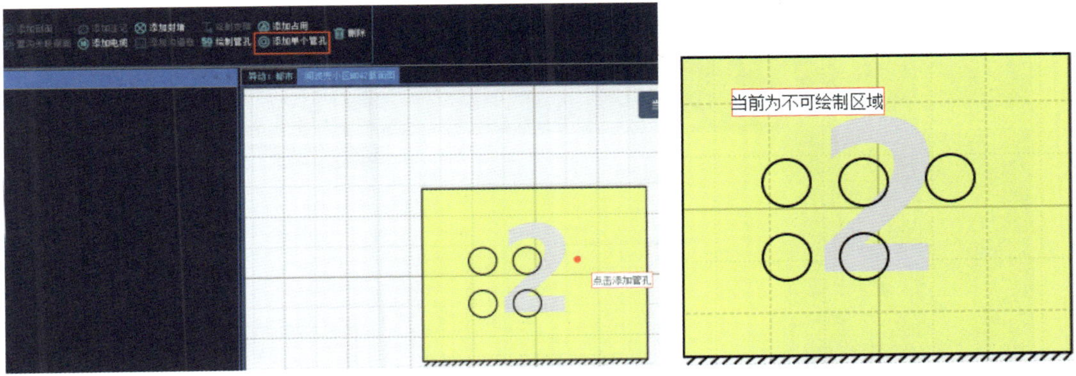

图6-145　绘制单个管孔

（11）删除剖面上的管孔：在功能栏上选择【删除】功能，在截面图中选择待删除管孔，即可完成管孔的删除；同时系统支持多选删除及点选删除操作。

1）管孔中无封堵或无电缆示意点，可直接对管孔进行删除。

2）若管孔中存在封堵或电缆示意点，删除时，将会提示同时删除图形、设施及关联关系。删除管孔如图6-146所示。

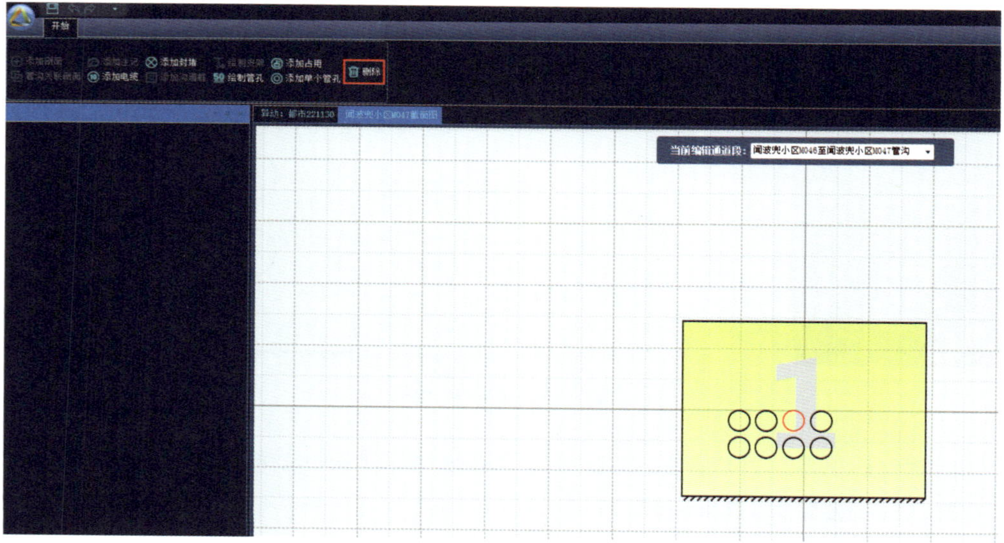

图6-146　删除管孔

（12）添加封堵：在功能栏上选择【添加封堵】按钮，选择待添加的管孔，即可进行封堵的添加。添加封堵如图6-147所示。

图6-147　添加封堵

（13）在管孔中添加电缆示意点：在功能栏上选择【添加电缆】功能，在剖面中左键点击待穿电缆的管孔，在弹出的电缆选择列表中选择电缆，即可完成电缆示意点的添加。添加电缆示意点如图6-148所示。

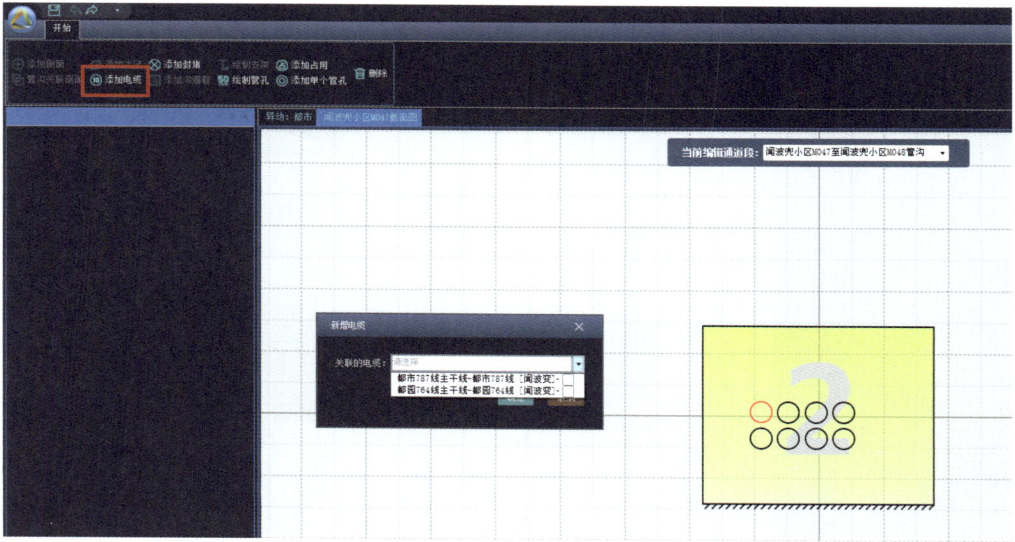

图6-148　添加电缆示意点

（14）删除管孔中的电缆示意点：在功能栏上选择【删除】功能，在截面图中选择待删除电缆示意点，即可完成电缆示意点的删除。删除电缆示意点如图6-149所示。

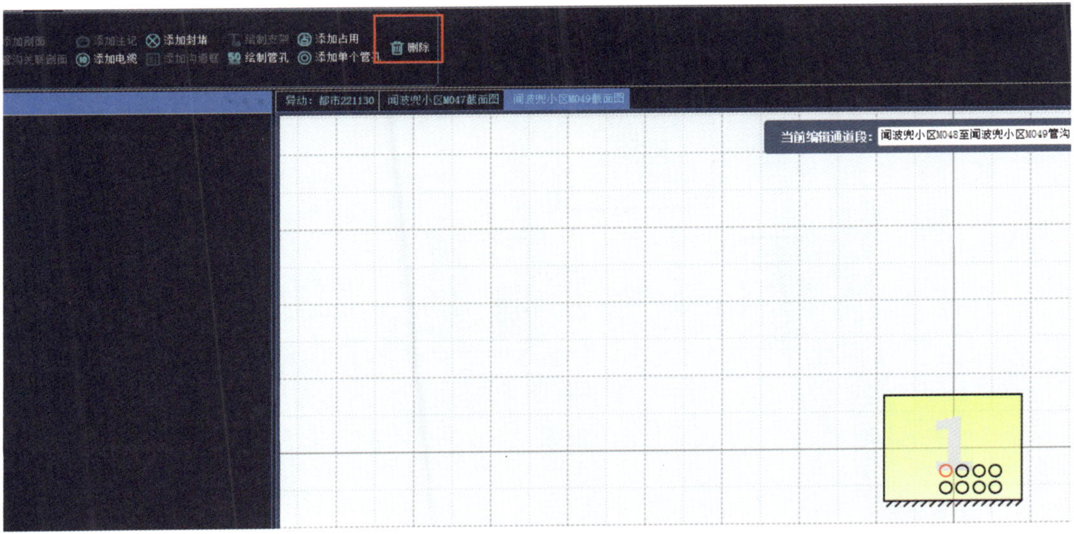

图6-149　删除电缆示意点

（15）已关联电缆列表展示：在创建的截面图中，右上角“当前编辑通道段”列表展示已关联管孔的电缆信息，电缆信息展示规则为：线路名称（电缆名称）。点击电缆示意点，列表中对应的电缆名称高亮；若点击列表中的电缆名称，对应管孔的电缆高亮选中。电缆列表如图6-150所示。

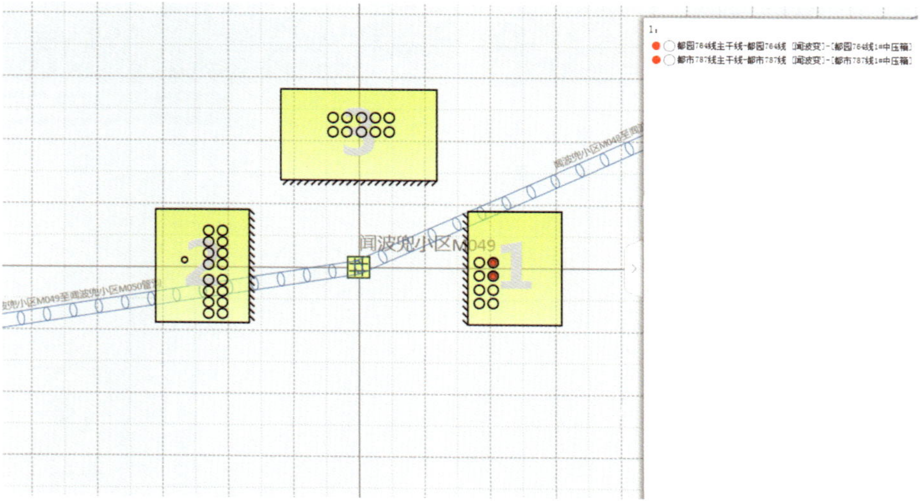

图6-150　电缆列表

四 新能源设备维护

（一）中电压新能源设备维护

（1）新能源支线新建：

1）点选功能栏中的【新建架空线路】(根据现场实际情况选择架空线路还是电缆线路)。

2）在所属线路的电源点杆塔上鼠标左键点击。

3）在弹出的对话框中填写与现场相对应的线路（支线）名称。

4）点击【确定】完成支线命名，新建架空线路如图6-151所示。

（2）新能源站房新建：

1）点选【插入设备】—【新能源设备】相对应的站房图元。

2）在地理图中适当位置点击鼠标右键选择【带结束图元完成】新能源站房的绘制。

3）在弹出的对话框中，填写现场相对应的配电室名称。

4）点击【确认】完成配电室添加，新能源站房新建如图6-152所示，新能源站房设备命名如图6-153所示，新能源站房添加如图6-154所示。

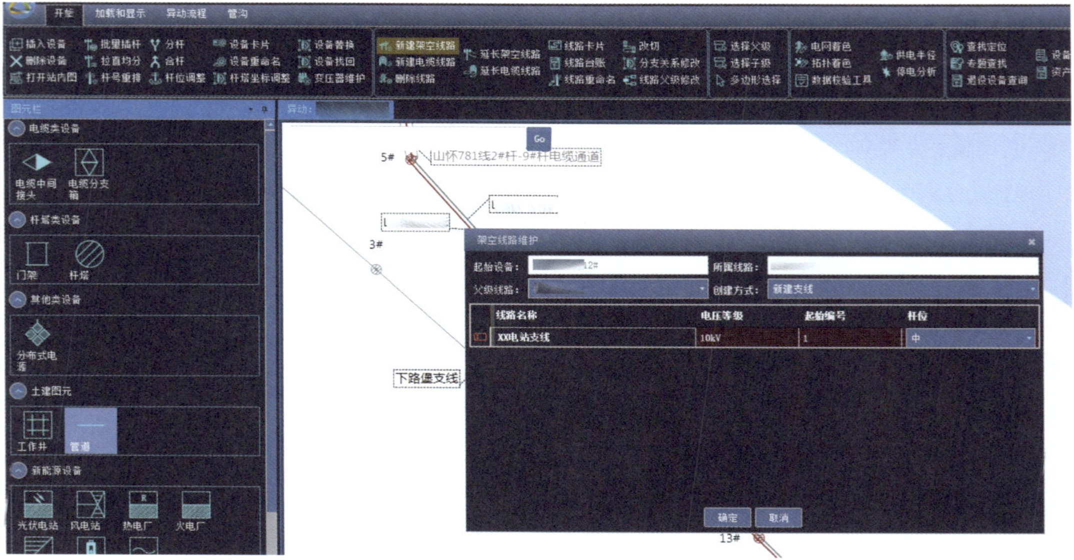

图6-151　新建架空线路

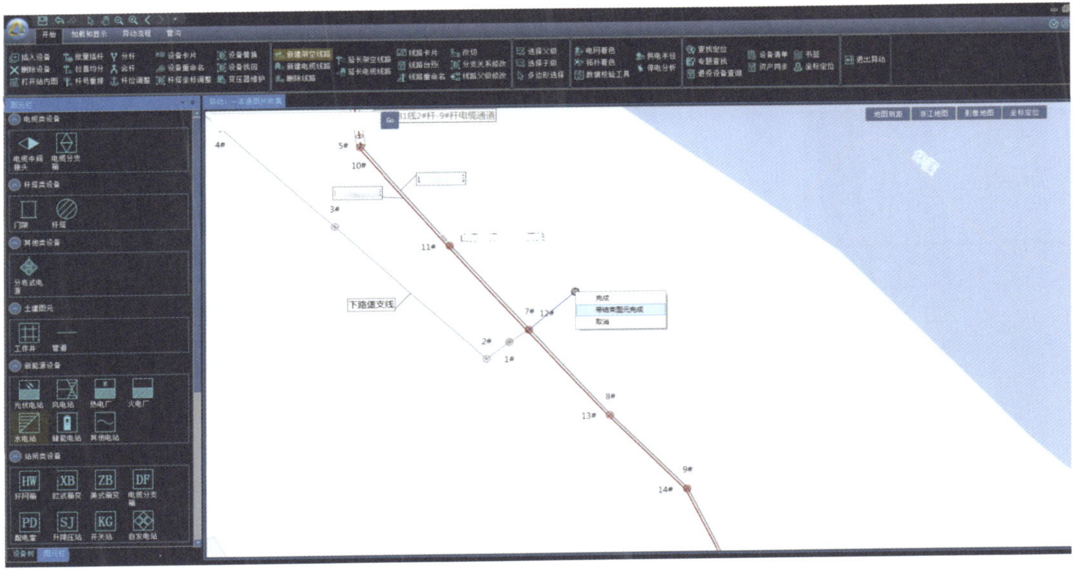

图6-152 新能源站房新建

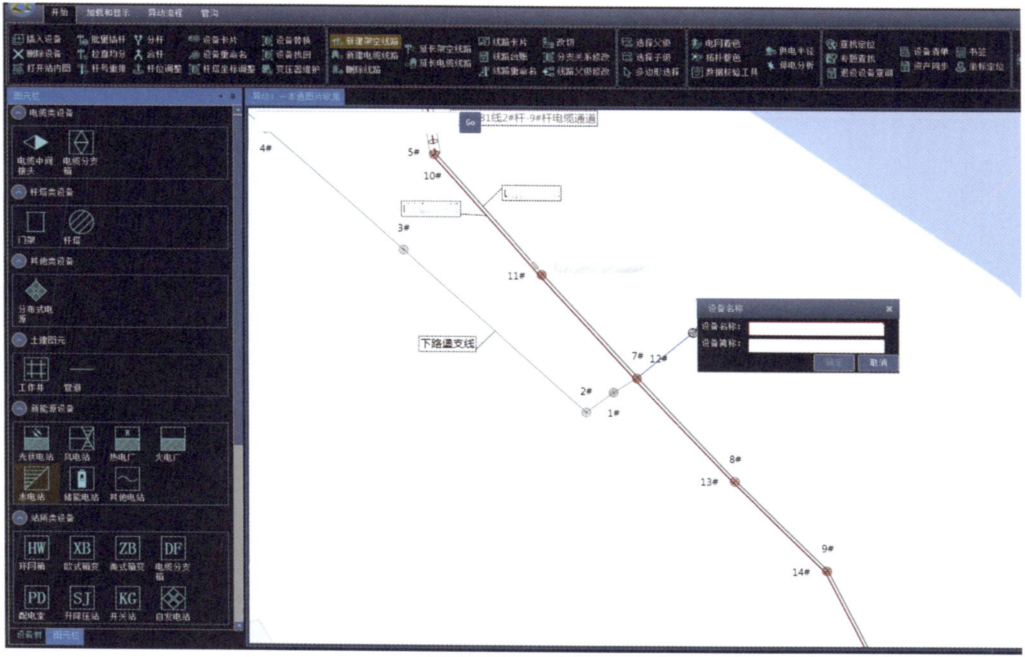

图6-153 新能源站房设备命名

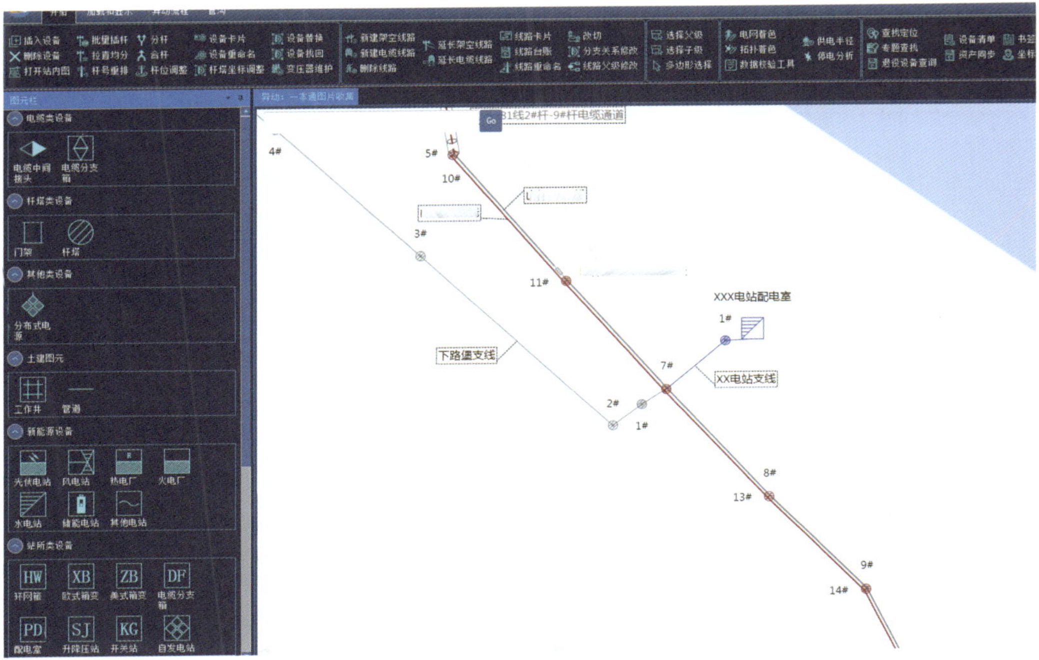

图6-154 新能源站房添加

（3）站内外关联维护：

1）鼠标左键点选站房。

2）鼠标右键选择【站内外关联】，新能源站房站内外关联维护如图6-155所示。

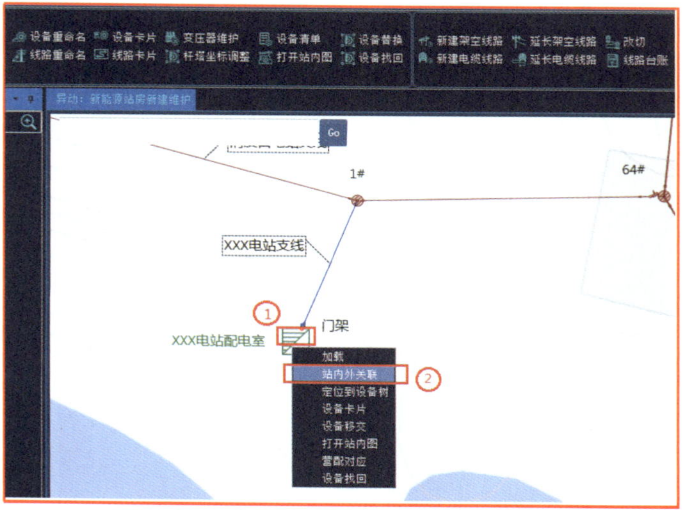

图6-155 新能源站房站内外关联维护

（4）新能源配电房站进行站内设备维护：鼠标左键点选新绘制的新能源站房，然后鼠标右键选择【打开站内图】，新能源配电房站进行站内设备维护如图6-156所示。

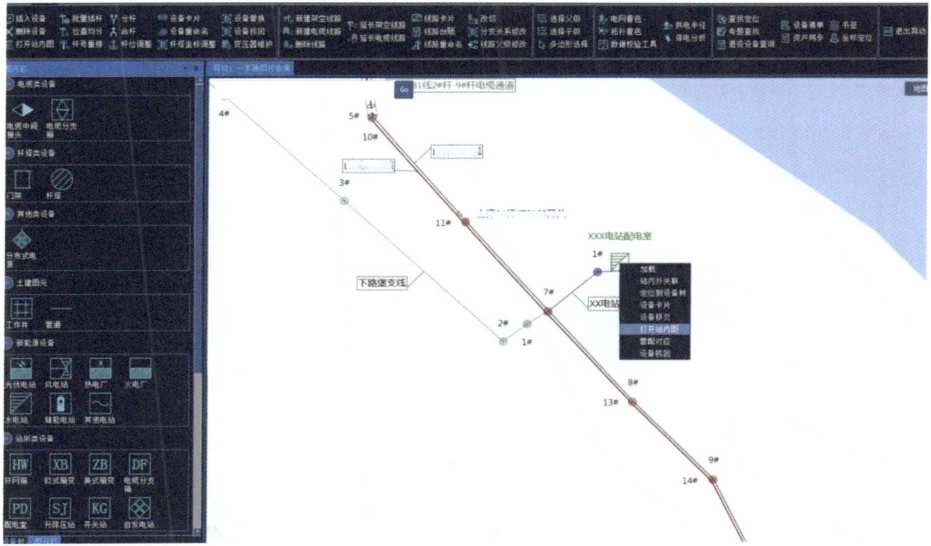

图6-156　新能源配电房站进行站内设备维护

（5）新能源配电房站内母线添加维护：

1）在设备选择栏中鼠标左键点选【添加母线】。

2）在右侧站内设备绘制网格中从其中的一个网格交集点拉出母线到下一个交集点击鼠标左键结束。

3）在弹出的对话框中填入正确的母线名称及母线简称，点击【确定】完成添加。新能源配电房站内母线添加维护如图6-157所示。

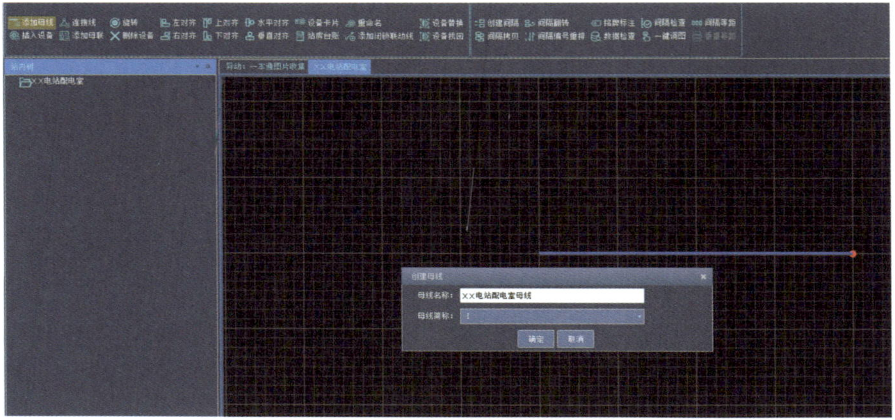

图6-157　新能源配电房站内母线添加维护

（6）新能源配电房站内进线间隔维护：

1）点击选择【创建间隔】，选择进线间隔类型。

2）鼠标移到母线上，然后鼠标左键点击母线拉出后适当位置鼠标左键结束图形绘制。

3）在弹出的对话框中先选择站外线路名称，然后修改填写与现场相对应的间隔类型、间隔名称、间隔编号、进线点名称，并点击【确定】完成间隔绘制。新能源配电房站内进线间隔维护如图6-158所示。

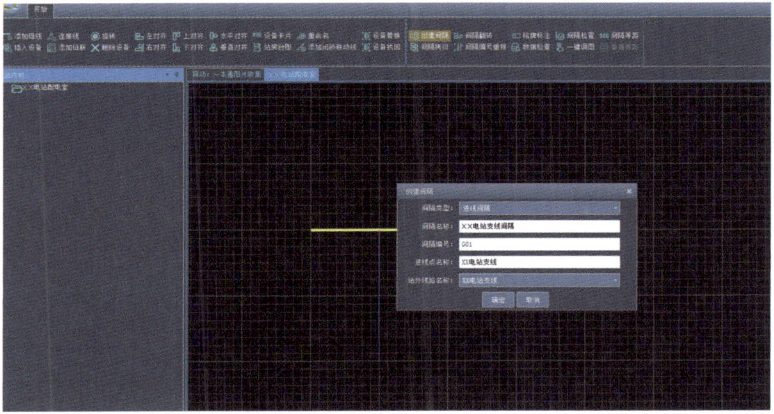

图6-158　新能源配电房站内进线间隔维护

（7）新能源配电房站内进线间隔开关、隔离开关、互感器等设备添加维护：

1）点击选择【插入设备】。

2）然后在开关类设备图元表中点选与现场对应的开关类设备。

3）鼠标移至在新建的间隔上，然后点击左键完成添加开关。

4）在弹出的对话框中填写正确的开关名称和简称。

（**注意：**添加隔离开关、互感器等与上述插入开关一样的操作。站内进线间隔开关类设备维护如图6-159所示，进线间隔开关类设备维护完成如图6-160所示。）

（8）新能源配电房站内变压器添加维护：

1）点击选择【创建间隔】，选择变压器间隔类型。

2）鼠标移到母线位置上，然后鼠标左键点击母线在适当的位置沿网格边界处拉出间隔整体图元然后鼠标左键结束图形绘制操作。

3）在弹出的对话框中填写与现场相对应的间隔类型、间隔名称、间隔编号、变压器名称，并点击【确定】完成变压器间隔绘制。

4）根据现场实际情况在变压器间隔中添加开关。站内变压器添加维护如图6-161所示，站内变压器添加维护完成如图6-162所示。

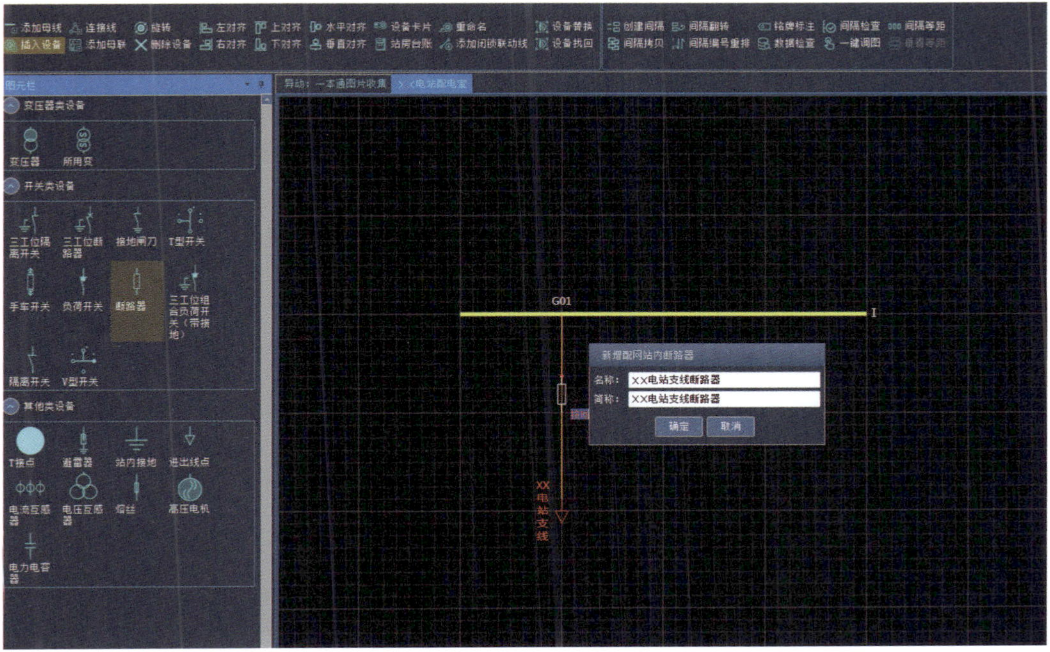

图6-159　站内进线间隔开关类设备维护

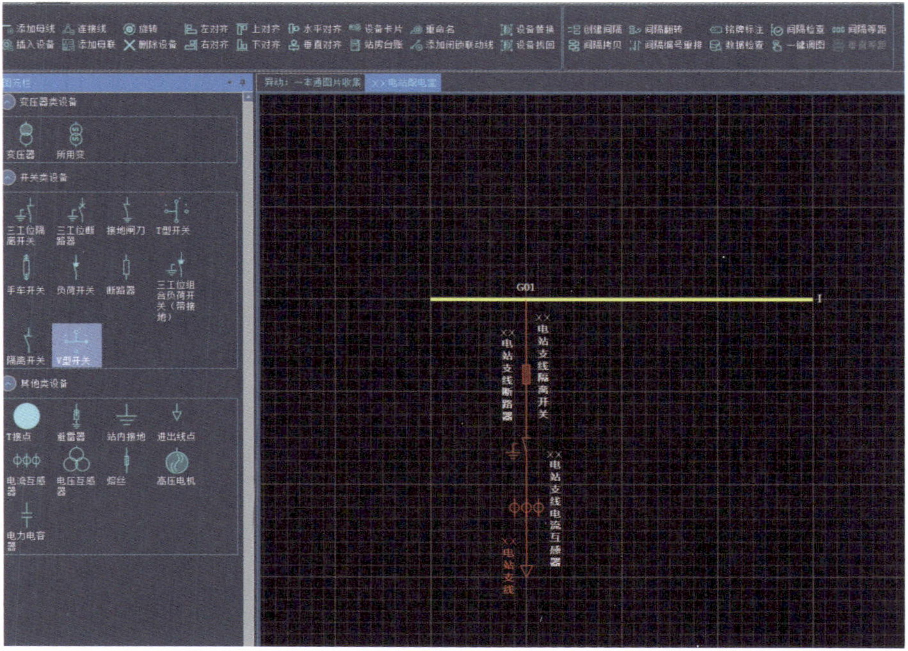

图6-160　进线间隔开关类设备维护完成

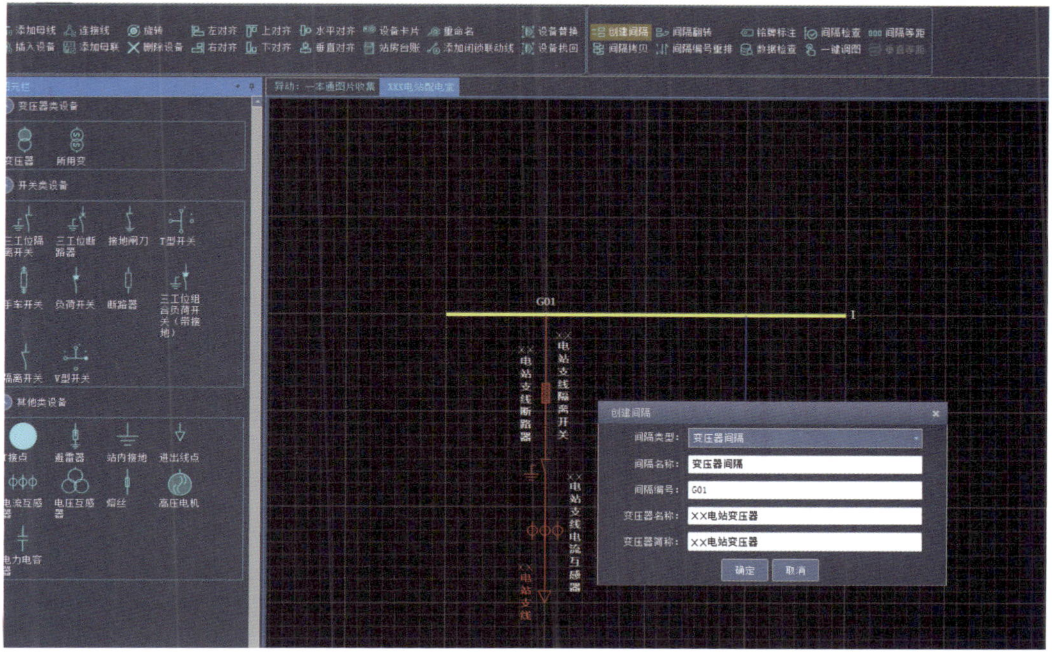

图6-161　站内变压器添加维护

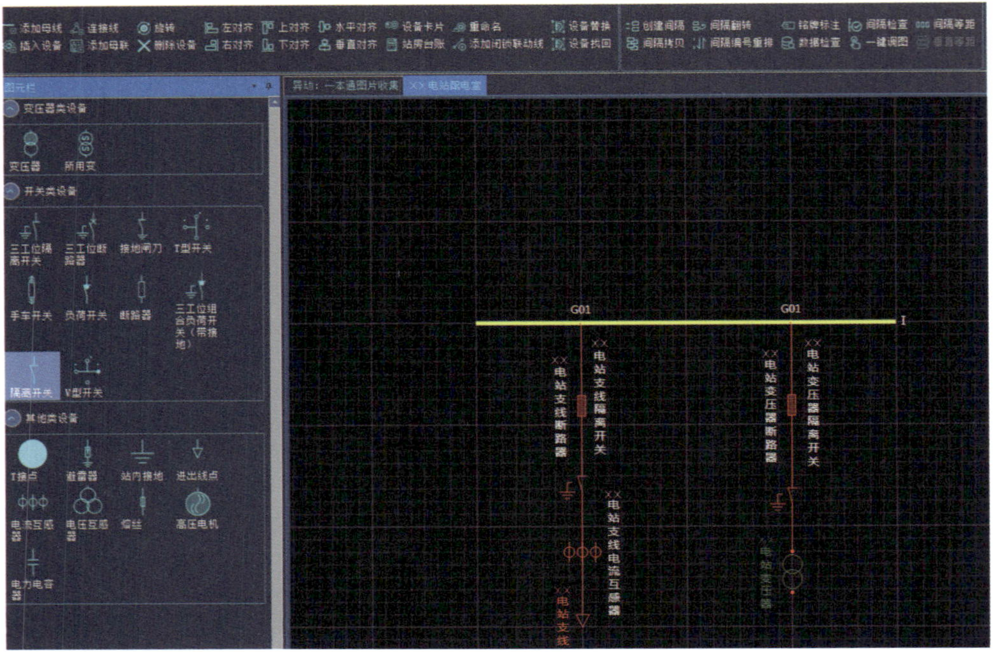

图6-162　站内变压器添加维护完成

（9）新能源站内变压器关联线路：

1）鼠标左键点选变压器，然后右键选择【线路关系设置】选项。

2）在对话框中选择正确的“站外线路名称”并点击【确定】完成对应。线路关系设置如图6-163所示，关联线路如图6-164所示。

（10）新能源站内间隔拷贝操作：在站内进线间隔以及出线间隔较多的情况下，可以采用间隔拷贝功能进行相同类型间隔的拷贝，减少重复添加设备操作。

1）鼠标左键点选工具栏中的【间隔拷贝】选项。

2）鼠标左键点选已经绘制的同类型间隔的连接线。

3）鼠标左键点击站房内母线。

4）在跳出的对话框中选择相对应的间隔类型，填写好相关的间隔编号、间隔名称及简称部分内容。

5）点击【确定】完成间隔拷贝。新能源站内间隔拷贝操作如图6-165所示。

（11）新能源站内间隔翻转操作：

1）点选需要翻转间隔的连接线。

2）点击选择工具栏中的“间隔翻转”。

新能源站内间隔拷贝翻转操作如图6-166所示，新能源站内间隔拷贝翻转操作如图6-167所示。（**注意：**图6-167所示为翻转后效果，根据现场情况和图形布局的需求进行翻转操作。）

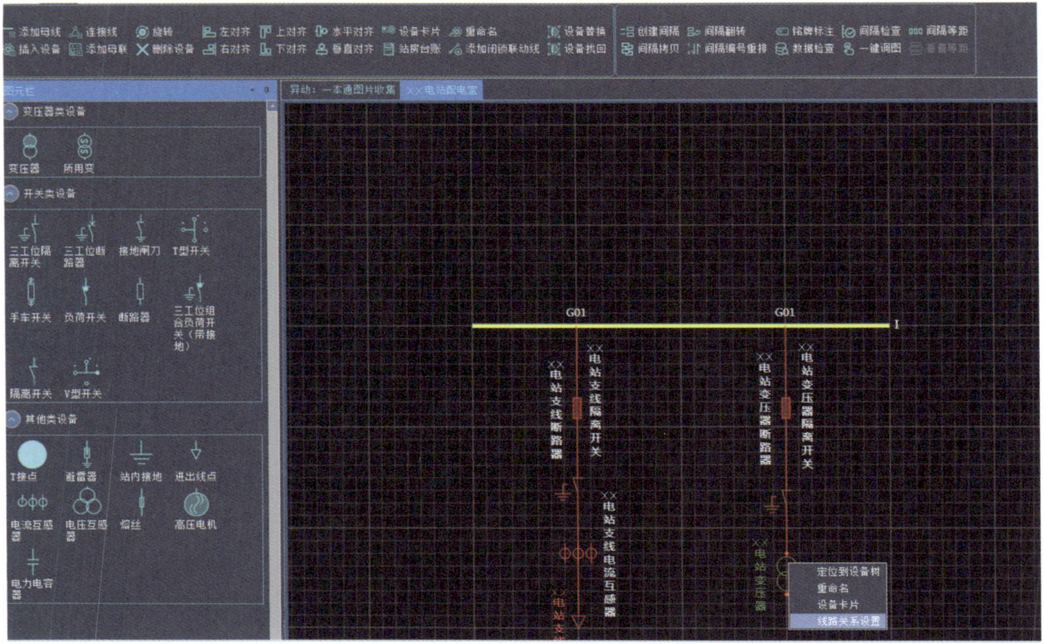

图6-163　线路关系设置

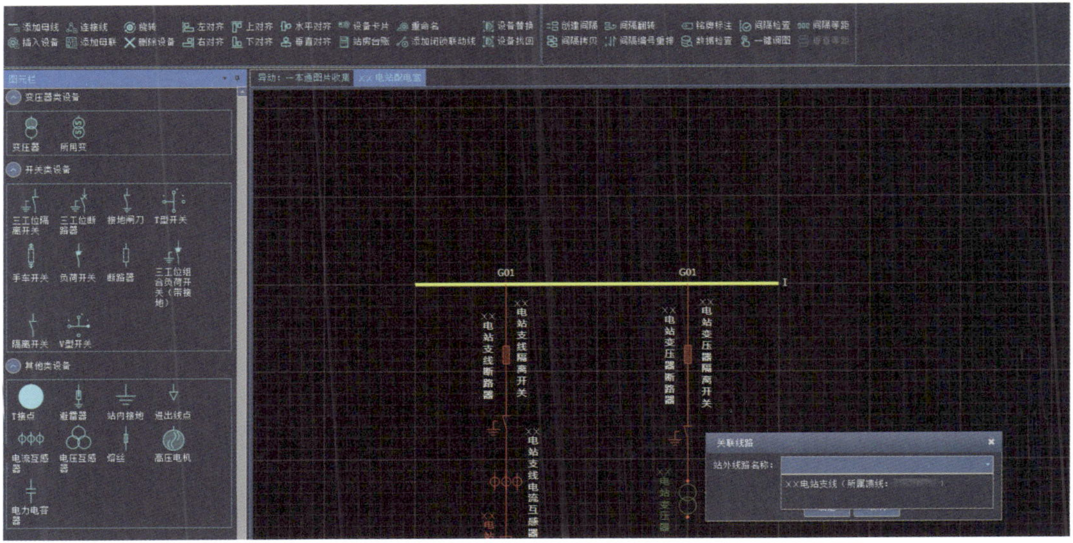
添加母线
连接线
旋转
左对齐
上对齐
水平对齐
设备卡片
重命名
设备替换
创建间隔
间隔翻转
铭牌标注
间隔检查
间隔等距
插入设备
添加母联
删除设备
右对齐
下对齐
垂直对齐
站房台账
添加闭锁联动线
设备找回
间隔拷贝
间隔编号重排
数据检查
一键调图
图元栏
变压器类设备
变压器
所用变
开关类设备
三工位隔离开关
三工位断路器
接地闸刀
T型开关
手车开关
负荷开关
断路器
三工位组合负荷开关（带接地）
隔离开关
V型开关
其他类设备
T接点
避雷器
站内接地
进出线点
电流互感器
电压互感器
熔丝
高压电机
电力电容器
G01
G01
××电站支线断路器
××电站支线隔离开关
××电站支线电流互感器
××电站变压器断路器
××电站变压器隔离开关
关联线路
站外线路名称：
××电站支线（所属馈线：
图6-164 关联线路

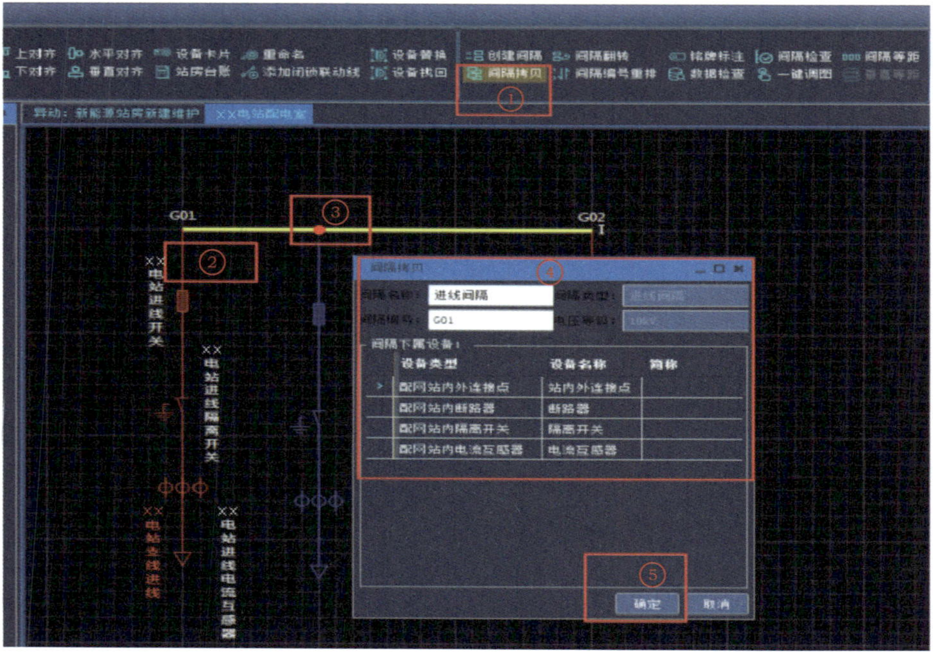

图6-165 新能源站内间隔拷贝操作

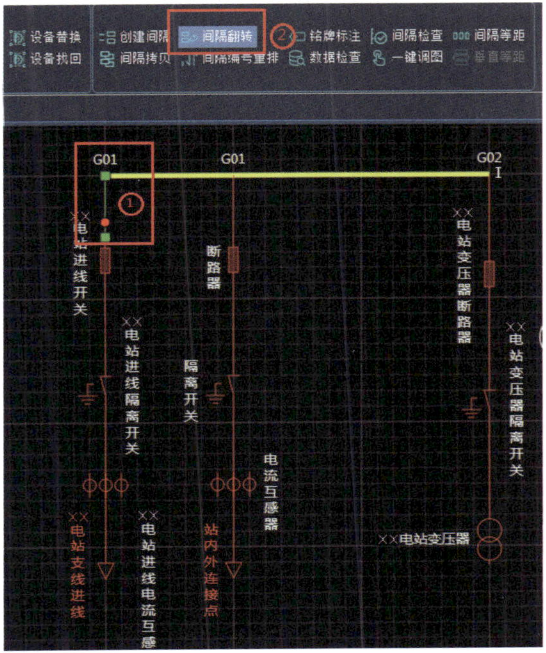

图6-166 新能源站内间隔拷贝翻转操作

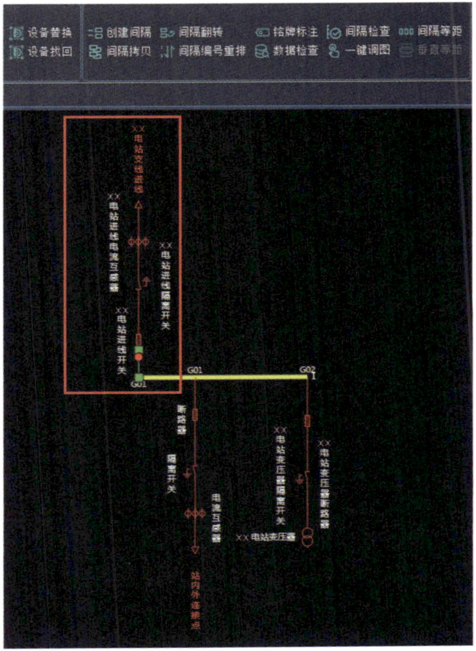

图6-167 新能源站内间隔拷贝翻转操作

（12）新能源站内间隔编号重排操作：为配调统一间隔编码，可以根据实际的间隔编码进行重排。

1）点选站内母线。

2）点选工具栏中“间隔编号重排”功能选项。

3）在对话框中根据单位要求选择编号重排条件。

4）点击【确认】完成重排。新能源站内间隔编号重排操作如图6-168所示，新能源站内间隔编号重排操作如图6-169所示。

（13）站内铭牌标注操作：为更加直观地对站内标注显示，该功能可制定需要显示的铭牌标注。

1）选择工具栏中的“铭牌标注”功能选项。

2）在对话框中选择需要显示的铭牌标注内容。新能源站内铭牌标注如图6-170所示。

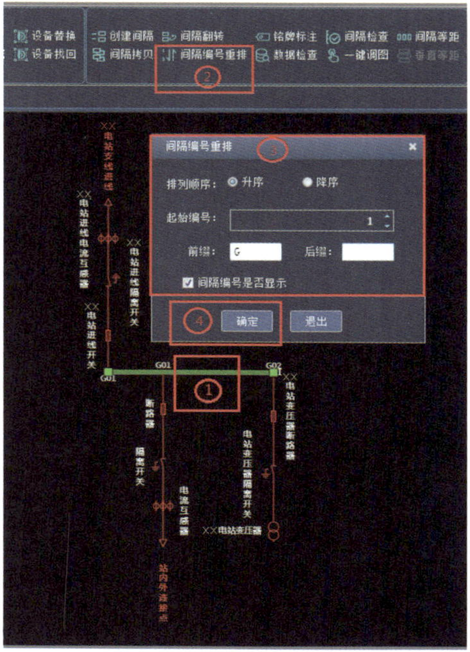

图6-168 新能源站内间隔编号重排操作

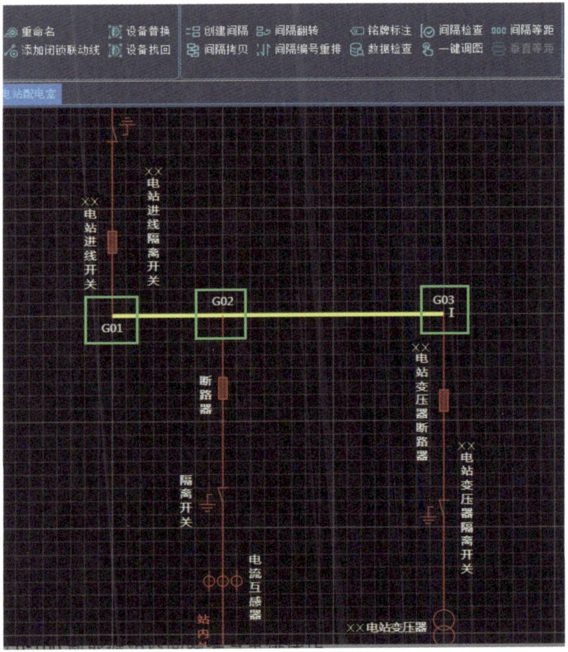

图6-169　新能源站内间隔编号重排操作

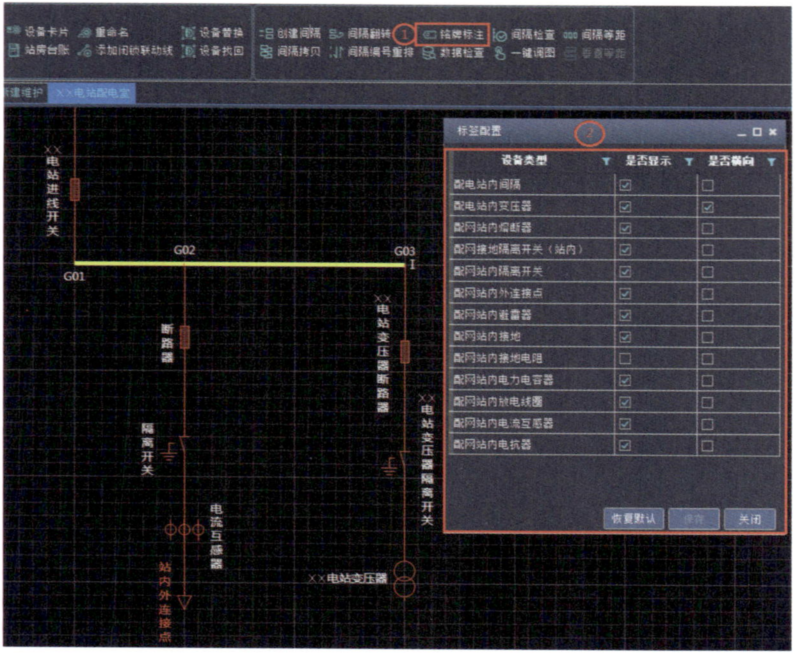

图6-170 新能源站内铭牌标注

（14）数据检查、间隔检查、一键成图、间隔等距四项功能模块：

1）数据检查：完成站内设备维护后，进行数据检查，及时整改异常数据。

2）间隔检查：检查新绘制的间隔类型是否正常，并根据提示进行维护修改。

3）一键成图：整体美观的调整，把文字标注、间隔整体图元，系统调整成为统一大小，统一水平方向，统一距离的布局观。

4）间隔等距：该功能能够一键操作进行间隔整体图元美观的调整。

四项功能模块如图6-171所示。

（15）新能源站房内设备台账维护：台账维护可以选择批量维护和单个设备选择维护。具体操作步骤为选择工具栏中“站房台账”功能进线台账批量维护。站房台账如图6-172所示。

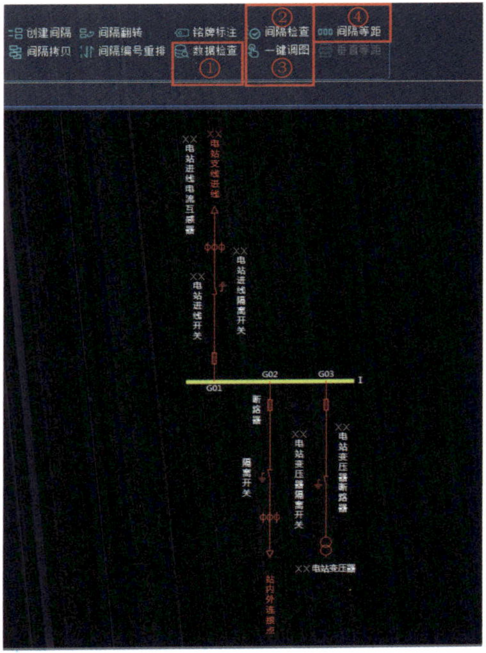

图6-171　数据检查

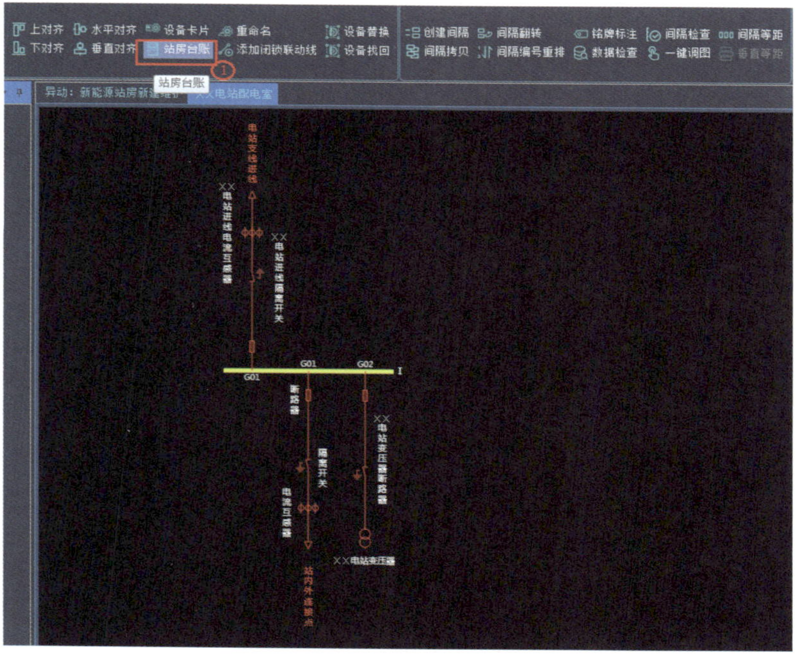

图6-172　站房台账

（16）新能源站房内设备台账批量维护：

1）在台账维护弹出的对话框中，台账字段选择“编辑”功能键，只显示可以编辑填写的字段内容。

2）在左边需要维护的设备树上选择需要维护的设备类型，然后在右边表单式列表中进行维护。

功能说明：在维护同类型、同型号设备的部分参数时，鼠标放置在第一个填写完成的小格子右下角时，变成实心十字架后，可以下拉复制内容，便于台账维护的效率。批量台账维护时，不能填写设备的型号、厂家信息，需要对设备单个采用“设备卡片”维护方式进行维护。站房台账维护如图6-173所示。

（17）新能源站房内设备台账单独维护：在维护设备厂家及型号时，由于批量维护原由，不能批量维护设备型号、厂家信息，所以采用单设备“设备卡片”维护方式进行。

1）点选站内设备。

2）鼠标右键选择“设备卡片”。

3）点击型号选择栏进行选择正确的型号（需要翻页选择）。

4）点击生产厂家字段会弹出厂家库供用户进行选择正确的生产厂家（存在翻页选择情况）。站内设备卡片如图6-174所示，站房台账信息维护如图6-175所示。

（18）站外设备台账维护：线路设备、站房类设备台账可以进行批量维护（线路台账）。

1）在工具栏中选择“线路台账”。

2）在维护台账对话框中，选择“按设备类型”进行维护。

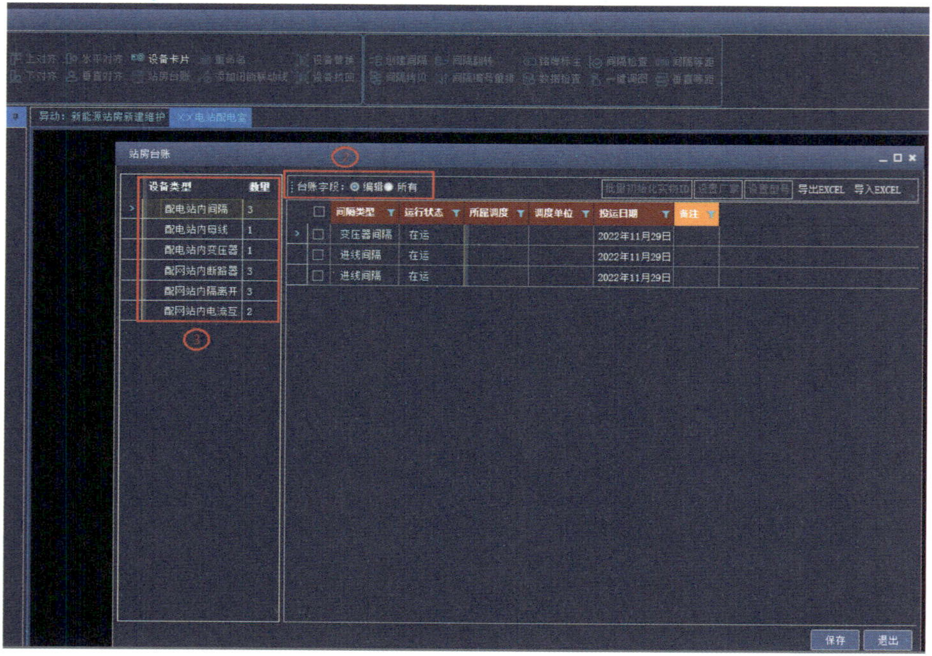

图6-173　站房台账维护

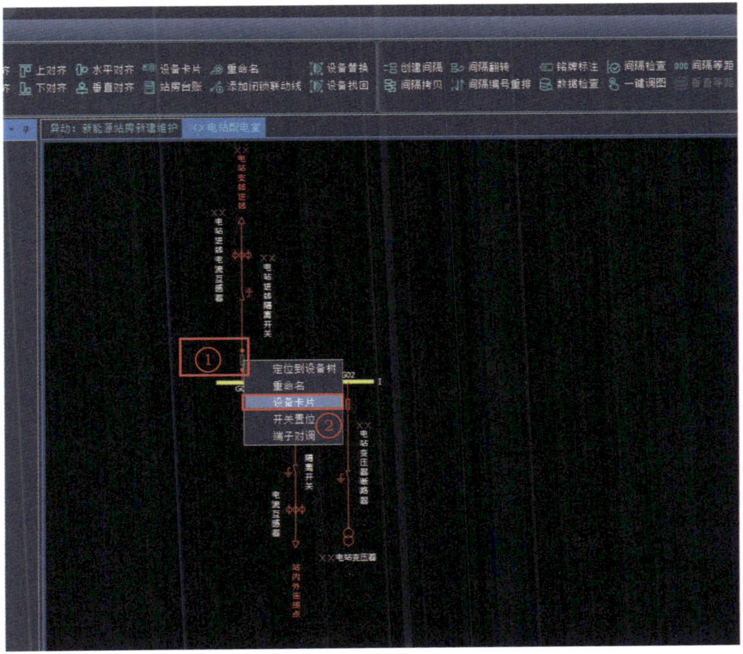

图6-174 站内设备卡片

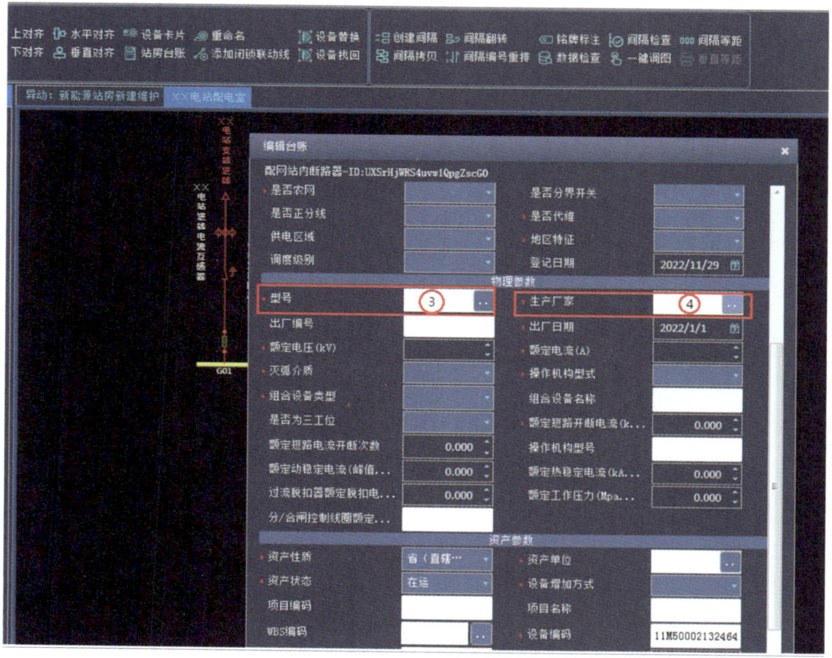

图6-175　站房台账信息维护

3）在左边设备树上逐条选择需要维护的设备，每次维护好一类设备进行“保存”。

4）选择“台账字段”中的“编辑”选项，减少非填项的显示。

5）可以根据投运日期筛选条件进行选择相关投运日期内需投运的设备进行维护，减少没必要显示的设备台账进行维护，提升设备台账维护效率。线路台账如图6-176所示，线路台账维护如图6-177所示。

（**注意：**全部台账维护好之后，在维护台账对话框中进行“保存”，退出后，在套件左上角再次进行“保存”。）

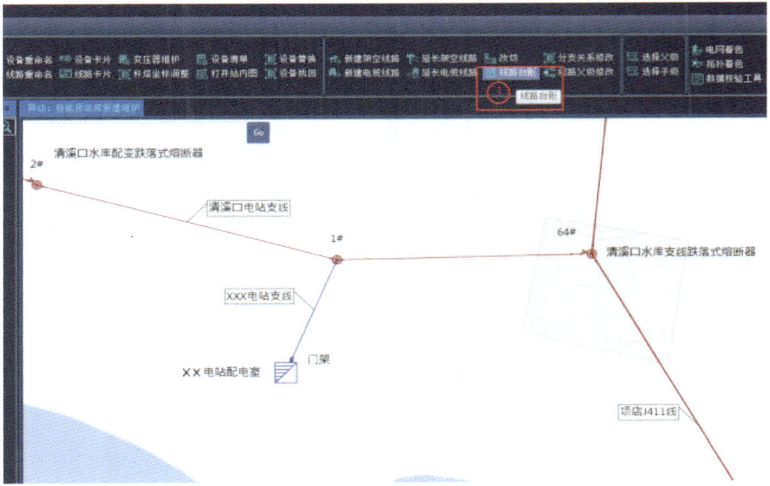

图6-176　线路台账

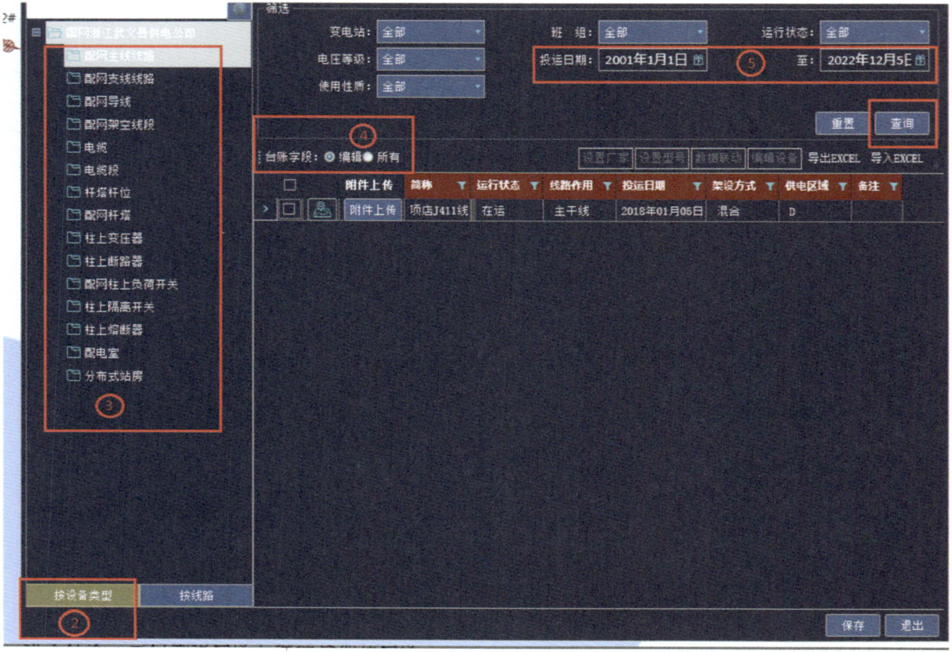

图6-177 线路台账维护

（二）低电压能源维护

（1）打开低电压新能源站房：

1）打开低电压同源维护套件异动管理，创建异动任务，填写任务名称和变更内容相关信息，如图6-178所示。

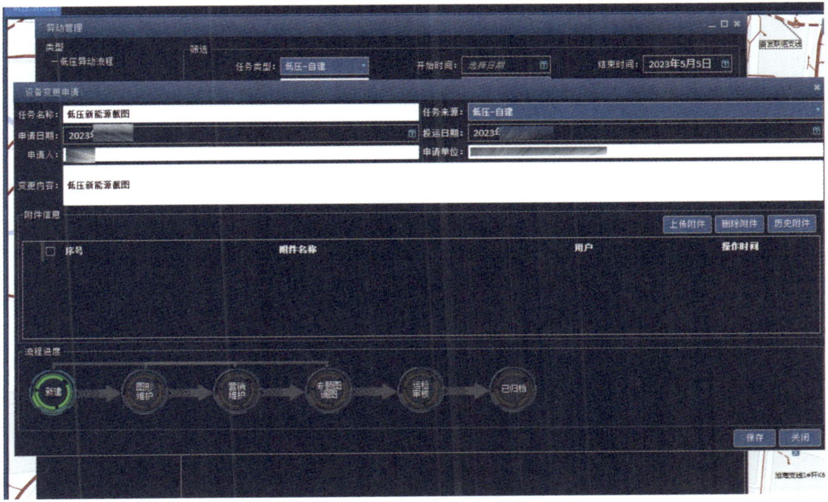

图6-178　创建异动任务

2）定位到相关台区右键选择加载台区，右键选择打开站内图。打开低电压新能源站房站内图如图6-179所示。

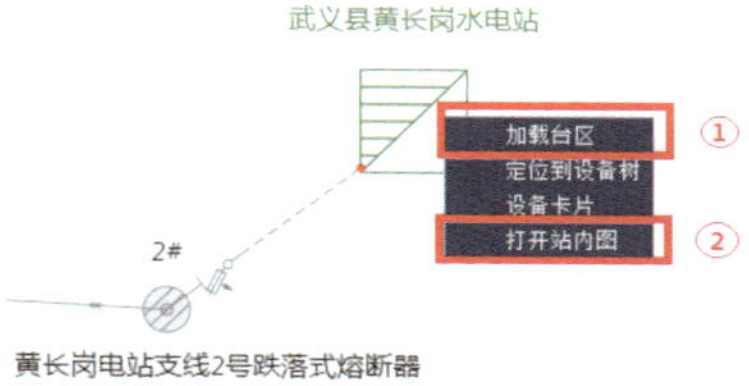

图6-179 打开低电压新能源站房站内图

（2）添加低电压母线：

1）点击导航栏添加母线按钮。添加母线如图6-180所示。

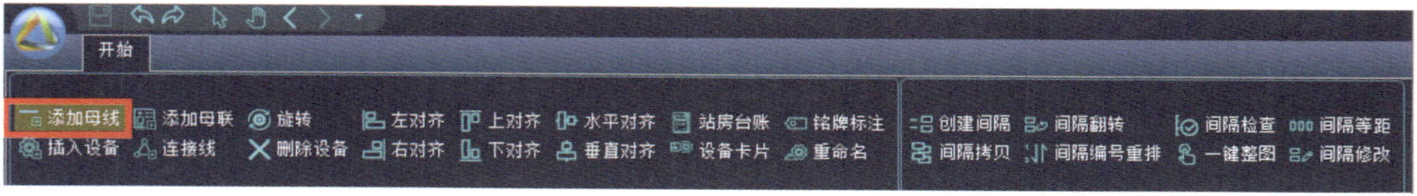

图6-180 添加母线

2）网格图上左键单击母线起始点，移动鼠标，绘制一条母线（母线起始点必须是站内网格交汇点），右键单击结束。绘制母线如图6-181所示。

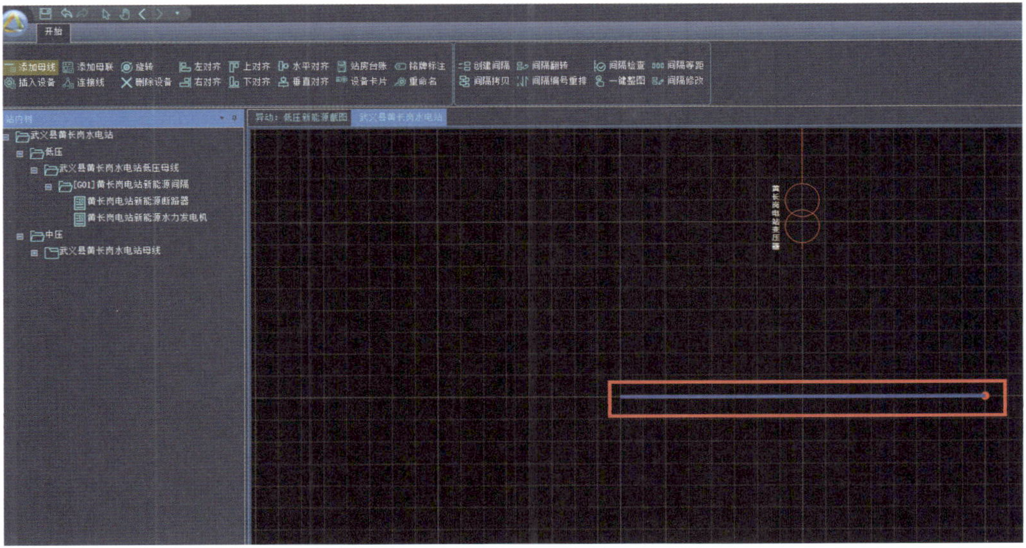

图6-181 绘制母线

3）输入母线名称—选择母线简称—点击【确定】。输入母线名称如图6-182所示。

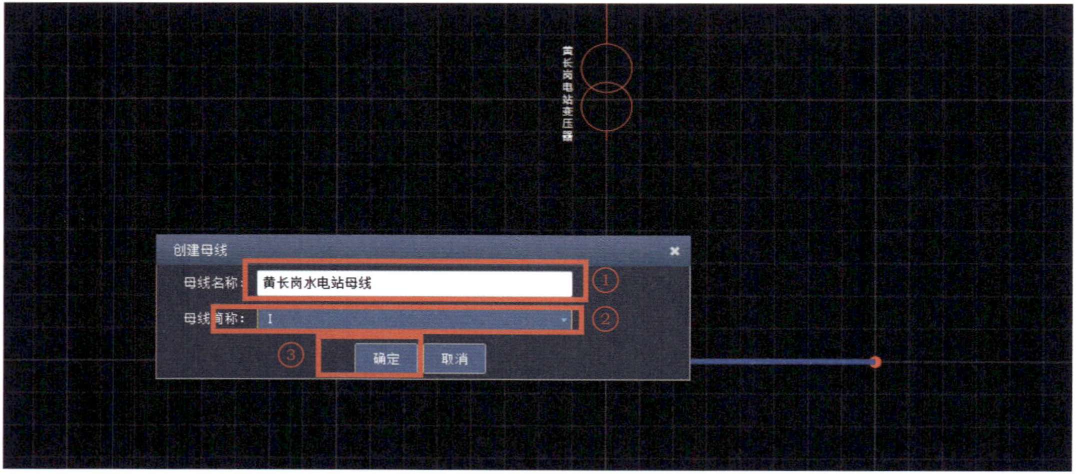

图6-182 输入母线名称

4）填写母线台账。填写母线台账如图6-183所示。

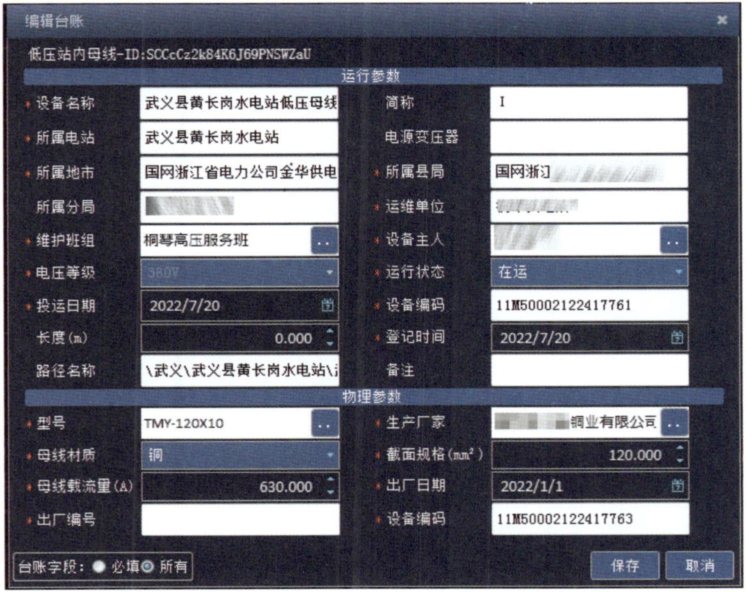

图6-183 填写母线台账

（3）创建总线间隔：

1）点击导航栏创建间隔。

2）然后在母线上选择起点，弹出创建间隔菜单。

3）选择总线间隔，填写间隔名称和间隔编号。

4）点击【确定】。创建总线间隔如图6-184所示。

（4）插入开关设备：

1）点击导航栏插入设备。

2）然后在图元栏根据现场情况选中图元样式。

3）插入图元到指定的位置。

4）输入设备名称和简称点击【确定】。插入开关设备如图6-185所示。

（5）创建新能源间隔：

1）点击导航栏创建间隔。

2）然后在母线上选择起点，弹出创建间隔菜单选择新能源间隔。

3）填写间隔名称和间隔编号，点击【确定】。创建新能源间隔如图6-186所示。

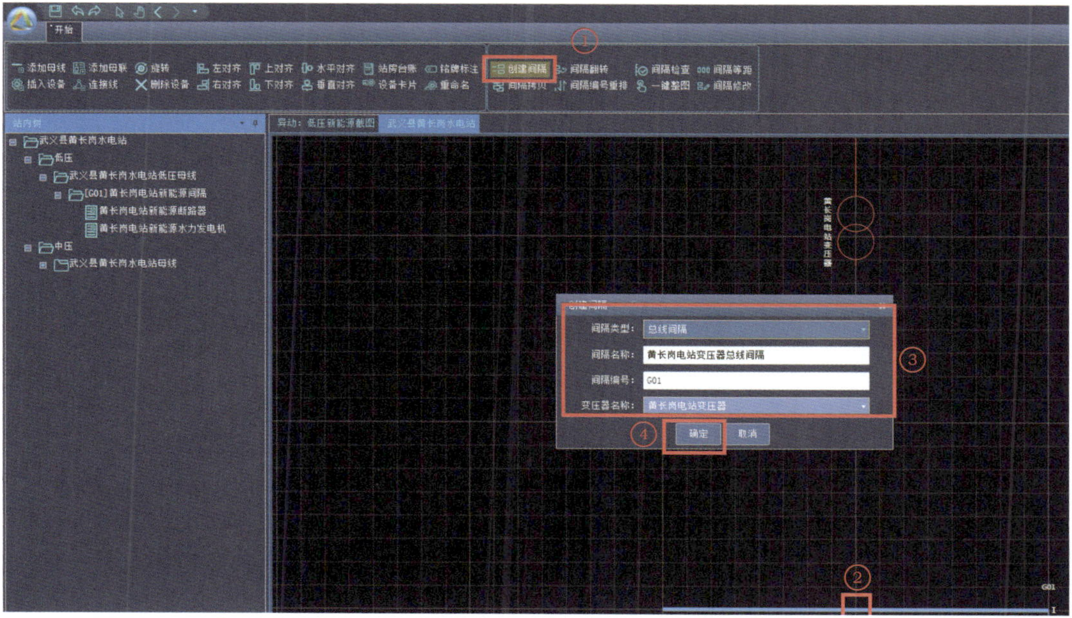

图6-184　创建总线间隔

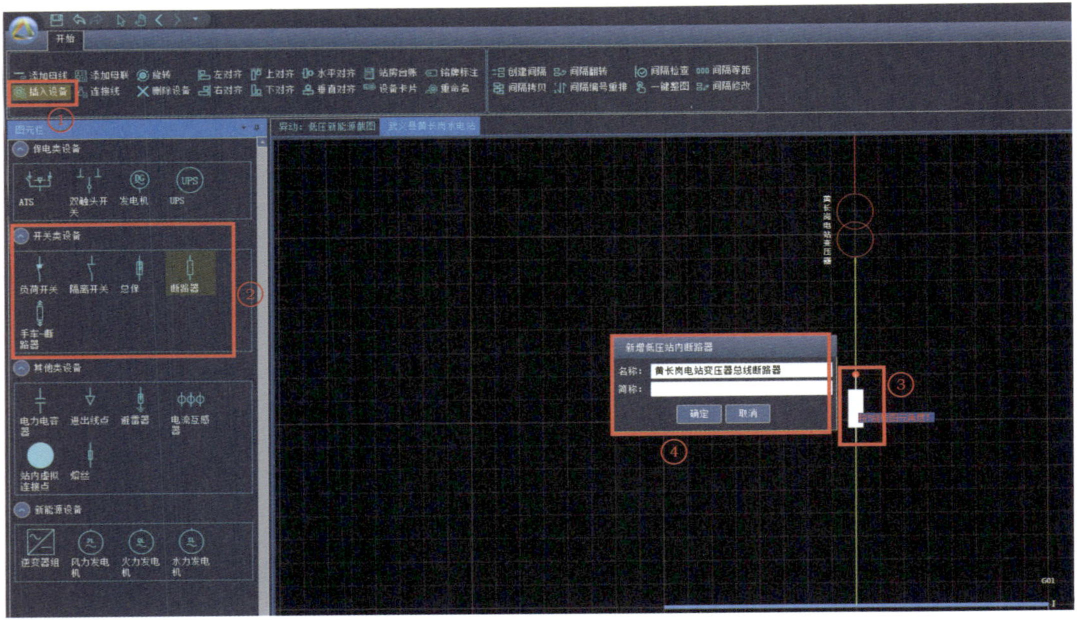

图6-185　插入开关设备

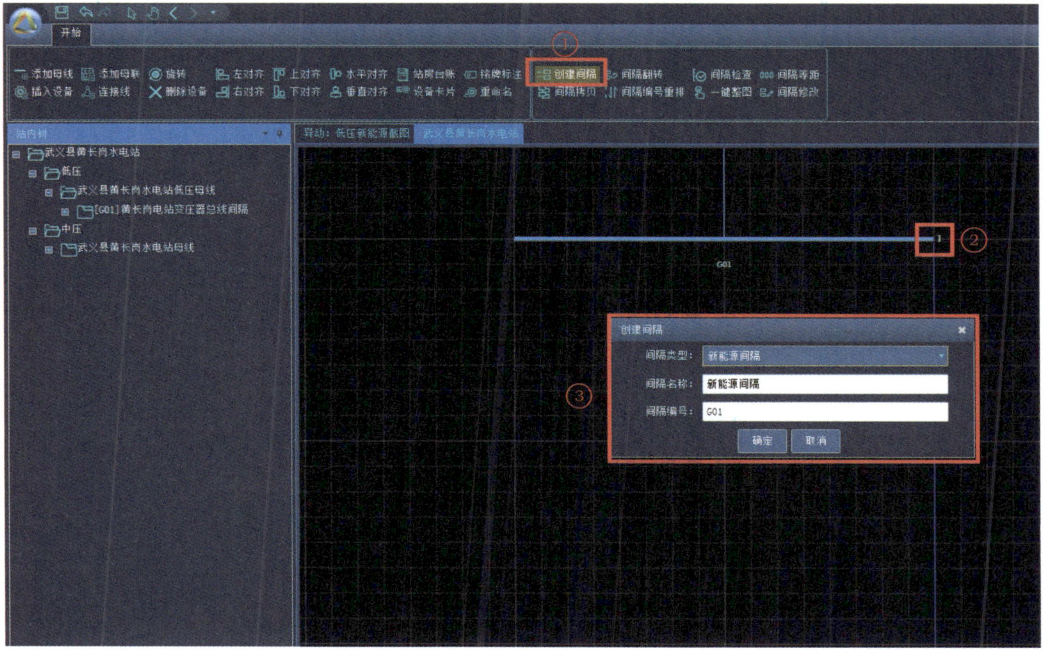

图6-186　创建新能源间隔

（6）插入新能源设备：

1）点击导航栏插入设备。

2）然后在图元栏根据现场情况选中新能源设备图元样式：光伏电站选择维护成逆变器组图元；风力电站维护成风力发电机图元；火力厂和热电厂维护火力发电机图元；水电站维护水力发电机图元。

3）插入图元到指定的位置。

4）输入设备名称点击【确定】。插入新能源设备如图6-187所示。

（7）低电压站内新能源维护完成图元示例：低电压站内新能源维护完成。低电压站内新能源维护完成图元示例如图6-188所示。

（8）低电压站外新能源维护：

1）打开低电压同源维护套件，进入任务，定位到该台区右键选择加载台区。加载低电压台区如图6-189所示。

2）点击导航栏插入设备，在图元栏选择对应的新能源设备，捕捉到对应接入点后把图元拖到适当位置单击鼠标左键放置，填写好设备名称后点击【确定】完成绘制。绘制低电压站外新能源图元如图6-190所示。

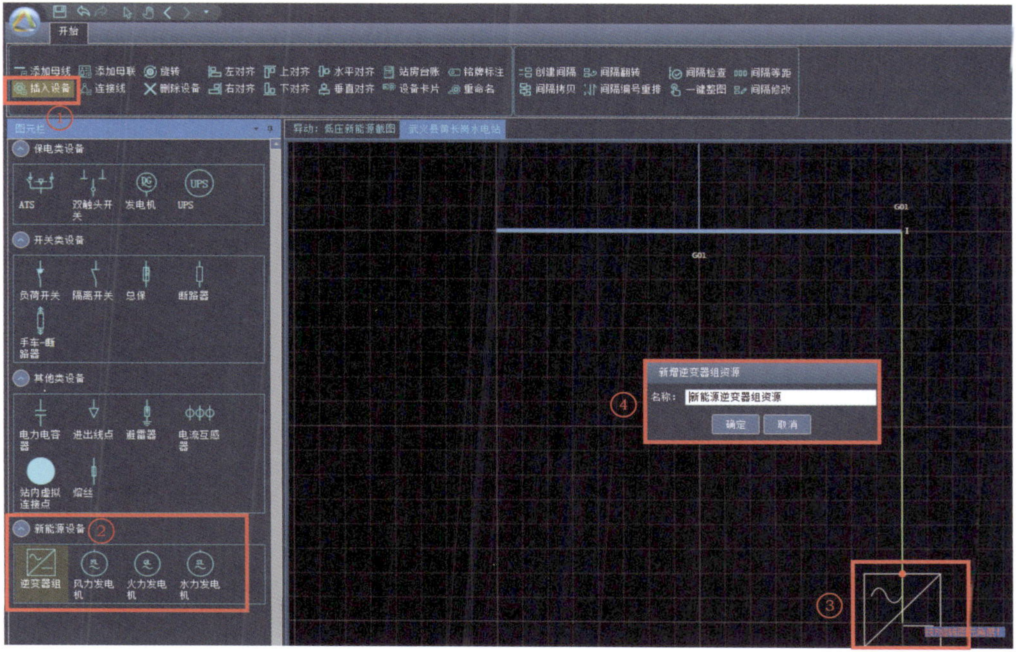

图6-187 插入新能源设备

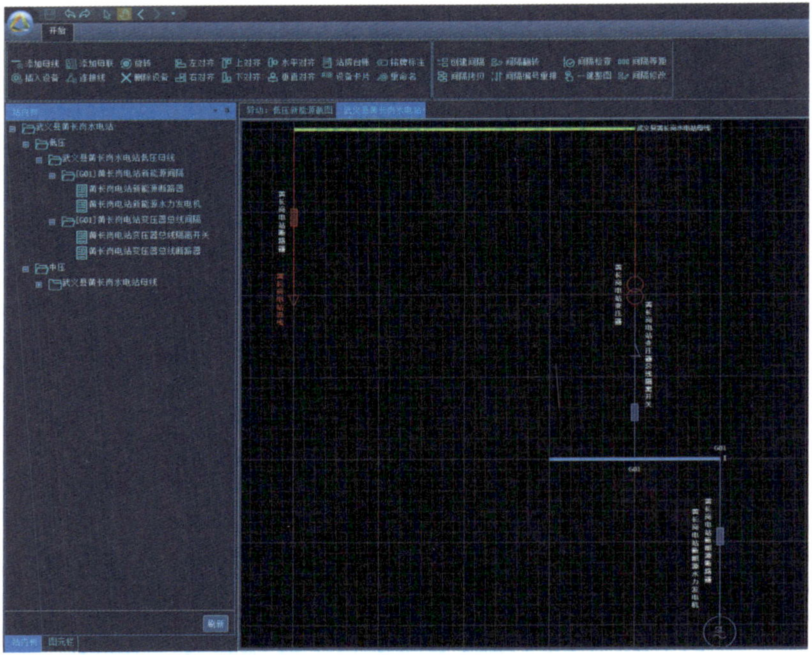

图6-188 低电压站内新能源维护完成图元示例

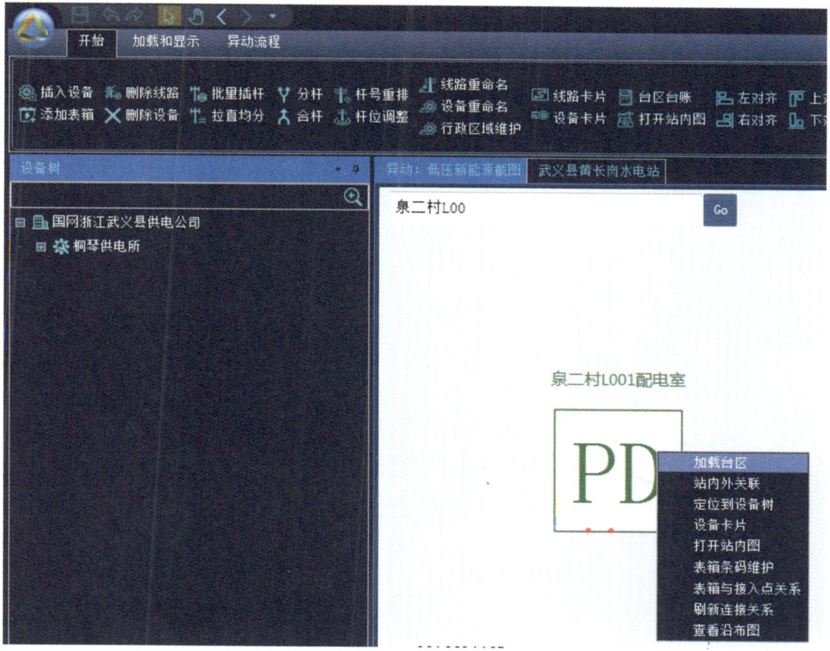

图6-189　加载低电压台区

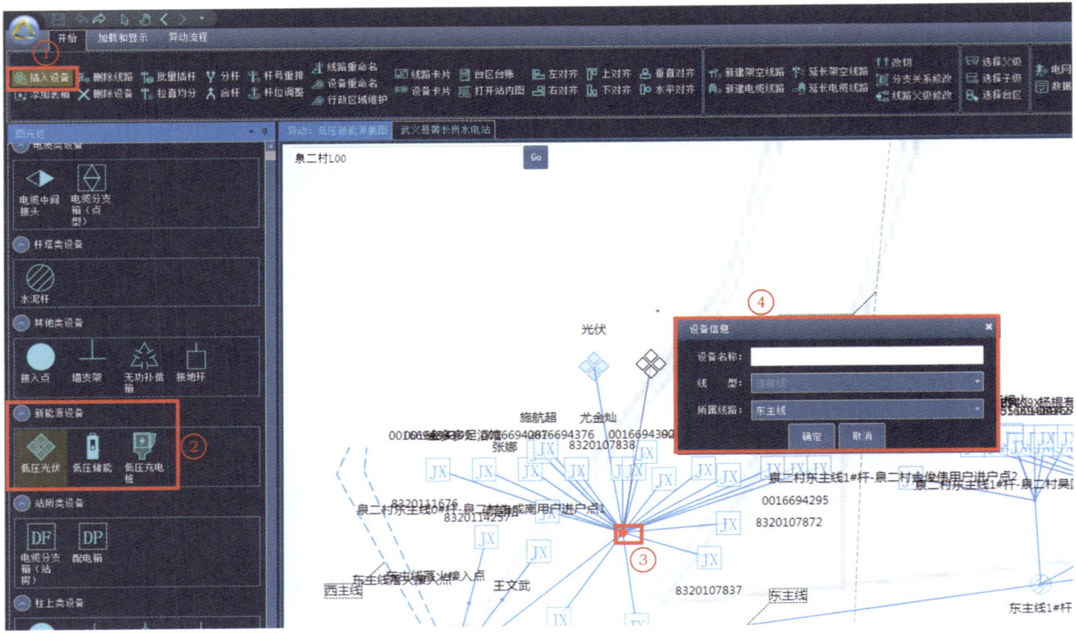

图6-190 绘制低电压站外新能源图元

五 二次设备

（一）故障指示器的安装

（1）地理图绘制：故障指示器（架空）地理图绘制新增，操作步骤如下：

1）左键单击工具栏【插入设备】。设备插入界面如图6-191所示。

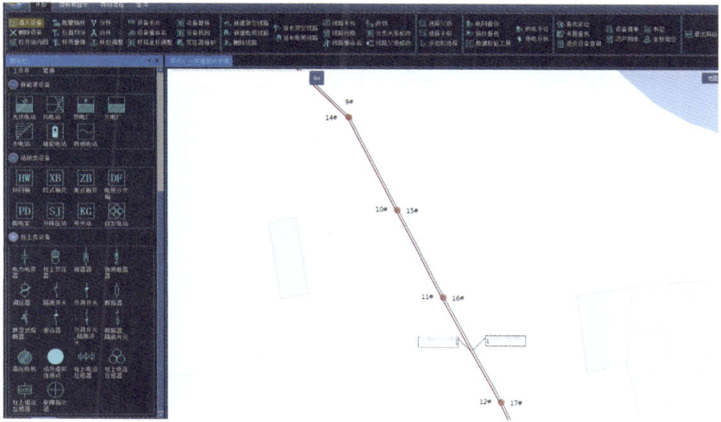

图6-191 设备插入界面

2）选中图元栏“故障指示器”图元。图元栏如图6-192所示。

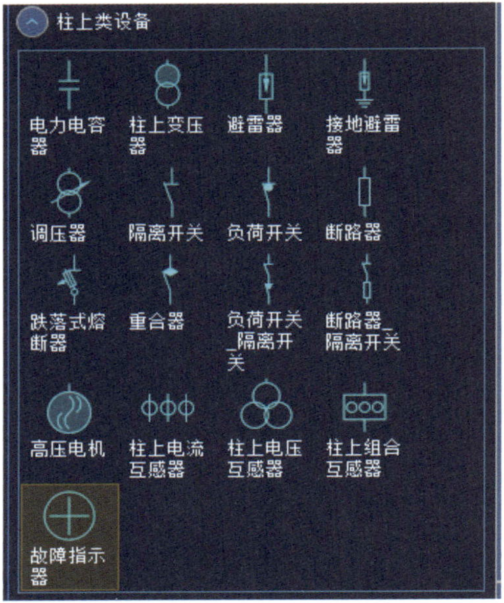

图6-192 图元栏

3）地理图找到要挂接的杆塔后，第一步左键点击杆塔。故障指示器挂接杆塔如图6-193所示。

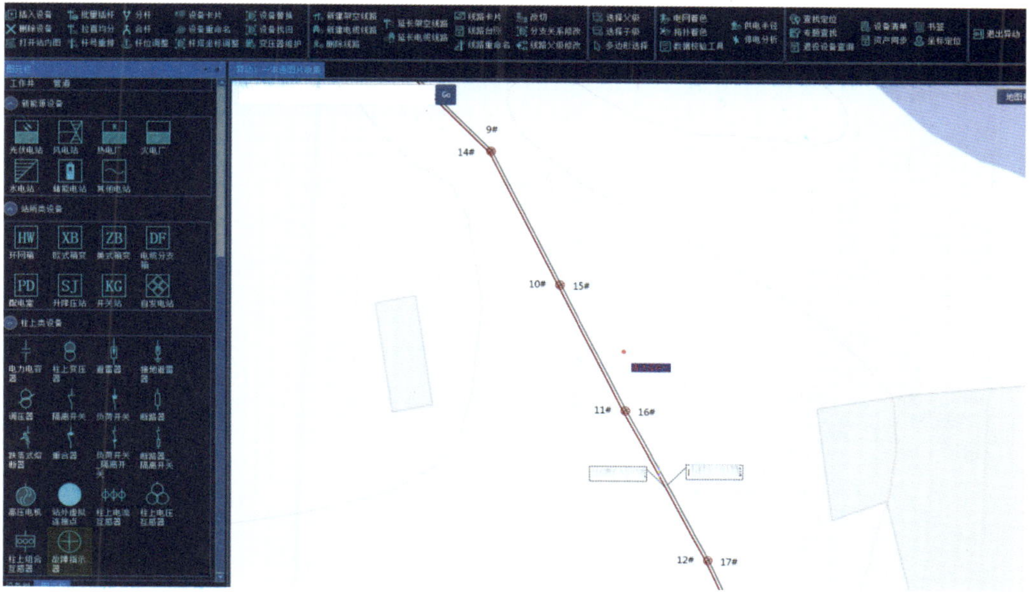

图6-193 故障指示器挂接杆塔

4）第二步选择与杆塔相连的导线（带提示文字），注意选中的导线段会加粗，再次点击左键。故障指示器选择挂接线档如图6-194所示。

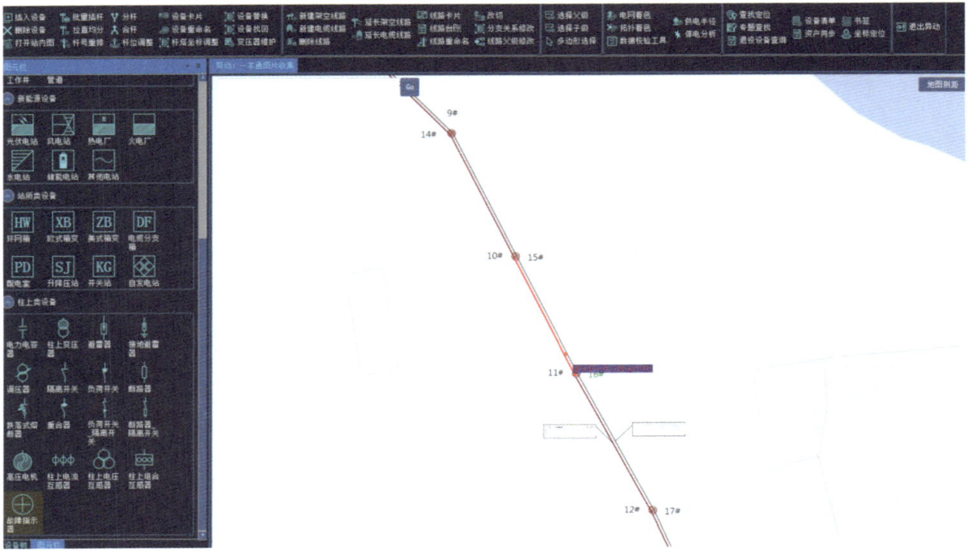

图6-194　故障指示器选择挂接线档

5）故障指示器命名弹窗确认，默认命名“杆名_故障指示器”。故障指示器命名如图6-195所示。

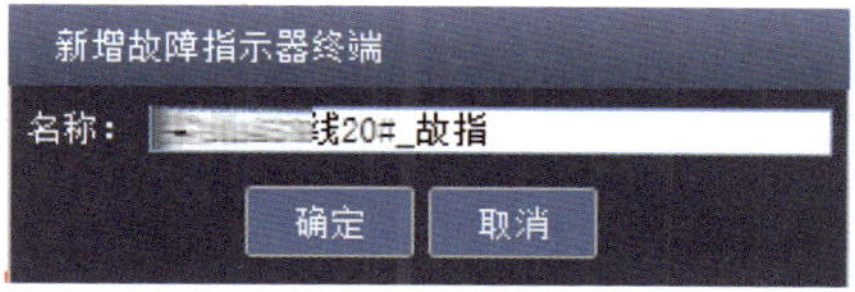

图6-195　故障指示器命名

6）点击【确定】按钮，完成故障指示器地理图绘制；点击【取消】则作废新增操作。完成故障指示器图形绘如图6-196所示。

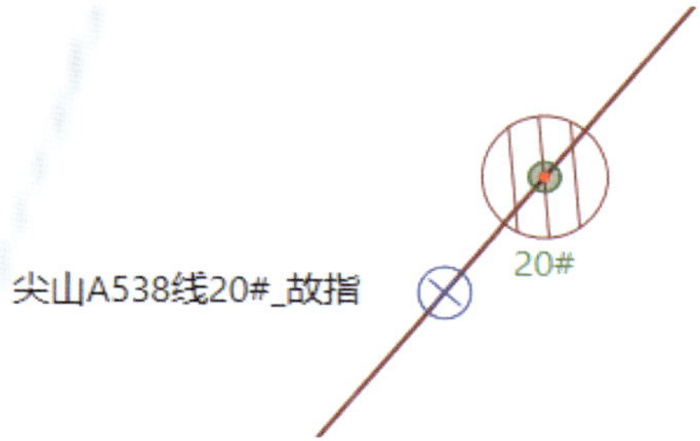

图6-196　完成故障指示器图形绘制

（2）终端装接：故障指示器图元绘制完成后进行四区终端物料选取装接操作，操作步骤如下：

1）左键单击地理图故障指示器图元，选中后右键弹出右键菜单列表，选择【设备卡片】打开台账界面。故障指示器设备卡片维护入口如图6-197所示。

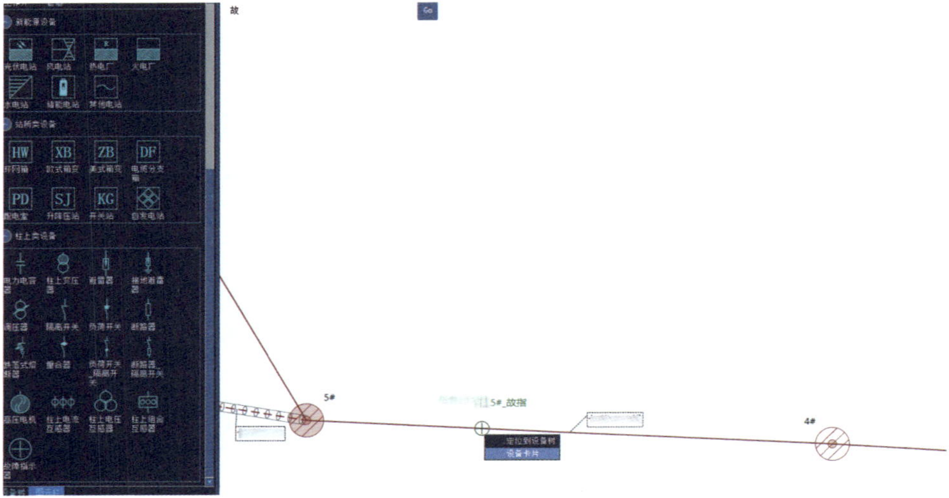

图6-197　故障指示器设备卡片维护入口

2）点击【终端装接】按钮打开故障指示器终端、采集器和SIM卡关联界面。故障指示器设备卡片如图6-198所示。

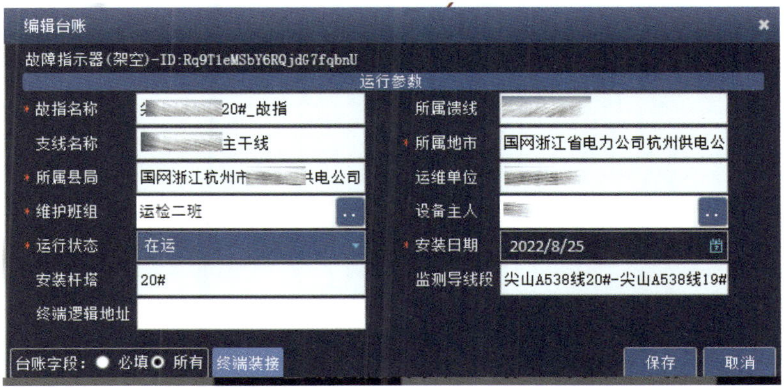

图6-198　故障指示器设备卡片

3）点击汇集单元左下设备条码选择按钮“…”进行条码选择界面。故障指示器汇集单元设备条码维护如图6-199所示。

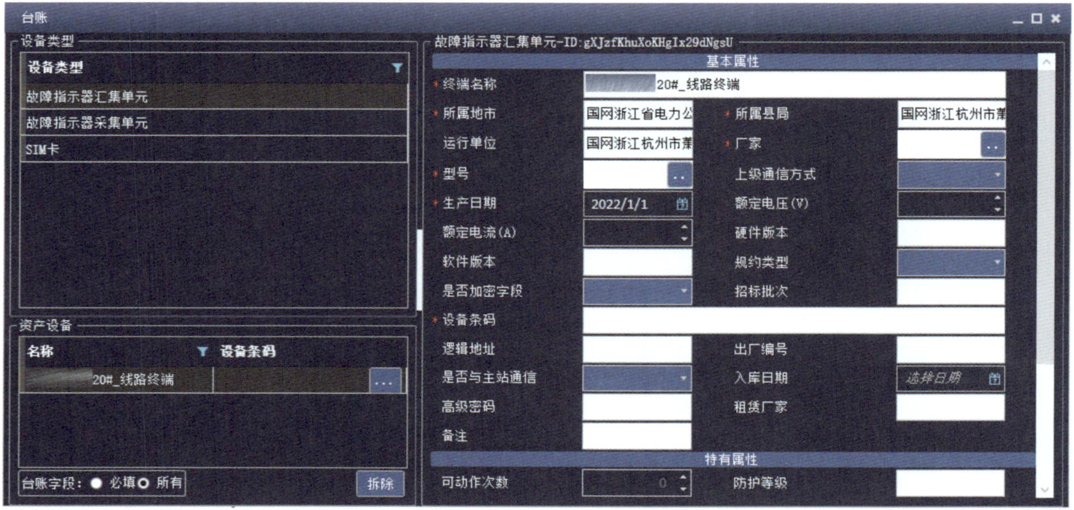

图6-199　故障指示器汇集单元设备条码维护

4）可通过厂家，设备条码模糊查询选中一行记录后，点击【确定】按钮。故障指示器汇集单元物料选择如图6-200所示。

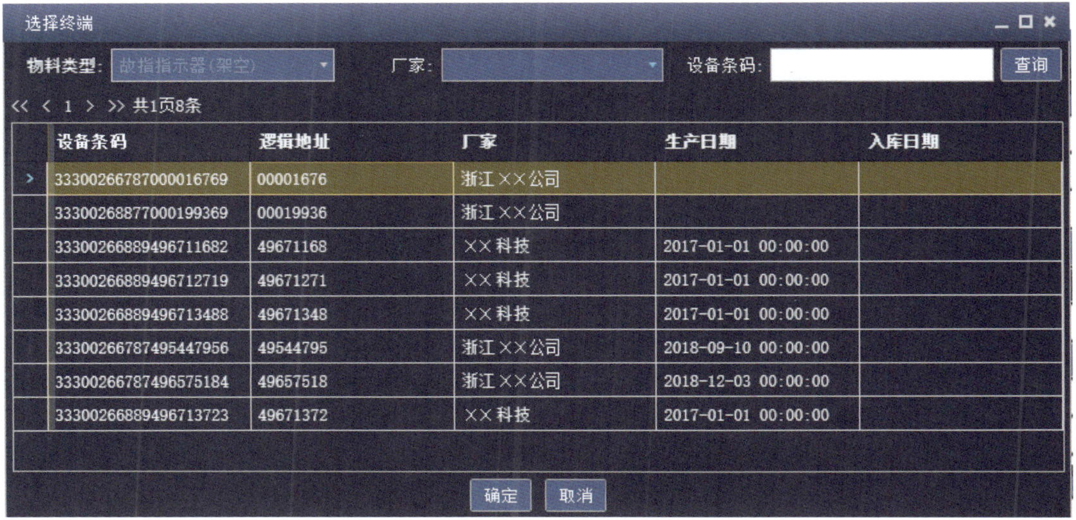

图6-200　故障指示器汇集单元物料选择

5）完成故障指示器汇集单元装接，参数自动获取四区物料，无须填写。完成故障指示器汇集单元维护如图6-201所示。

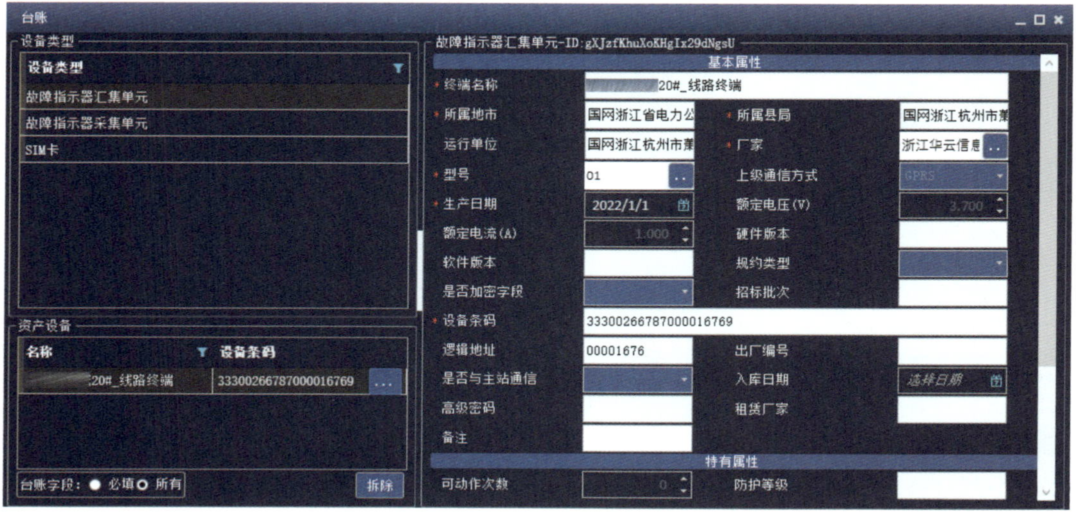

图6-201 完成故障指示器汇集单元维护

6）同理依次对采集单元进行关联操作。故障指示器采集单元设备条码维护如图6-202所示，故障指示器采集单元物料选择如图6-203所示。

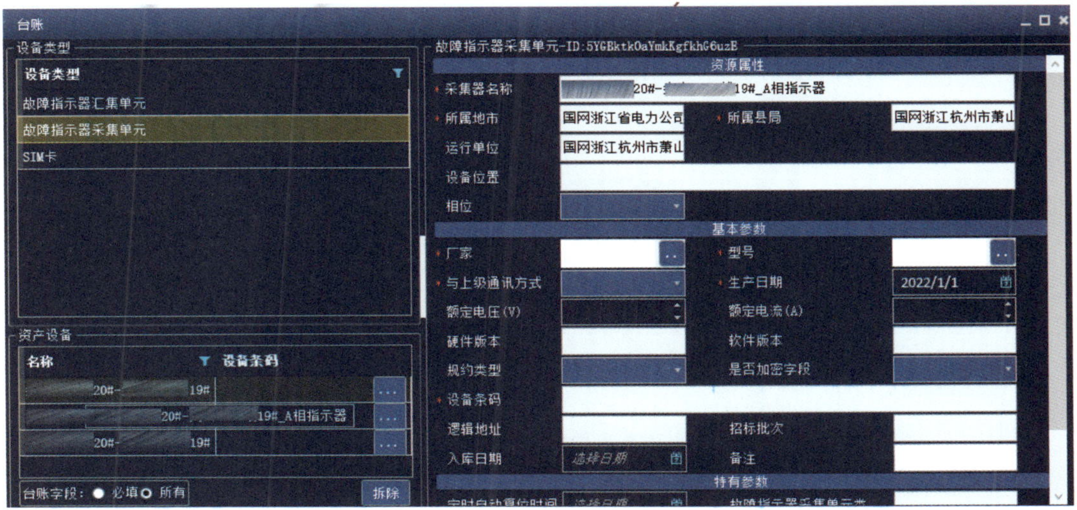

图6-202　故障指示器采集单元设备条码维护

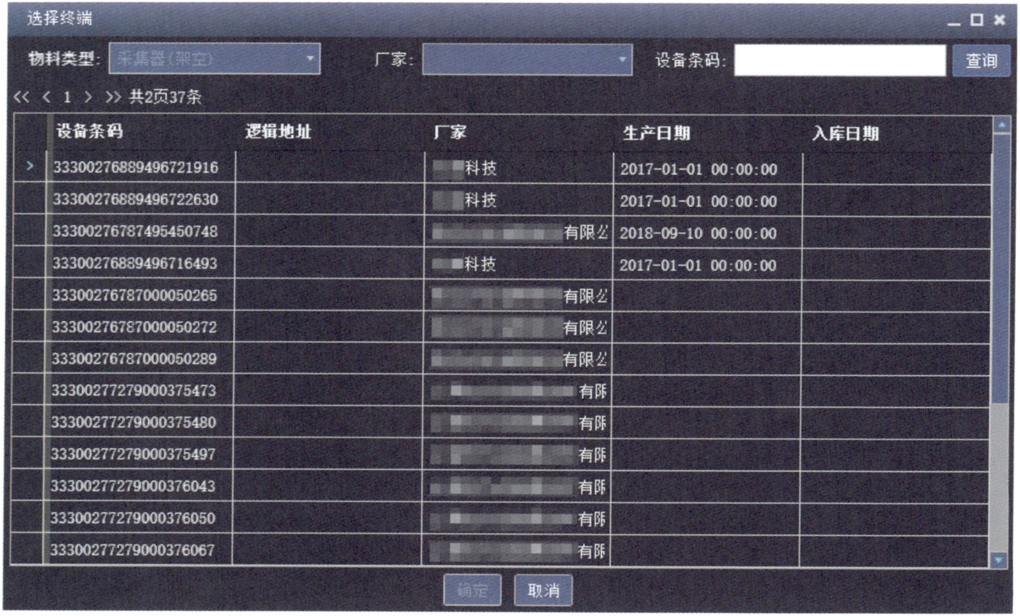

图6-203　故障指示器采集单元物料选择

7）三相采集条码维护完成。完成故障指示器采集单元维护如图6-204所示。

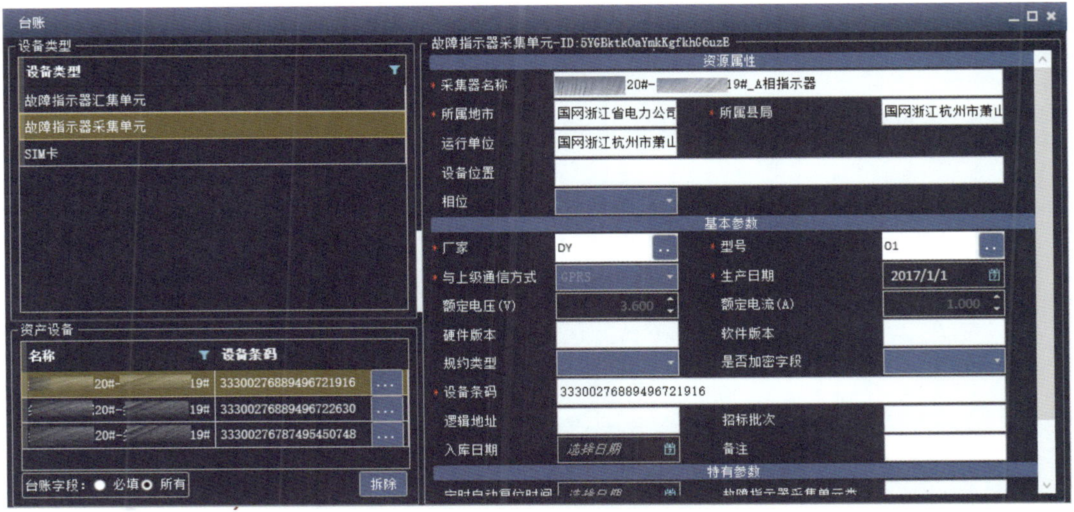

图6-204　完成故障指示器采集单元维护

8）SIM卡选择安装，确定后完成参数带入。故障指示器SIM卡信息维护如图6-205所示，故障指示器SIM卡物料选择如图6-206所示，完成故障指示器SIM卡维护图6-207所示。

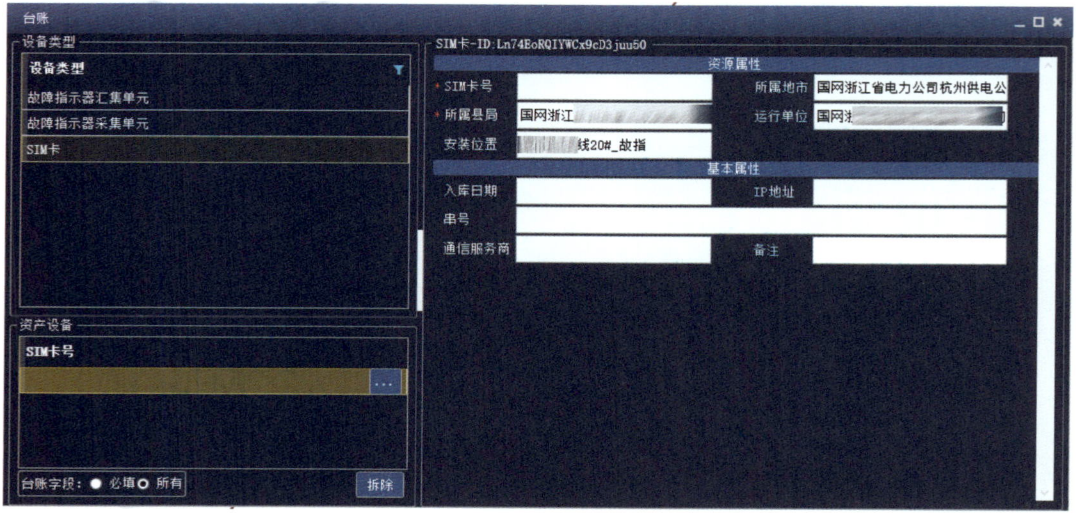

图6-205　故障指示器SIM卡信息维护

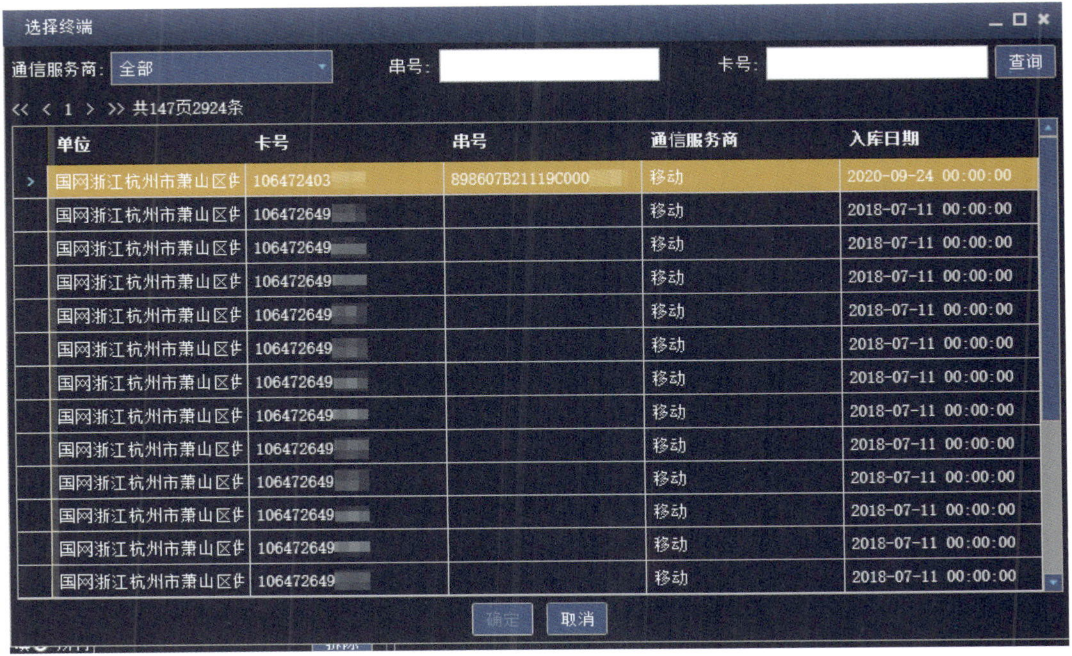

图6-206 故障指示器SIM卡物料选择

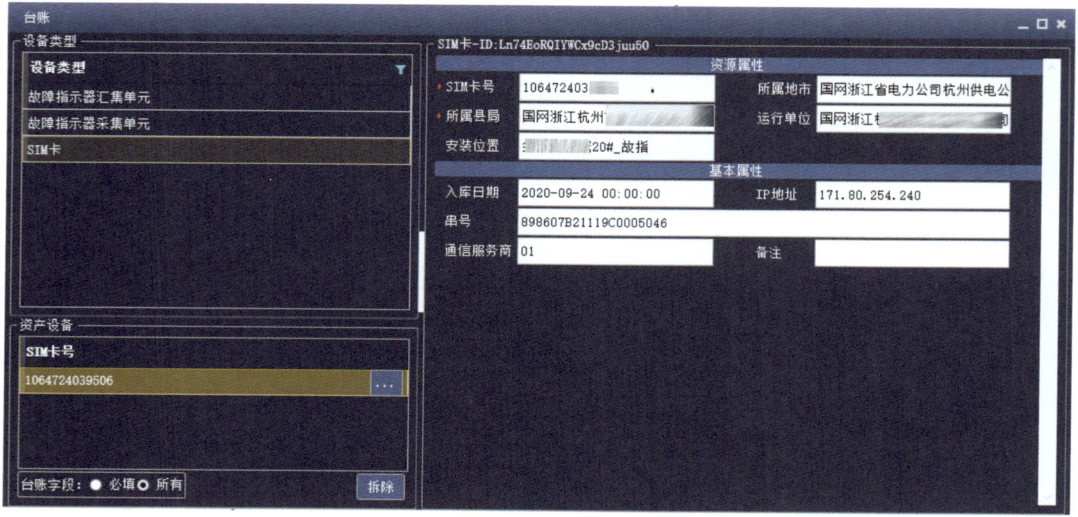

图6-207　完成故障指示器SIM卡维护

（二）故障指示器的拆除

（1）故障指示器整体拆除。

1）选中地理图故障指示器图元，接着点击工具栏中的【删除设备】按钮或键盘【Delete】删除快捷键，弹框确认“确认要删除吗?”：点击【确定】则完成故障指示器拆除；点击【取消】则取消删除操作。拆除故障指示器如图6-208所示。

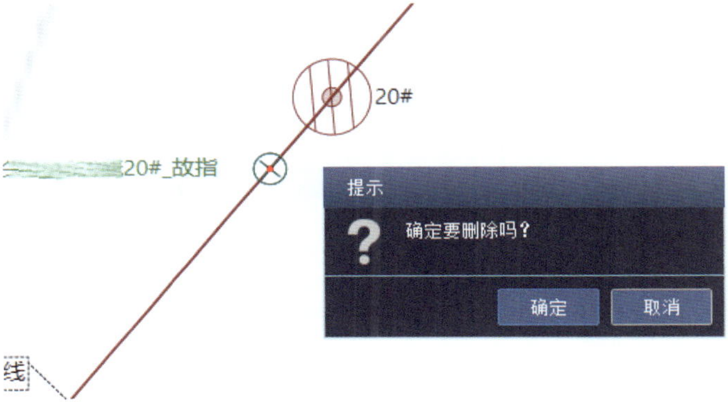

图6-208　拆除故障指示器

2）删除杆塔/导线段（线档）/支线/馈线联动拆除，提示是否同步拆除，选择“是”完成拆除。同步拆除故障指示器如图6-209所示。

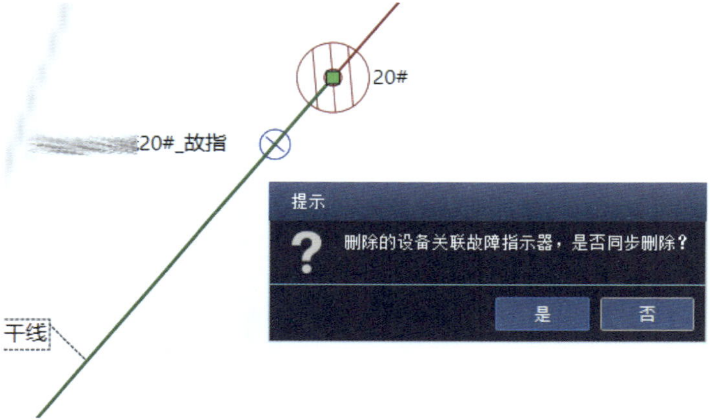

图6-209 同步拆除故障指示器

（2）故障指示器组件单独拆除：为满足实际单独更换SIM卡等场景，系统支持故障指示器组件单独拆除业务。

1）选中要拆除的设备条码记录行，点击下方“拆除”按钮，弹框提示“确定拆除测量点吗?”。测量点拆除如图6-210所示。

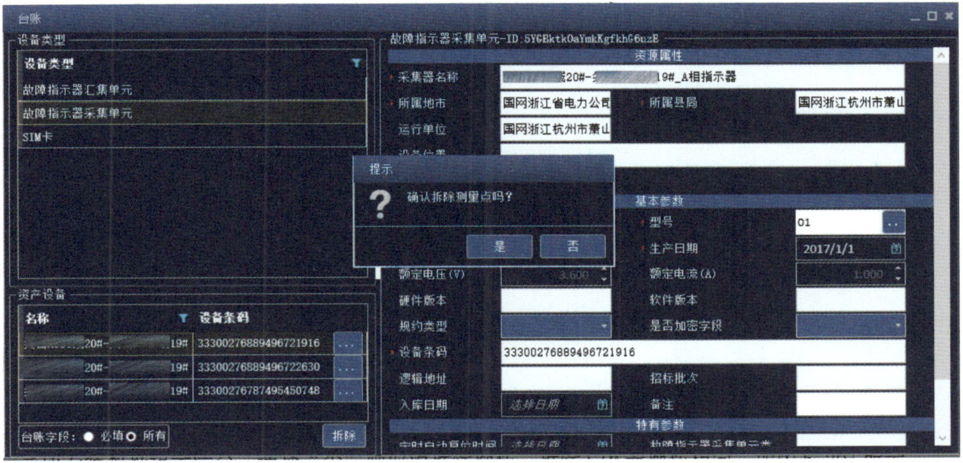

图6-210　测量点拆除

2）选择“是”，完成安装数据记录清空；选择“否”则取消拆除操作；拆除SIM卡操作相同。完成量测电拆除如图6-211所示。

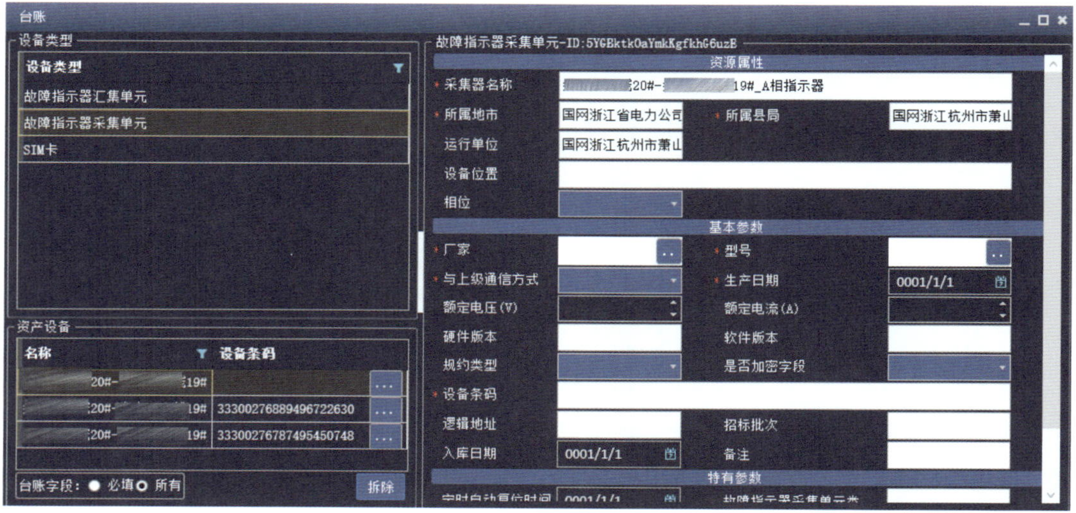

图6-211 完成量测电拆除

（三）故障指示器改切

（1）首先选择上方工具栏【改切】功能。故障指示器改切如图6-212所示。

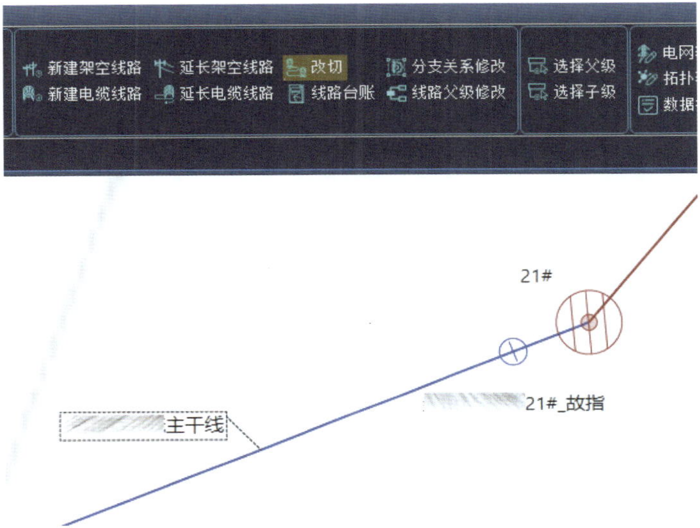

图6-212 故障指示器改切

（2）接着选中地理图故障指示器图元，这时鼠标箭头带着故障指示器图元，通过鼠标滚轮缩小选择要移位的杆塔大致位置或者按住鼠标滚轮进行平移后滚轮放大选择新杆塔进行重新挂接操作，选杆选导线确定，改切完成后，故障指示器名称按新杆自动重新命名。完成故障指示器改切如图6-213所示。

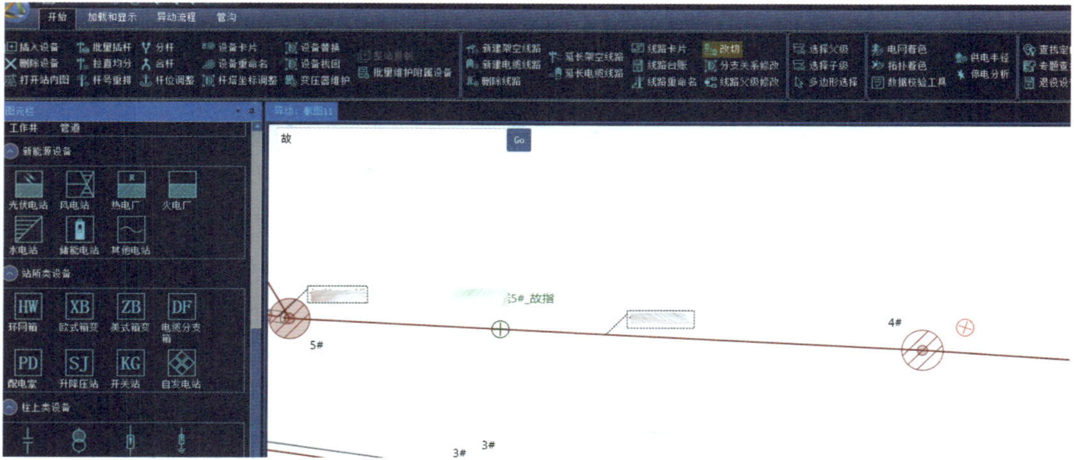

图6-213　完成故障指示器改切

（四）故障指示器装接完整性发送校验

故障指示器装接完整性发送校验的功能为在图形流程发送至审核环节前，针对未完成故障指示器装接的数据进行提示，并支持定位。故障指示器维护完成发送校验如图6-214所示。

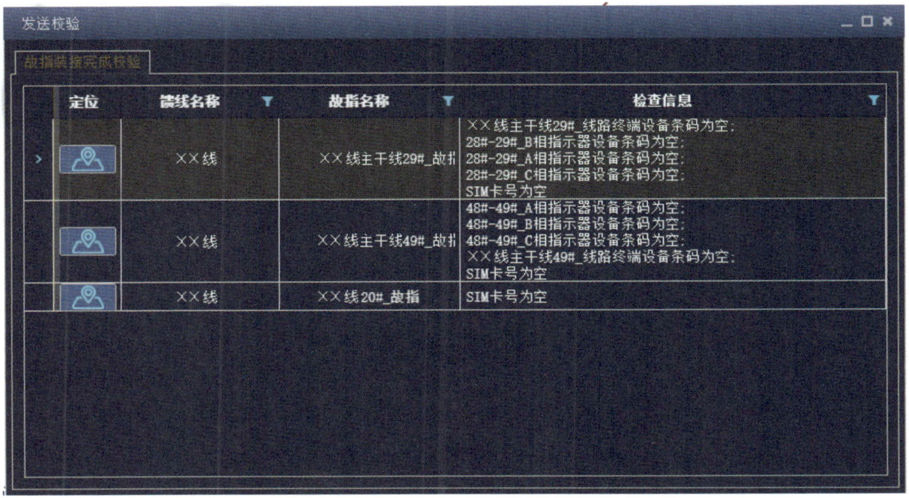

图6-214　故障指示器维护完成发送校验

（五）故障指示器设备树展示

故障指示器设备树展示指功能为在杆塔的下级节点增加故障指示器展示节点，支持设备树和地理图相互定位。故障指示器设备树展示如图6-215所示。

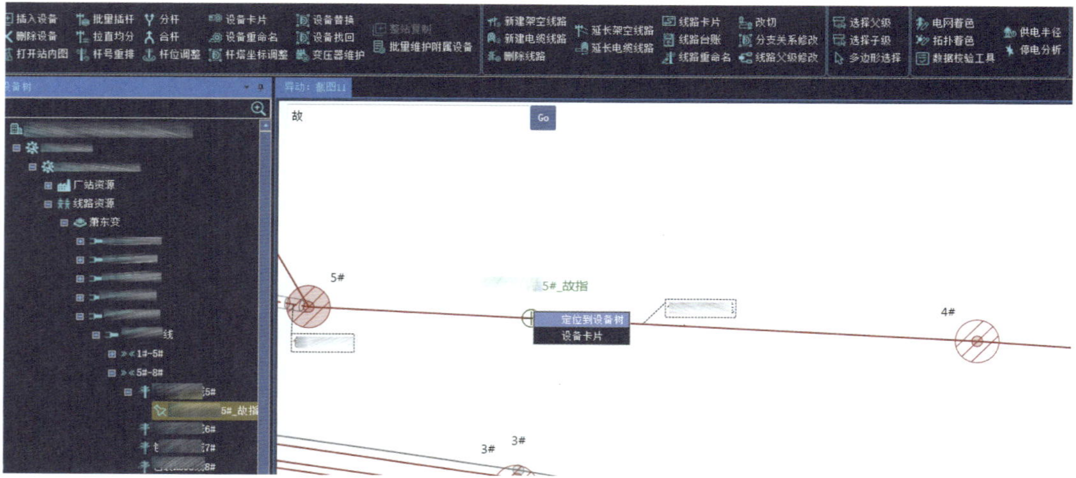

图6-215　故障指示器设备树展示

（六）故障指示器专项查找定位

故障指示器专项查找定位功能为针对故障指示器开通专项按“逻辑地址”定位功能。故障指示器查找定位如图6-216所示。

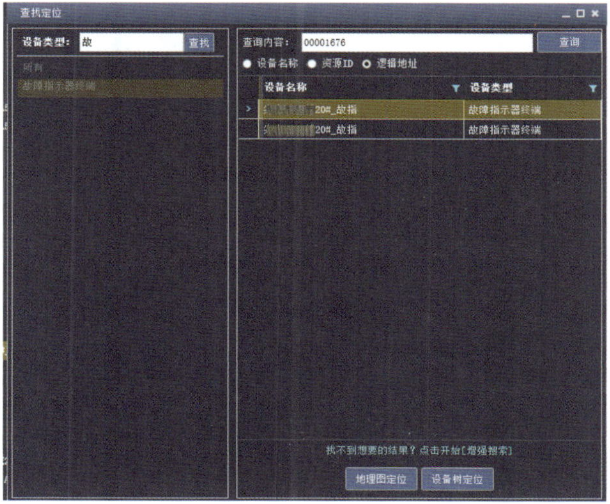

图6-216　故障指示器查找定位

（七）故障指示器专题图成图应用

（1）县局图配置：在县局成图配置的图类型中选择“单线图”，在下方配置页面中的【成图内容】部分勾选“显示故障指示器”选项。故障指示器成图配置如图6-217所示。

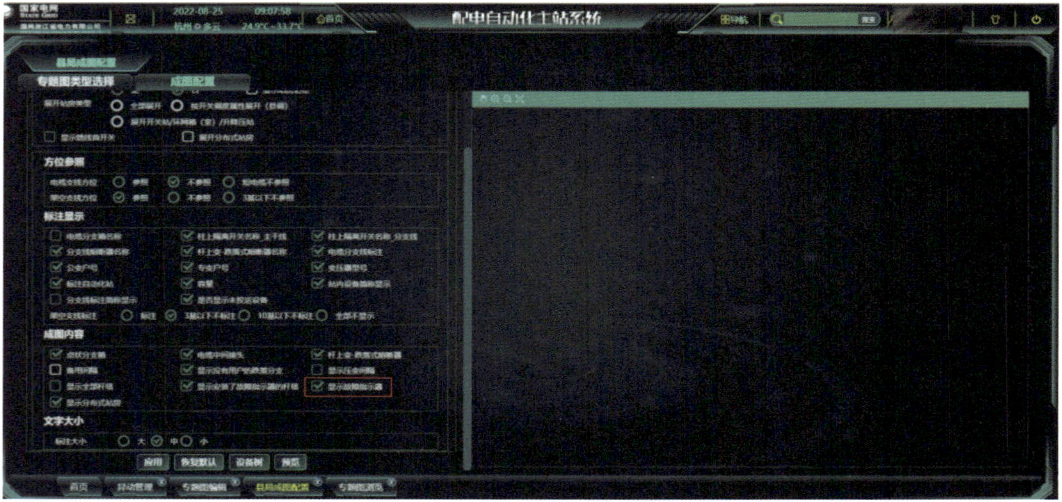

图6-217　故障指示器成图配置

（2）单线图维护：在确定已将县局成图配置中的故障指示器设置为显示的前提下：

1）进入“专题图维护”流程中的异动任务单界面，点击【专题图维护】。专题图维护环节如图6-218所示。

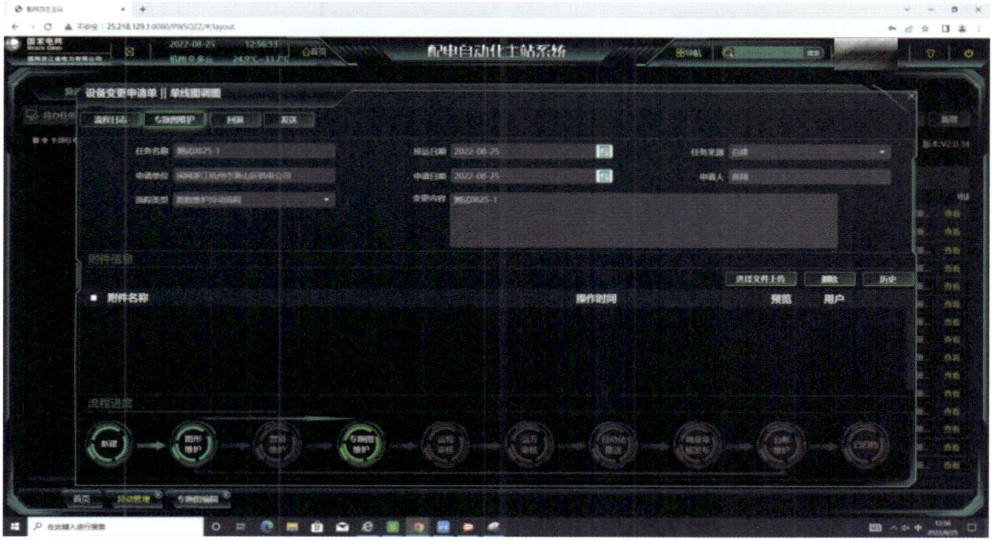

图6-218　专题图维护环节

2）选择线路单线图“名称”打开单线图调图界面。专题图维护列表如图6-219所示。

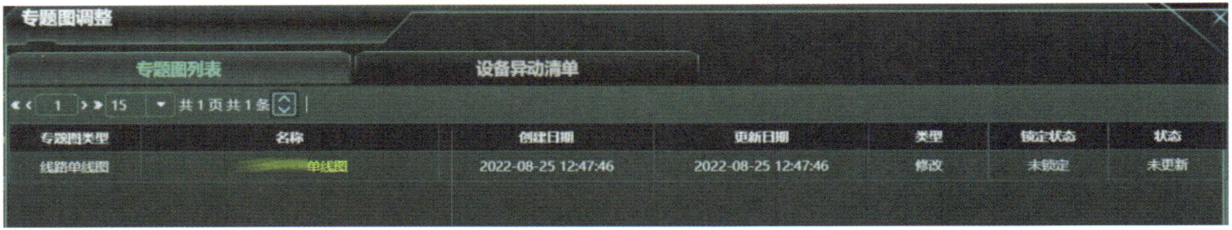

图6-219　专题图维护列表

3）选择线路单线图“名称”打开单线图调图界面：通过增量成图的模式在已有单线图相应的杆塔线档上进行新增展示，若美观性不满足要求可通过上方【配置管理】下的【重新绘制】功能整体重新布局，也可框选拖动旋转等局部微调功能进行美观性调整。单线图维护如图6-220所示。

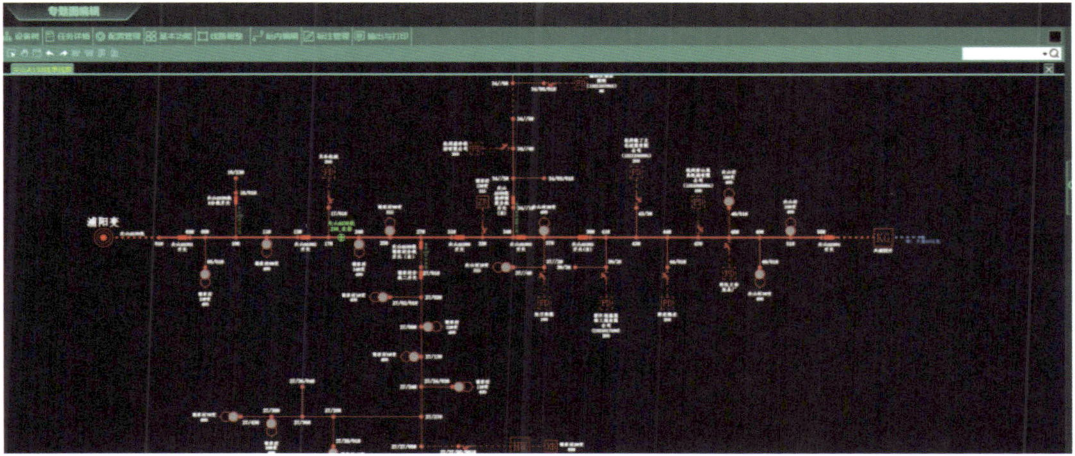

图6-220　单线图维护

（3）异动流程管理：涉及故障指示器异动流程按“新建异动—图形维护—专题图维护—运检审核—运方审核—自动化审核—调度审核发布—台账维护—归档”，流程结束后以异动为单元提供按安装、更换、拆除、更名、移位操作分类提供故障指示器变更消息至四区主站系统，四区接收后自动发起相关的业务流程。

六 营配关联

（一）营配融合模式（目前默认此配置）

（1）中电压（不区分有无配套工程）：

1）进行检修计划任务来源维护时，检修计划需供服人员根据实际业务需求进行编辑检修计划，检修计划需关联带有营销方案的流程号，同时检修计划需处于发布状态，异动流程才可以关联检修计划完成创建并进行维护。

领取检修计划操作步骤：打开中电压套件—新增异动—选择类型“计划”—右下角选择“关联计划”—选择对应供服检修计划的班组点击查询计划—在查找出的计划前打钩，再点击【关联】（见图6-221）—下面菜单显示“已关联的计划”点击【确定】（见图6-222）—维护异动名称（见图6-223）—保存发送选择图形、台账维护人员—进入图形维护。

2）进入异动，打开左边任务树，定位电源信息，并加载馈线。定位电源点如图6-224所示。

3）因检修计划相关工作内容，可在工作内容所涉及相关的位置即电源点附近新增变压器，因是高压新装的计划，系统变压器的使用性质默认是公用变压器，所以新装变压器需要修改变压器的使用性质为专用变压器。变压器使用性质维护如图6-225所示。

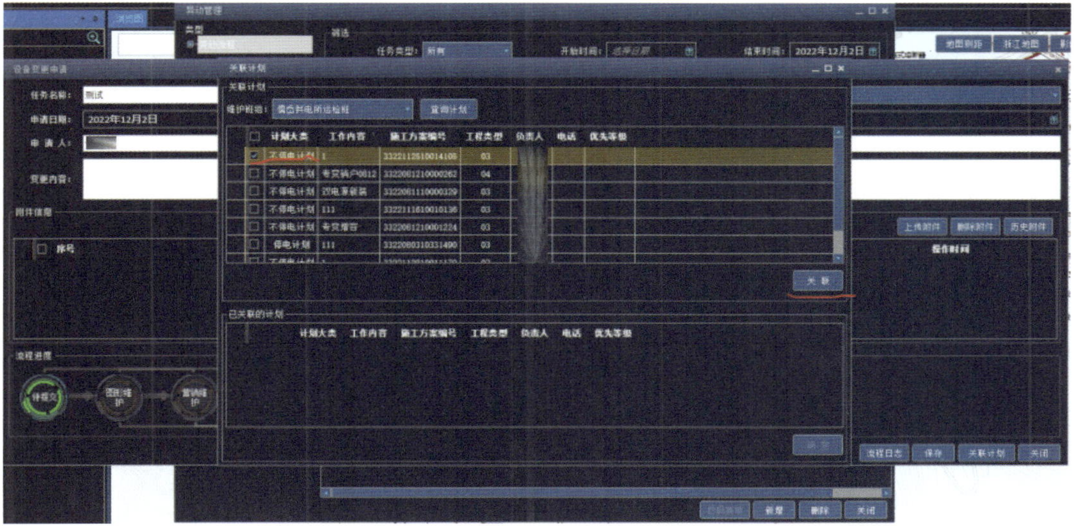

图6-221 待关联检修计划

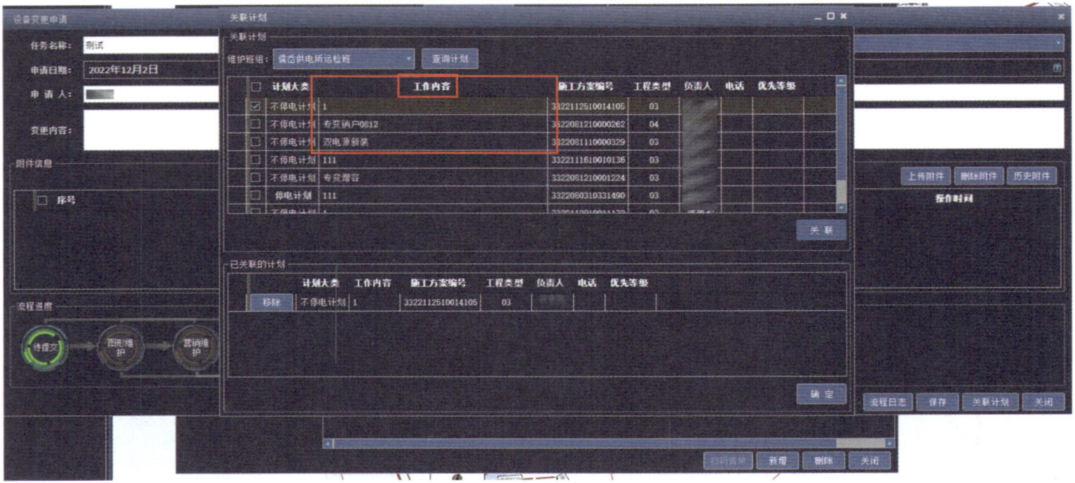

图6-222　选择关联检修计划

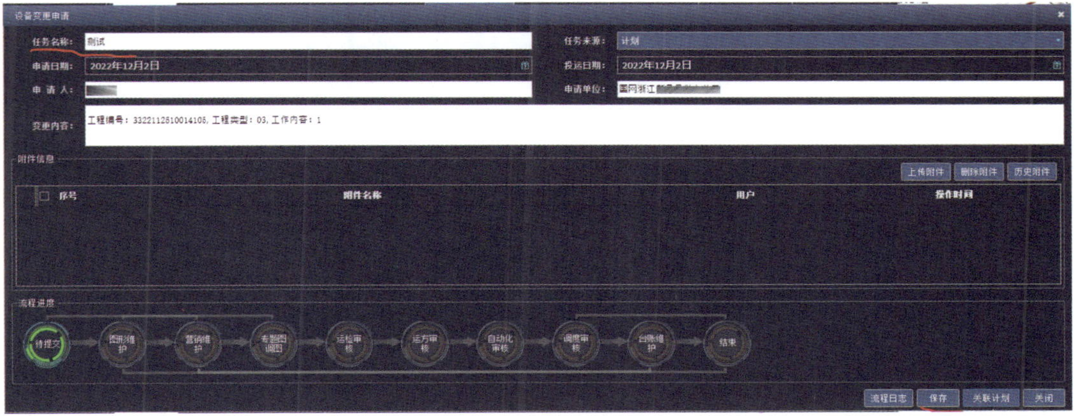

图6-223　异动信息维护

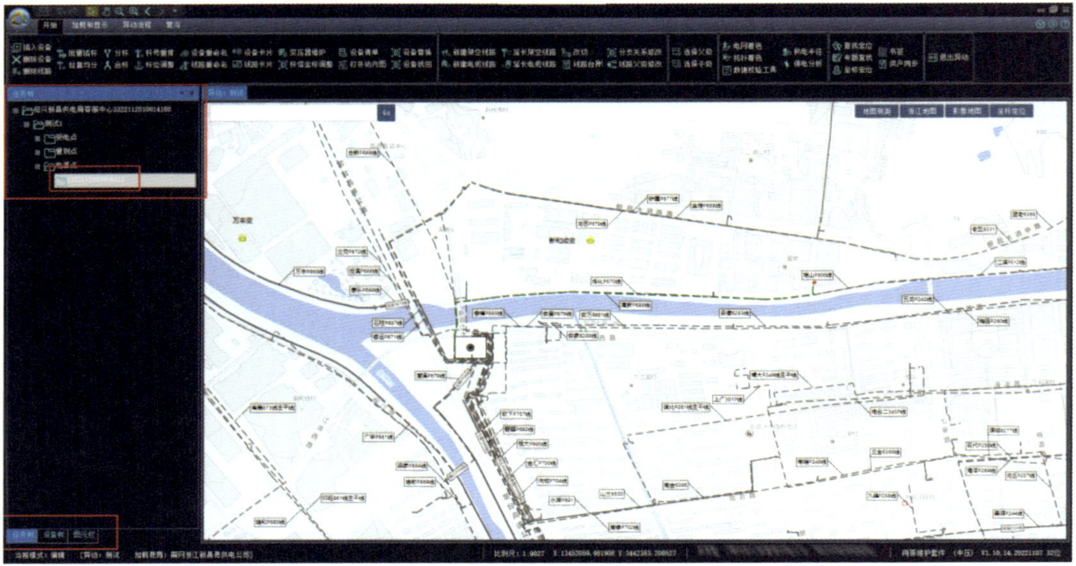

图6-224　定位电源点

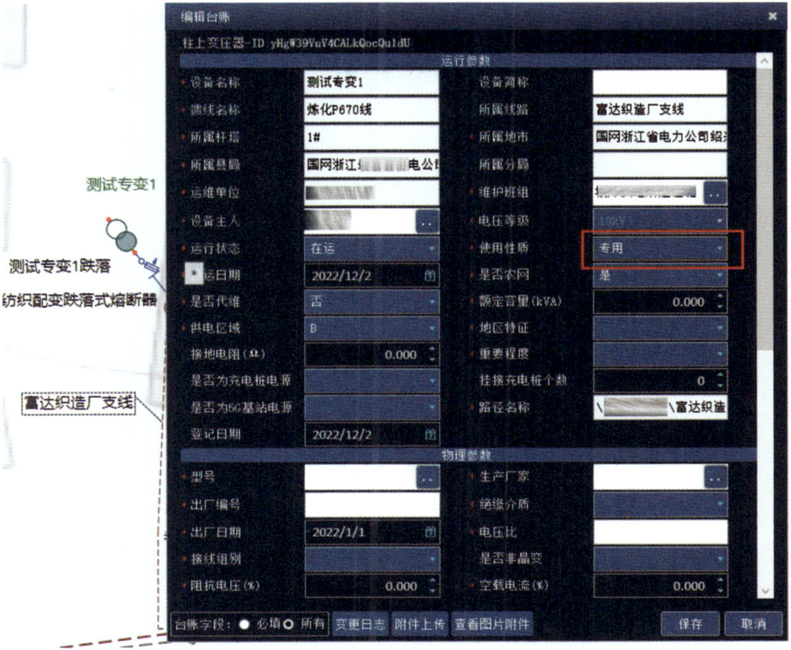

图6-225 变压器使用性质维护

4）进行营配对应，选择用户编号，并进行绑定。营配对应入口如图6-226所示，关联营销侧用户如图6-227所示，营销侧用户选择如图6-228所示，营配信息对应绑定如图6-229所示。

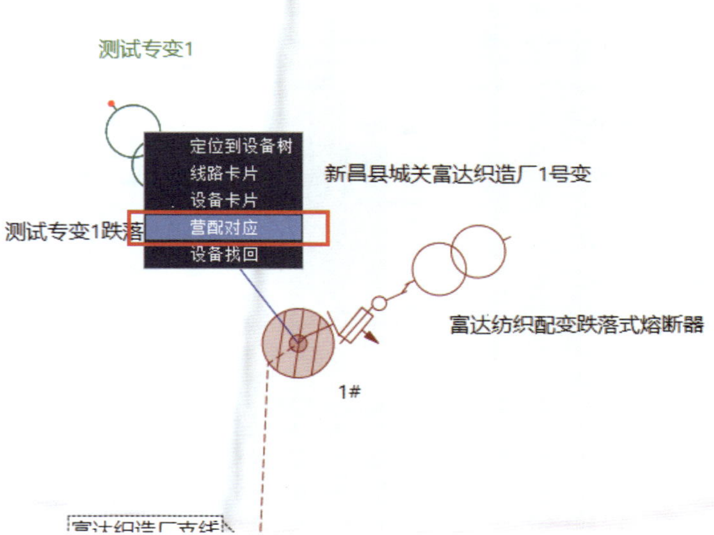

图6-226 营配对应入口

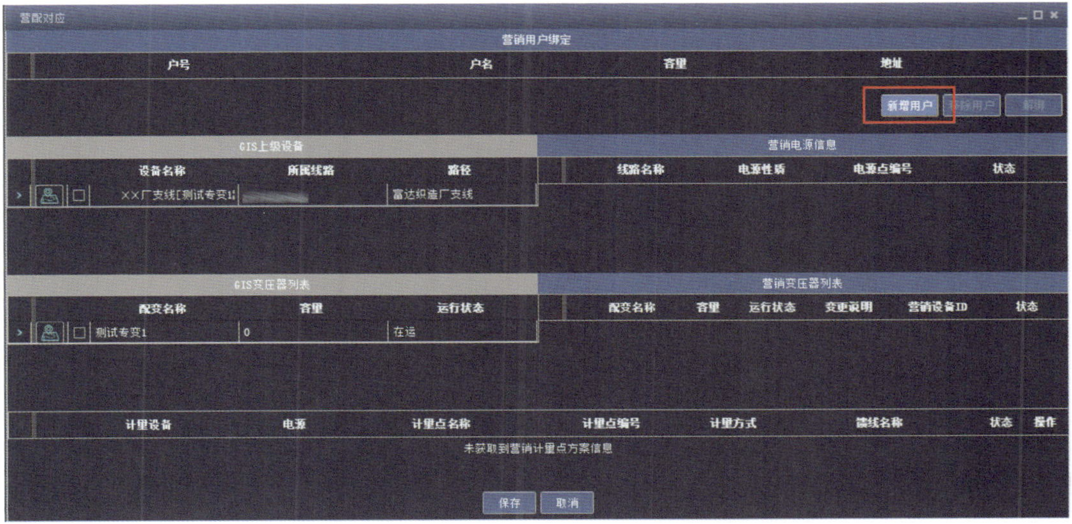

图6-227 关联营销侧用户

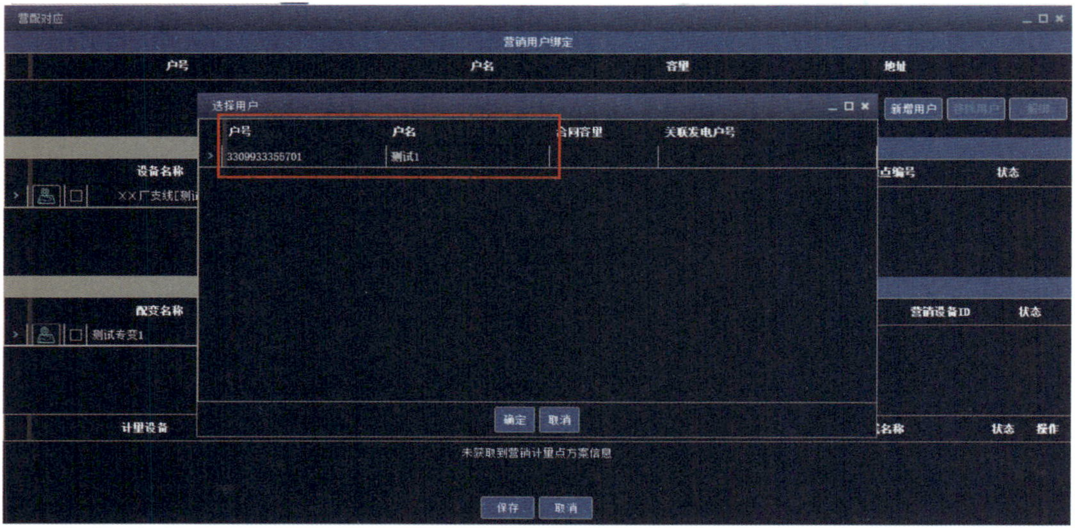

图6-228 营销侧用户选择

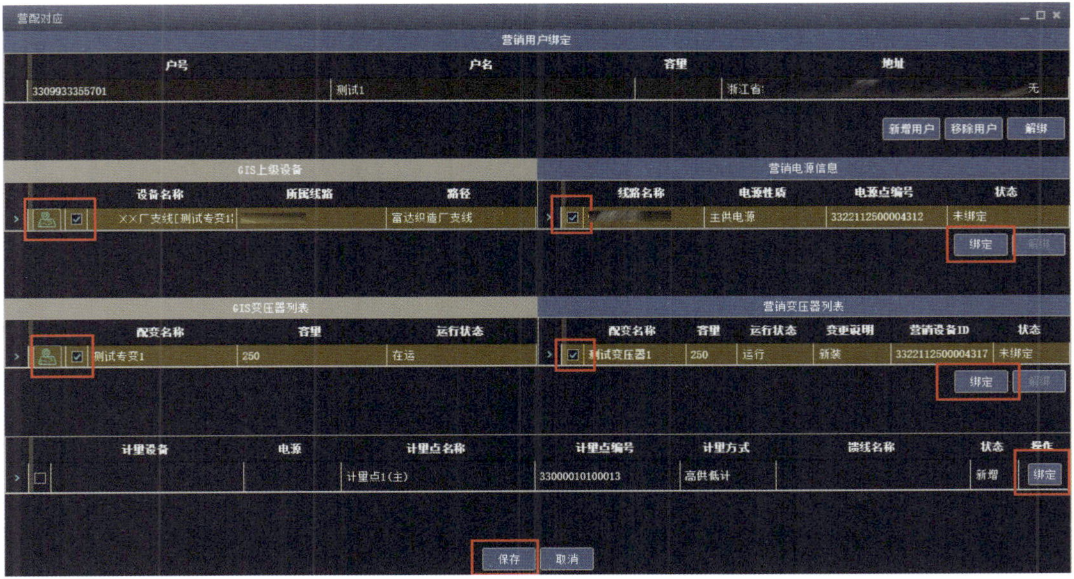

图6-229 营配信息对应绑定

5）维护台账，并提交异动，异动流程经审核后将归档完毕。

（2）低电压（不区分有无配套工程）：

1）在低电压同源维护套件创建“营配”类型异动。异动类型选择如图6-230所示。

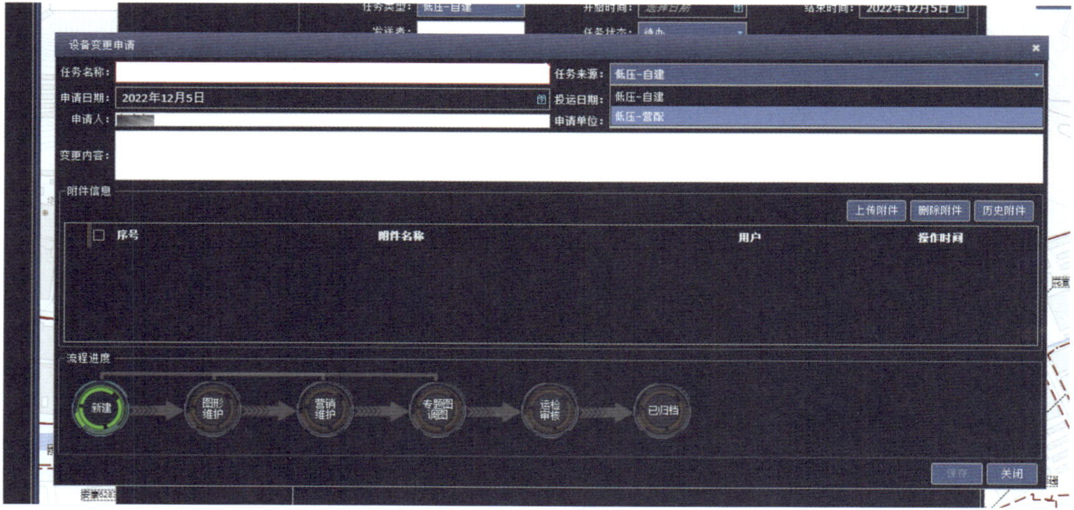

图6-230　异动类型选择

2）进入图形维护，领取营配任务。营配任务领取入口如图6-231所示，营配任务领取列表如图6-232所示。

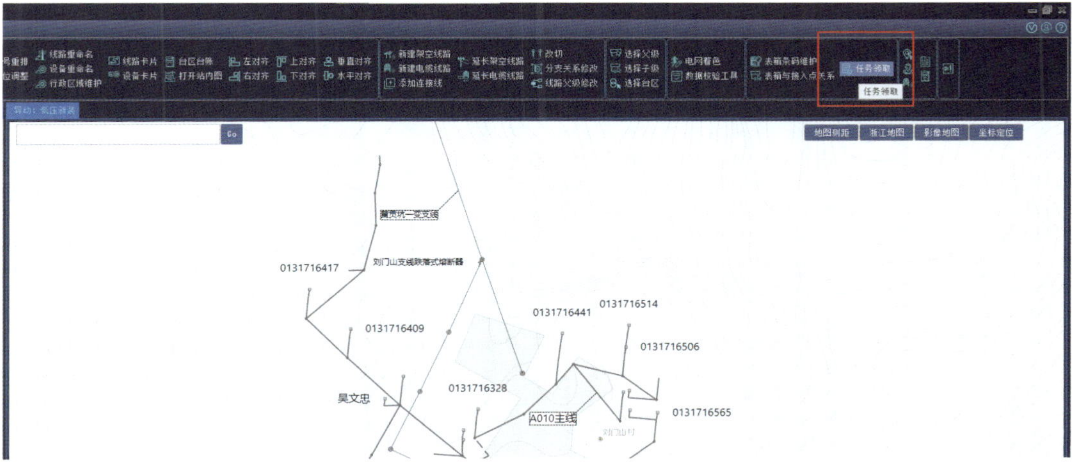

图6-231　营配任务领取入口

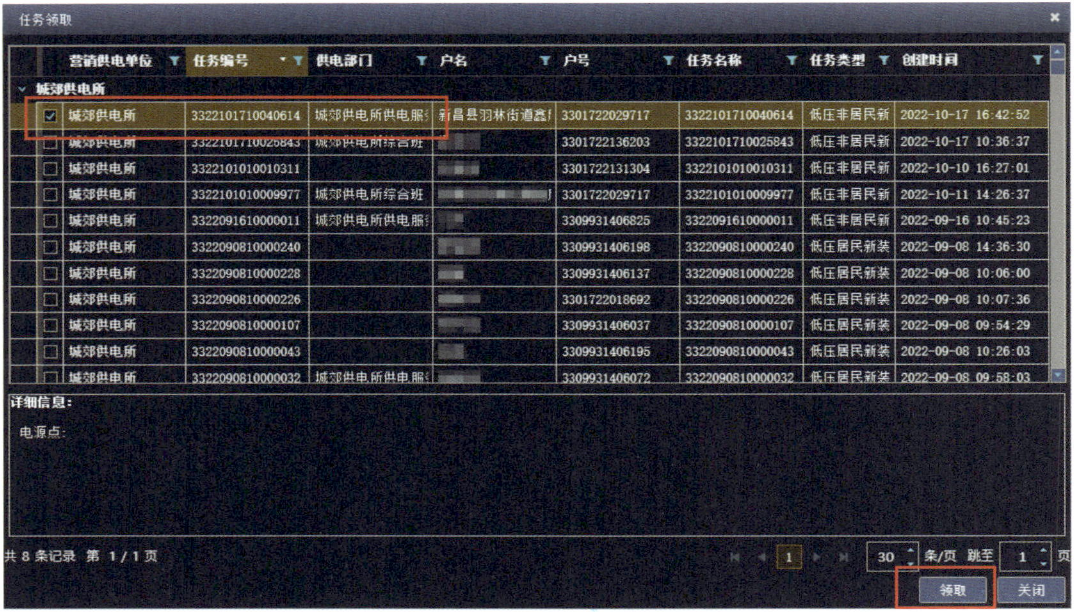

图6-232　营配任务领取列表

3）打开左边的任务树，双击变压器ID，定位到地理图的变压器。电源点变压器定位如图6-233所示。

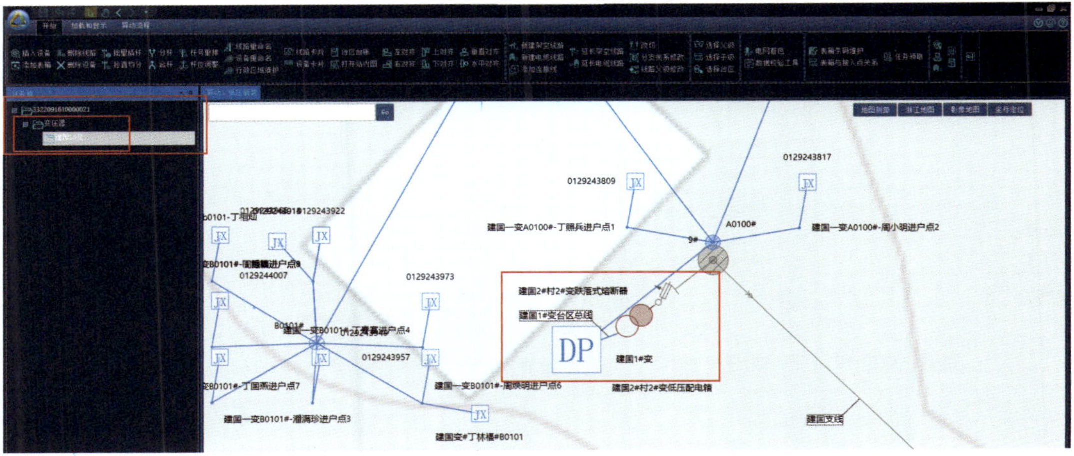

图6-233 电源点变压器定位

4）加载台区，进行表箱条码维护。台区表箱条码维护入口如图6-234所示。

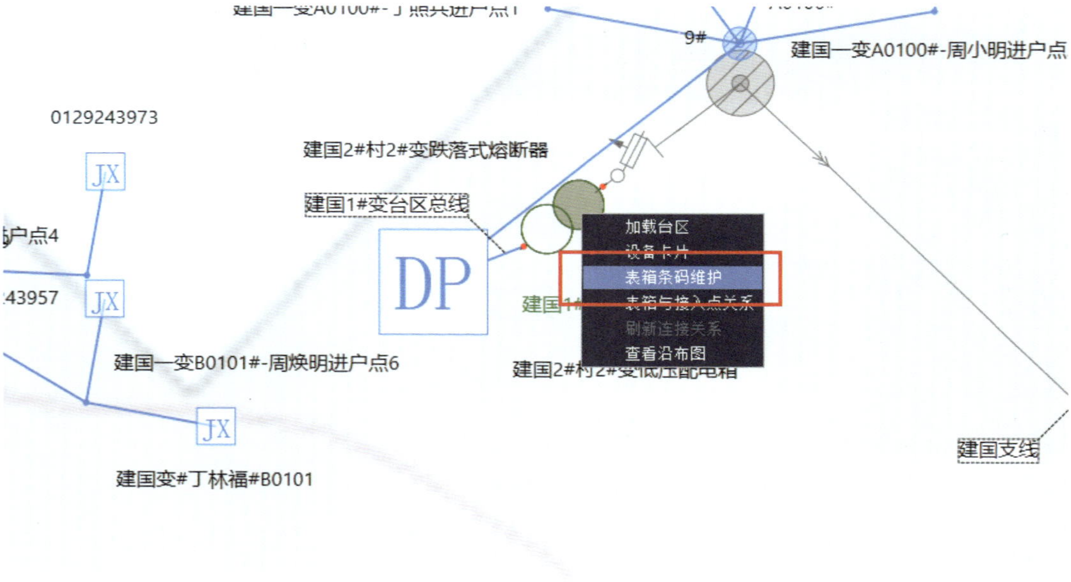

图6-234　台区表箱条码维护入口

5）右击营配对应，查询台区，查看方案变更类型。表箱条码信息展示如图6-235所示。

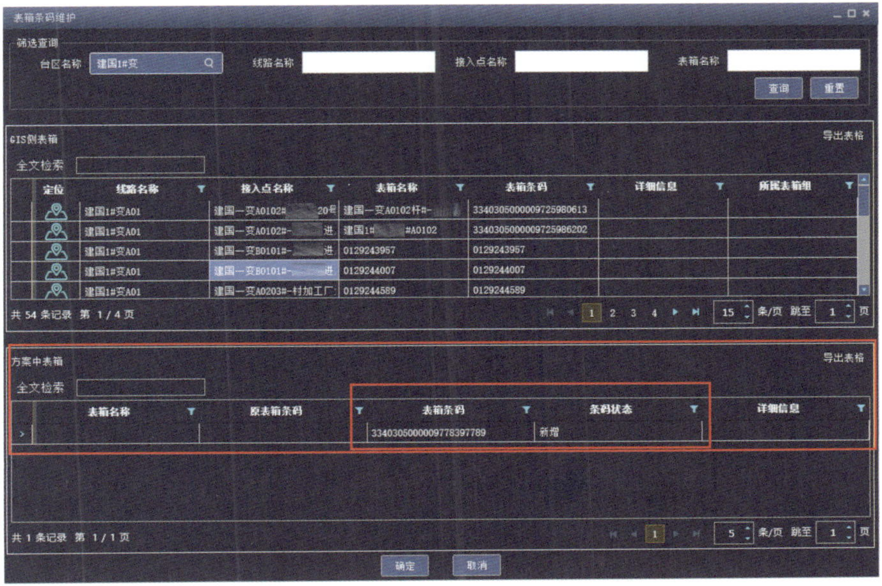

图6-235 表箱条码信息展示

6）根据变更类型进行对应操作，新增表箱，随后进行表箱条码维护，根据方案中信息填写方案中的表箱条码信息，完成对应。新建表箱条码维护入口如图6-236所示，新建表箱条码维护如图6-237所示。

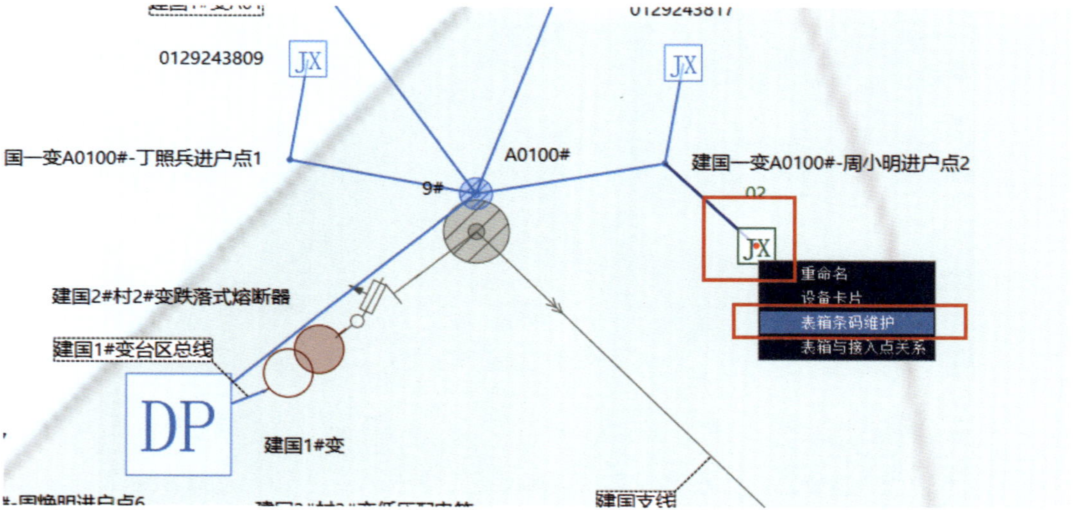

图6-236　新建表箱条码维护入口

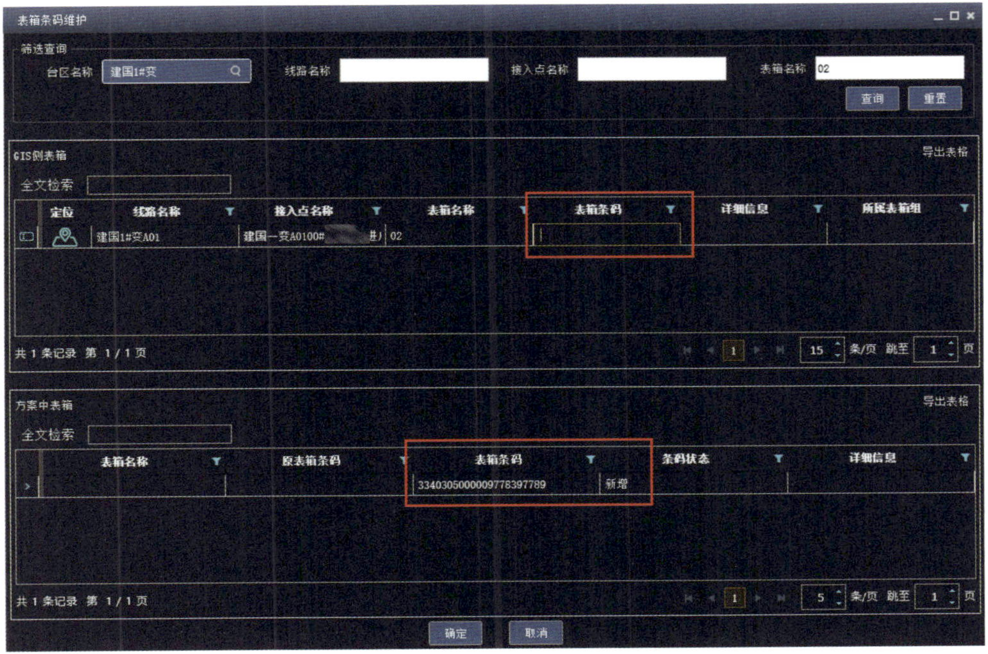

图6-237 新建表箱条码维护

7）保存提交，异动流程经审核后将归档完毕。

（二）营配分离模式

（1）中电压有配套工程：

1）进行检修计划任务来源维护时，检修计划需供服人员根据实际业务需求进行编辑检修计划，检修计划需关联带有营销方案的流程号，同时检修计划需处于发布状态，异动流程才可以关联检修计划完成创建并进行维护。

领取检修计划操作步骤：打开中电压套件—新增异动—选择类型“计划”—右下角选择“关联计划”—选择对应供服检修计划的班组点击查询计划—在查找出的计划前打钩，再点击【关联】（见图6-238）—下面菜单显示“已关联的计划”点击【确定】（见图6-239）—维护异动名称（见图6-240）—保存发送选择图形、台账维护人员—进入图形维护。

2）进入异动，打开左边任务树，定位电源信息，并加载馈线。定位电源点如图6-241所示。

3）领取的检修计划有相关工作内容，可以根据内容进行对应的图形维护，此计划是涉及高压新装。因为是营配分离模式所以运检及营销均需进行图形维护。先进行图形维护公用设备，比如馈线、支线等，维护完成再发送流程，最后再进行营销维护（图形）。

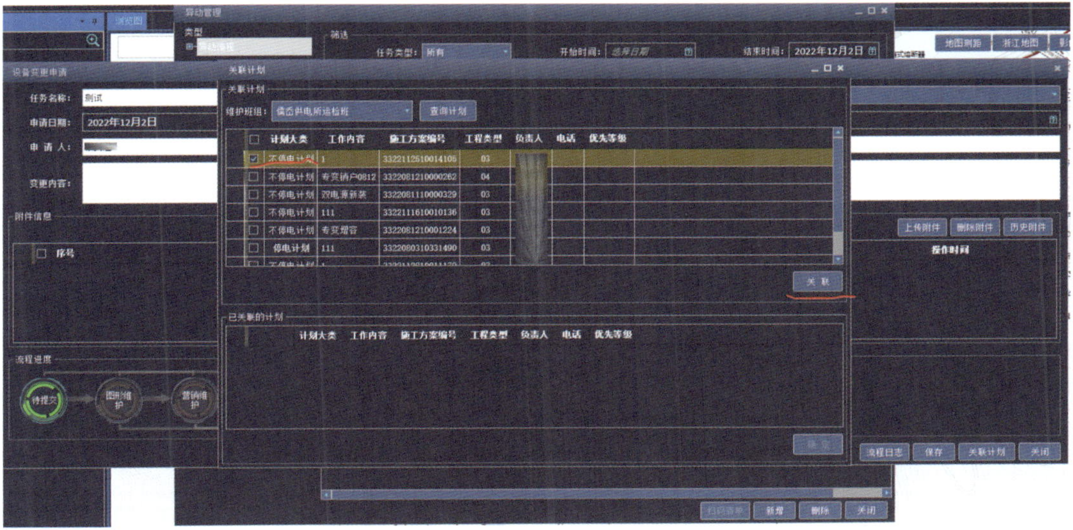

图6-238　待关联检修计划

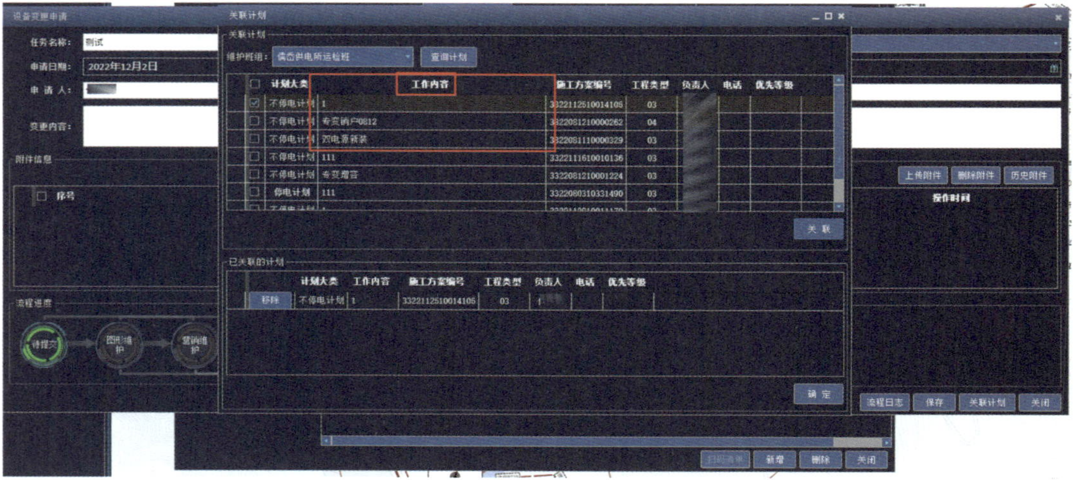

图6-239 选择关联检修计划

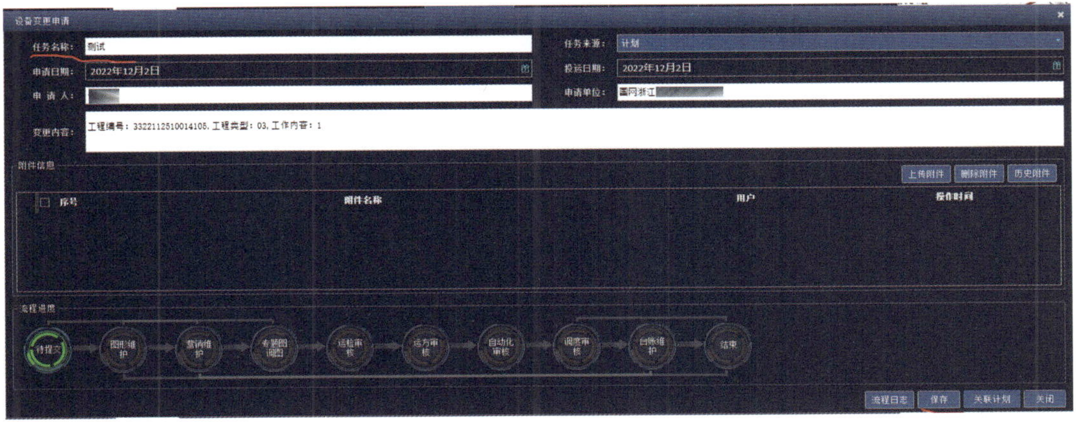

图6-240　异动信息维护

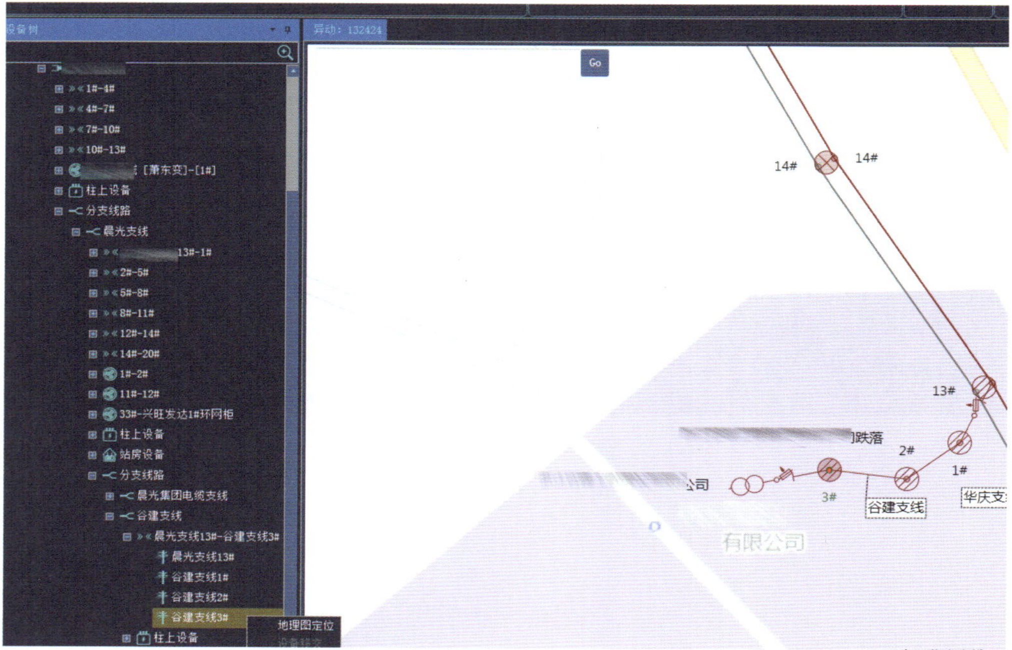
设备树
1#-4#
4#-7#
7#-10#
10#-13#
[萧东变]-[1#]
柱上设备
分支线路
晨光支线
13#-1#
2#-5#
5#-8#
8#-11#
12#-14#
14#-20#
1#-2#
11#-12#
33#-兴旺发达1#环网柜
柱上设备
站房设备
分支线路
晨光集团电缆支线
谷建支线
晨光支线13#-谷建支线3#
晨光支线13#
谷建支线1#
谷建支线2#
谷建支线3#
柱上设备
地理图定位
Go
14#
14#
13#
2#
1#
3#
谷建支线
有限公司

图6-241　定位电源点

4）营销图形也需要打开同源维护套件，可以进行手动打开套件找到相关异动流程进入图形端维护用户专用设备，或者从营销“空间拓扑维护”节点点击打开同源套件，此时也会自动打开对应的异动流程。因是高压新装的计划，系统变压器的使用性质默认是公用变压器，新装变压器需要修改变压器的使用性质为专用变压器。变压器使用性质维护如图6-242所示。

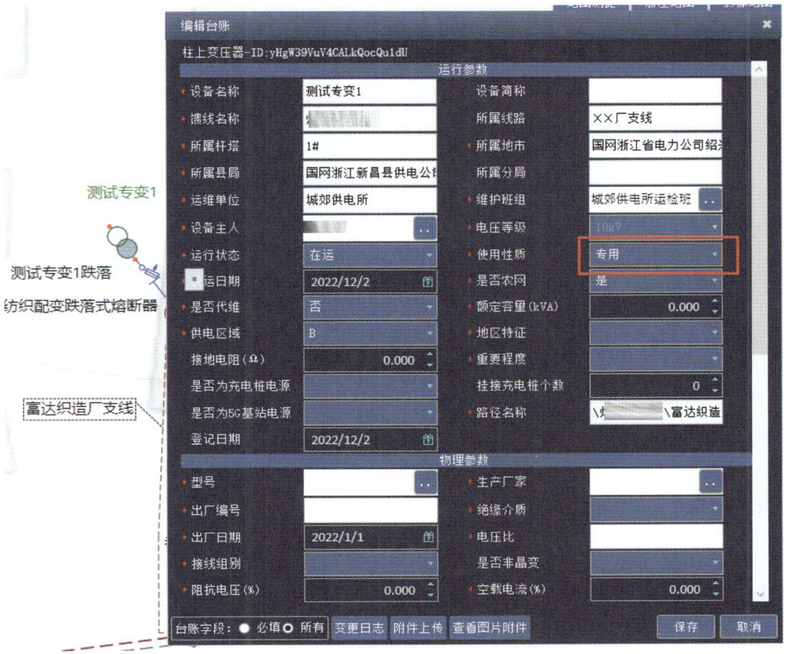

图6-242　变压器使用性质维护

5）进行营配对应，选择用户编号，并进行绑定。营配对应入口如图6-243所示，关联营销侧用户如图6-244所示，营销侧用户选择如图6-245所示，营配信息对应绑定如图6-246所示。

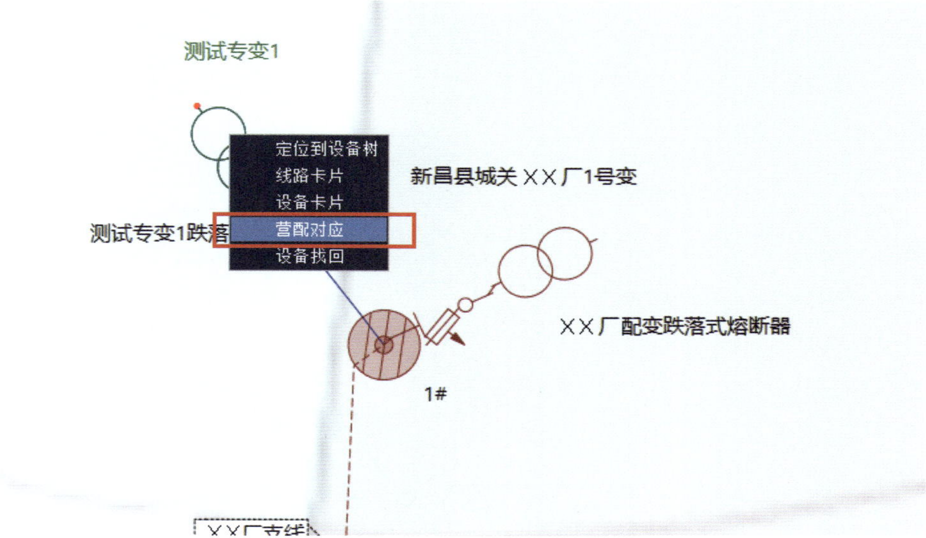

图6-243 营配对应入口

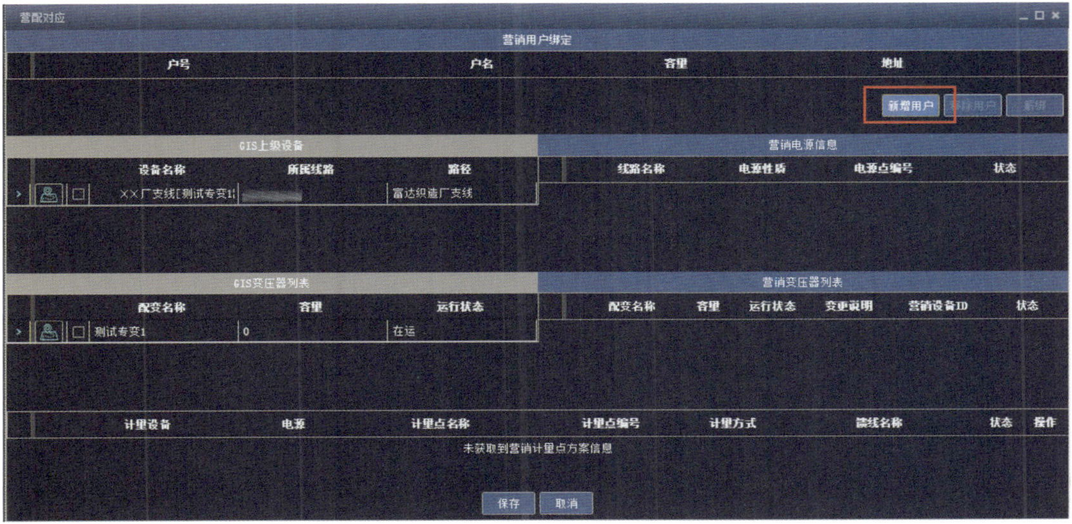

图6-244　关联营销侧用户

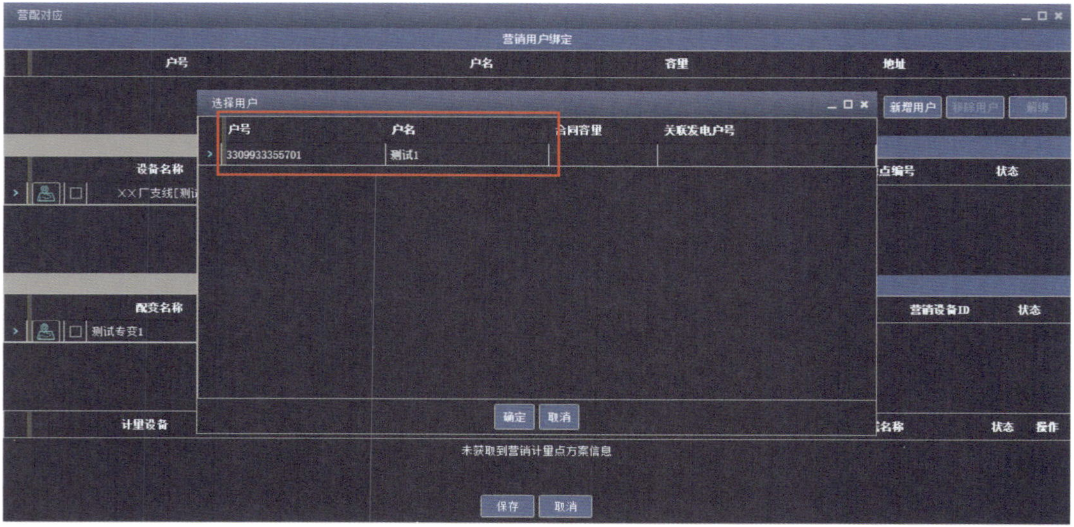

图6-245 营销侧用户选择

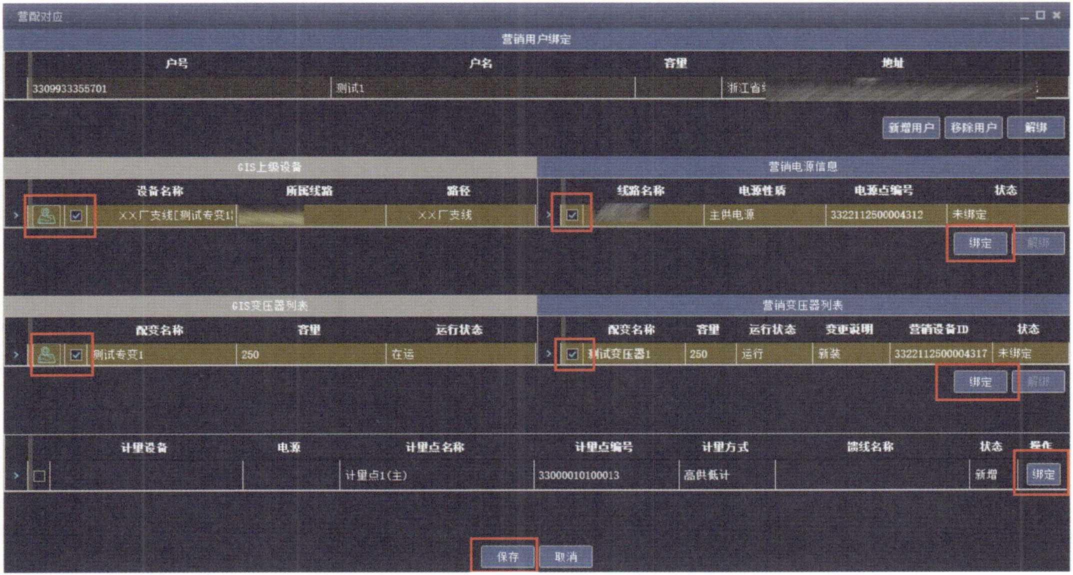

图6-246　营配信息对应绑定

6）维护台账，并提交异动，异动流程经审核后将归档完毕。

（2）中电压无配套工程：

1）无配套工程的此时系统自动创建异动、关联检修计划：①营销将方案信息推送中台后；②供服完成检修计划的编辑与发布。

2）此时营销人员打开套件维护的有两种路径：第一种办法是手动打开套件找到异动进入维护用户专用设备；第二种是从营销“空间拓扑维护”节点点击打开同源套件，此时会自动打开对应的异动。因是高压新装的计划，系统变压器的使用性质默认是公用变压器，新装变压器需要修改变压器的使用性质为专用变压器。变压器使用性质维护如图6-247所示。

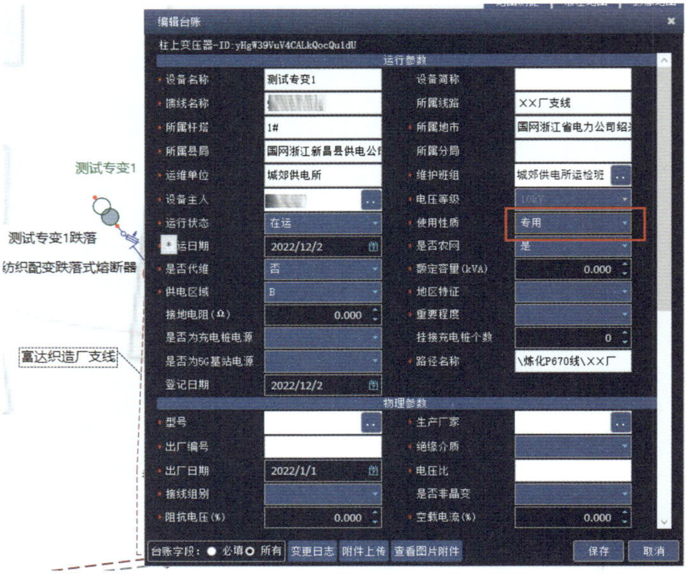

图6-247　变压器使用性质维护

3）进行营配对应，选择用户编号，并进行绑定。营配对应入口如图6-248所示，关联营销侧用户如图6-249所示，营销侧用户选择如图6-250所示，营配信息对应绑定如图6-251所示。

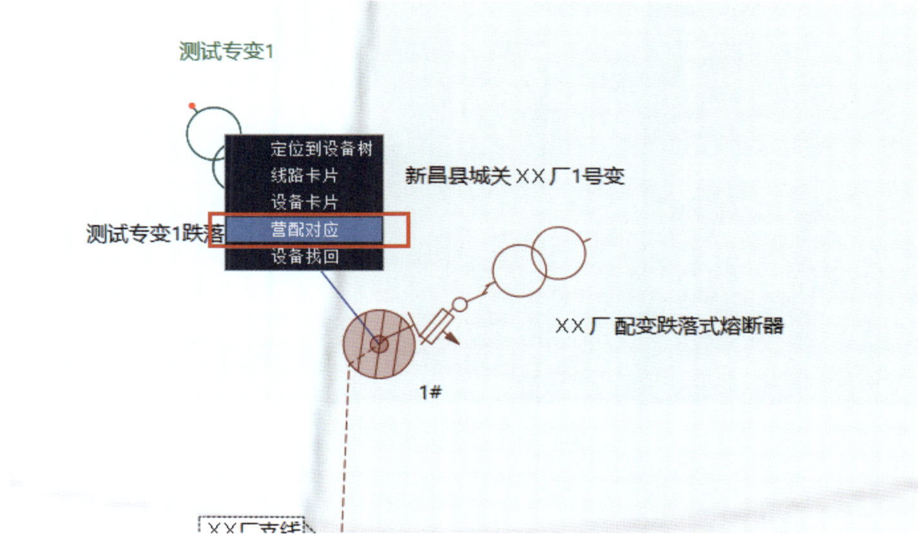

图6-248 营配对应入口

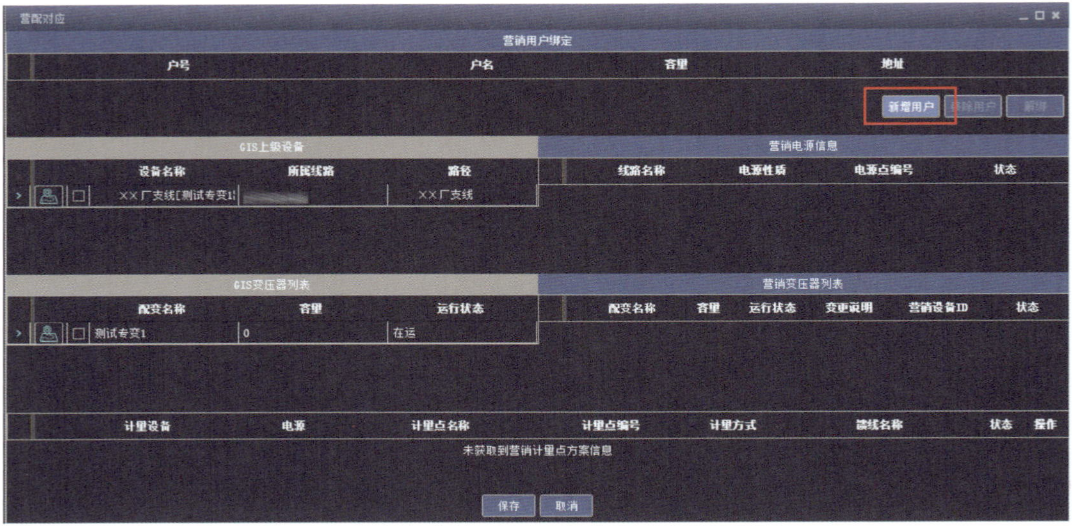

图6-249　关联营销侧用户

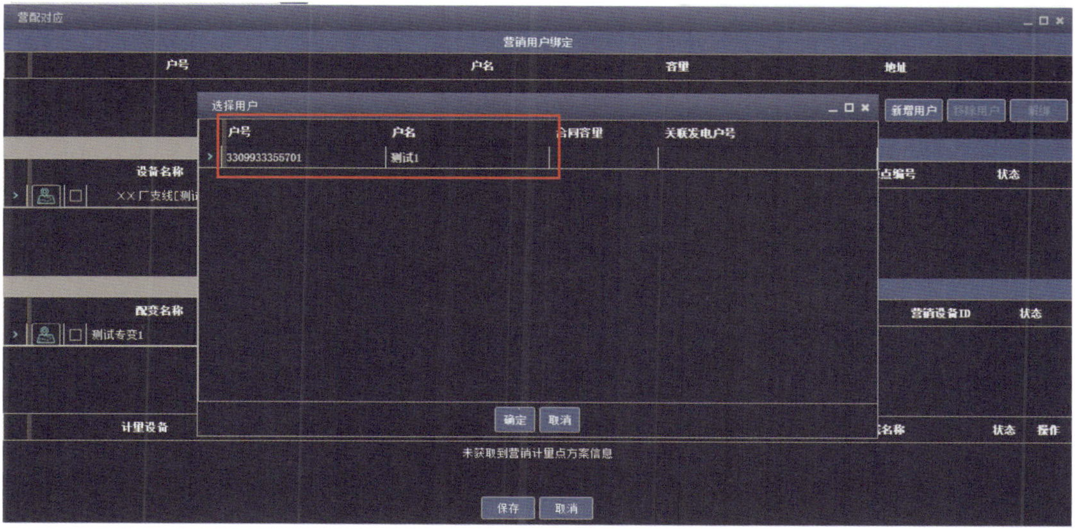

图6-250 营销侧用户选择

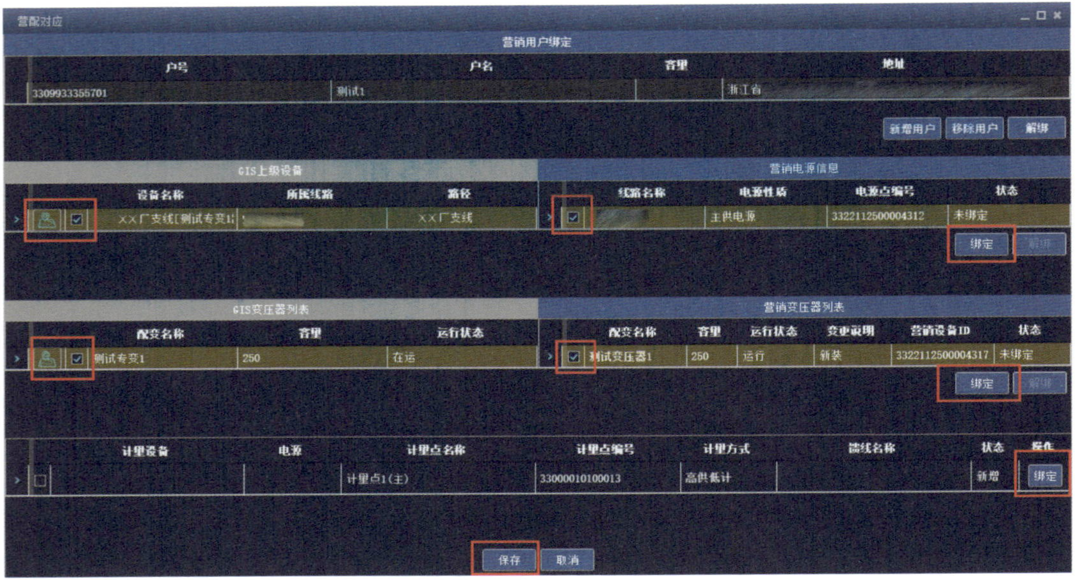

图6-251 营配信息对应绑定

4）维护台账，并提交异动，异动流程经审核后将归档完毕。

（3）电压有配套工程：

1）低电压与之前流程一致，在低电压同源维护套件创建“营配”类型异动。异动类型选择如图6-252所示。

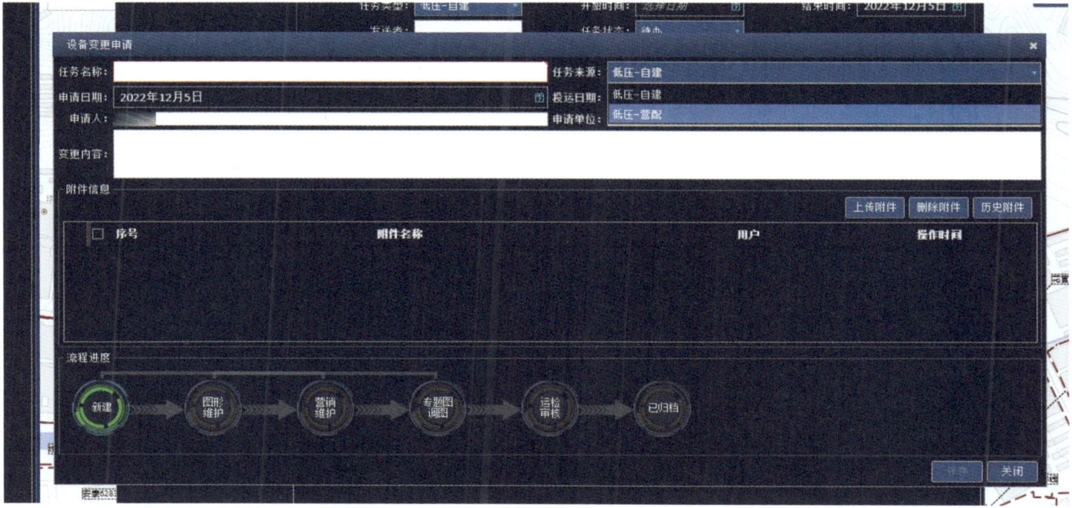

图6-252 异动类型选择

2）进入图形维护，领取营配任务。营配任务领取入口如图6-253所示，营配任务领取列表如图6-254所示。

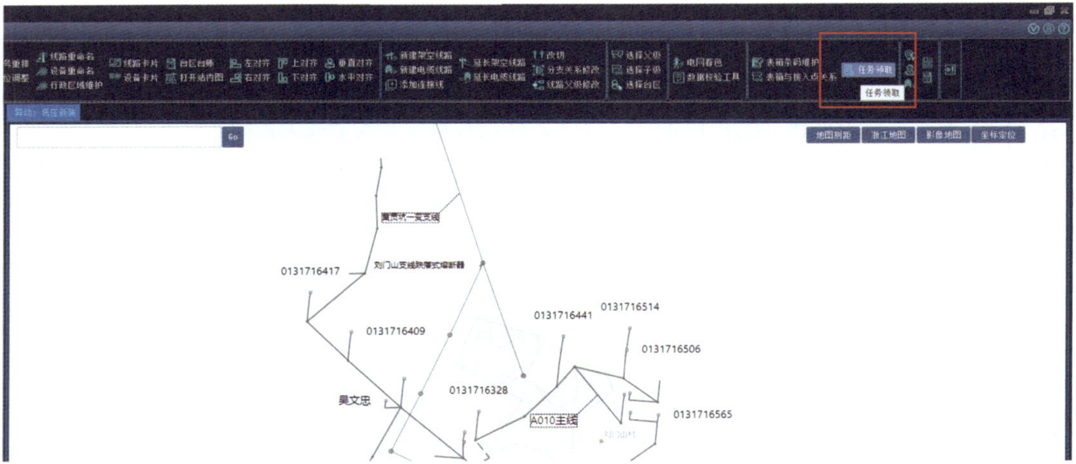

图6-253　营配任务领取入口

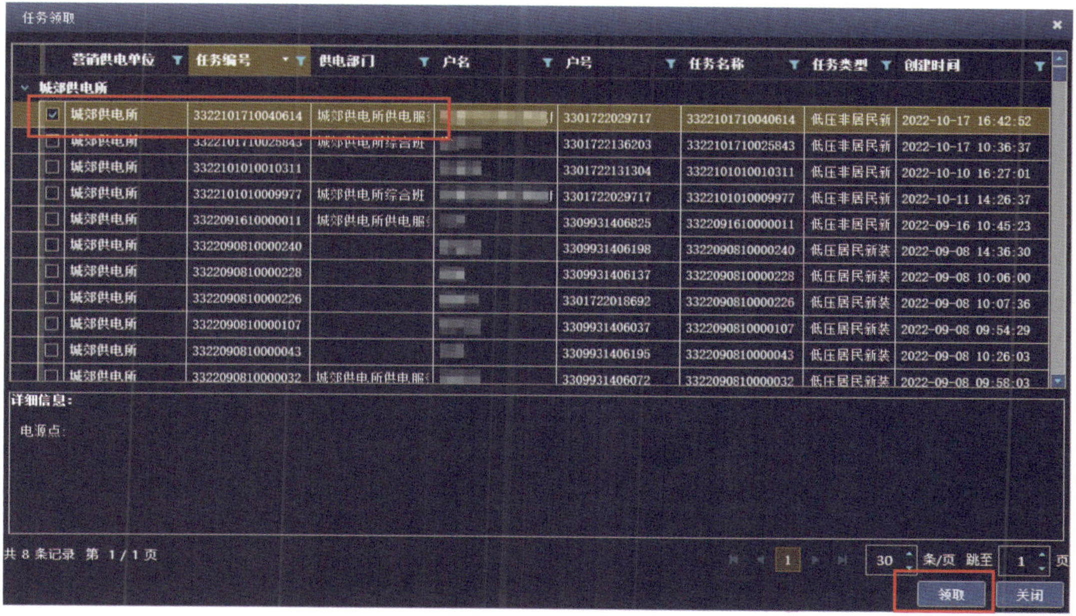

图6-254 营配任务领取列表

3）打开左边的任务树，双击变压器ID，定位到地理图的变压器。电源点变压器定位如图6-255所示。

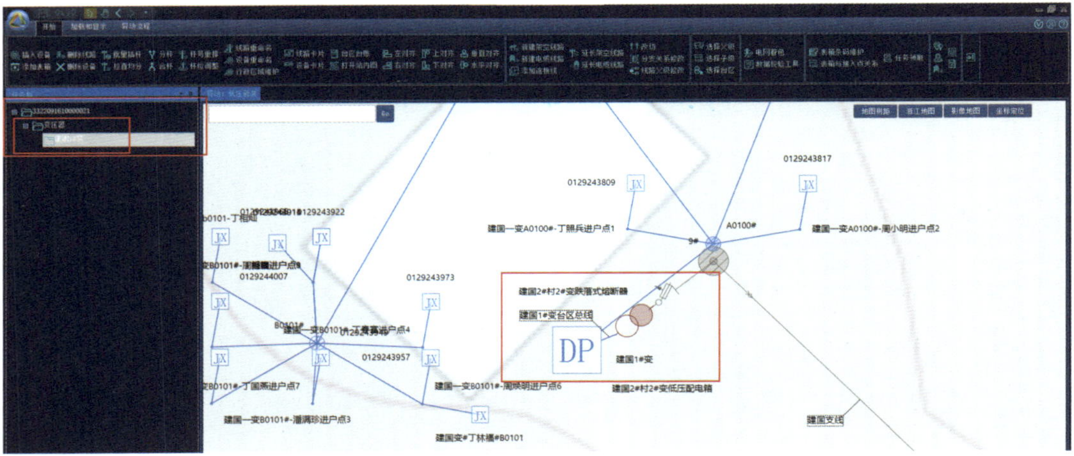

图6-255　电源点变压器定位

4）加载台区，进行表箱条码维护。台区表箱条码维护入口如图6-256所示。

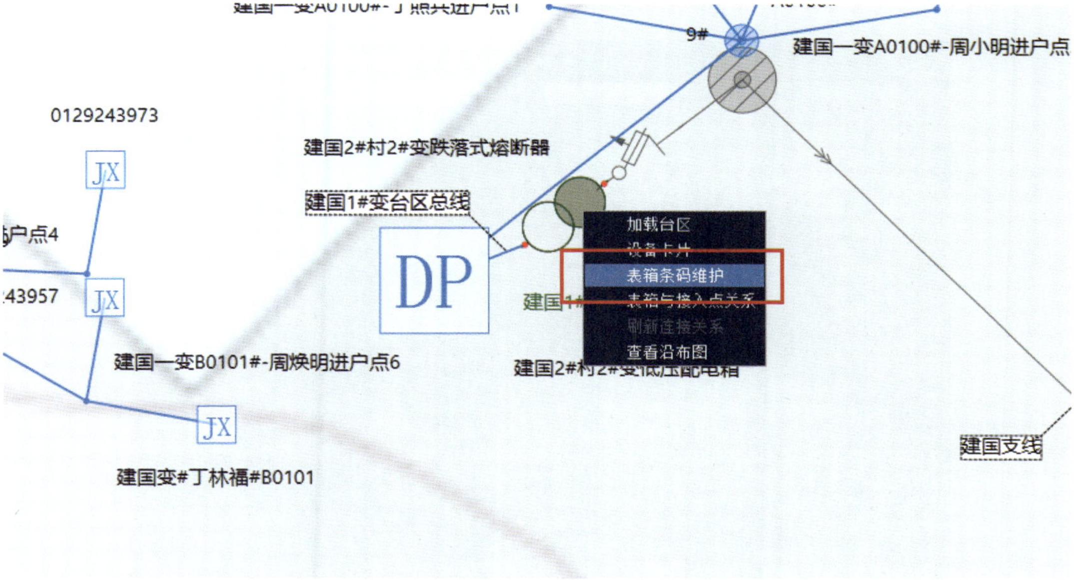

图6-256　台区表箱条码维护入口

5）右击【表箱条码维护】，选择对应台区名称，并进行查询，查看方案中表箱信息。表箱条码信息展示如图6-257所示。

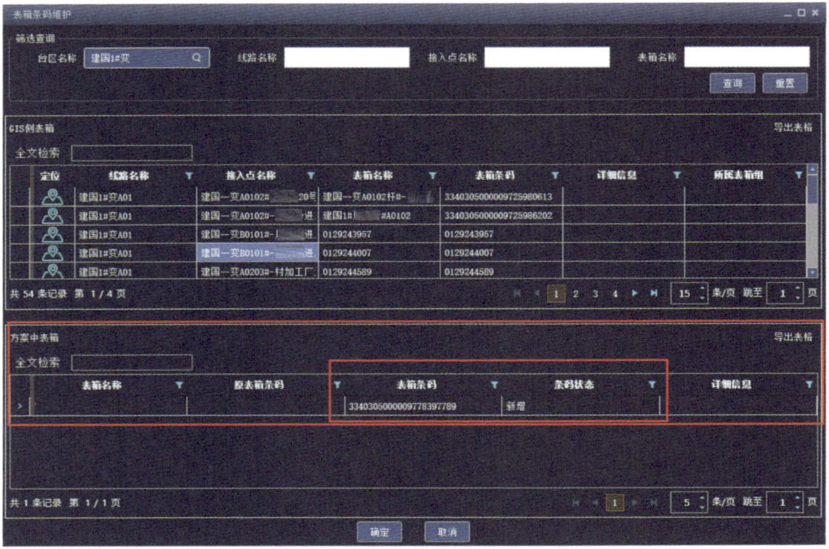

图6-257 表箱条码信息展示

6）根据变更类型进行对应操作，此方案是新增，此分离模式有配套工程的，需运检及营销同时进行图形维护。先进行公用设备图形维护，可以根据实际需求画低电压台区、低电压线路、接入点等信息，完成维护后再发送给营销进行维护。

7）新增表箱，随后进行表箱条码维护，根据方案中表箱条码信息填写GIS侧表箱条码信息，完成对应。新建表箱条码维护如图6-258所示。

8）保存提交，流程经审核后将归档完毕。

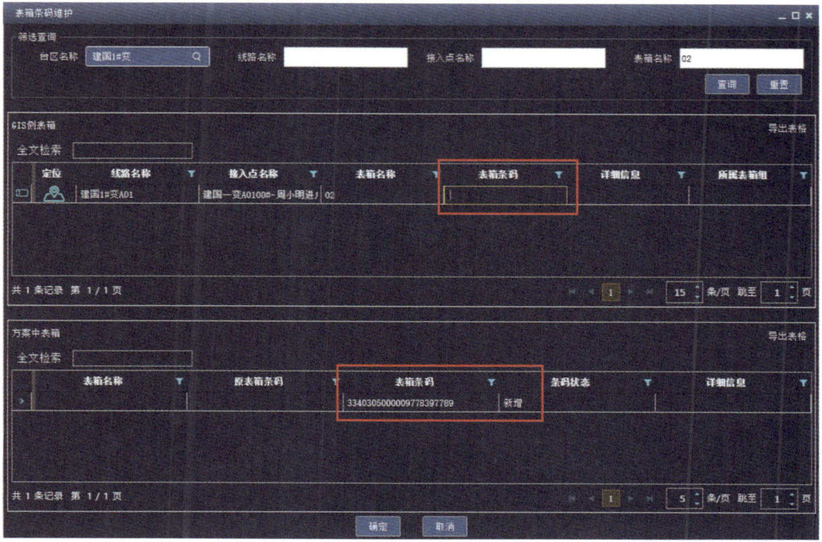

图6-258 新建表箱条码维护

（4）低电压无配套工程：

1）无配套工程的此时系统自动创建异动（营配）：营销维护图形需要打开同源维护套件：第一种办法是手动打开套件找到异动进入维护用户专用设备；第二种是从营销“空间拓扑维护”节点点击打开同源套件，此时会自动打开对应的异动，此方案是新增表箱，对应新增表箱即可新增表箱，随后进行表箱条码维护，根据方案中信息填写方案中的表箱条码信息，完成对应。新建表箱条码维护入口如图6-259所示，新建表箱条码维护如图6-260所示。

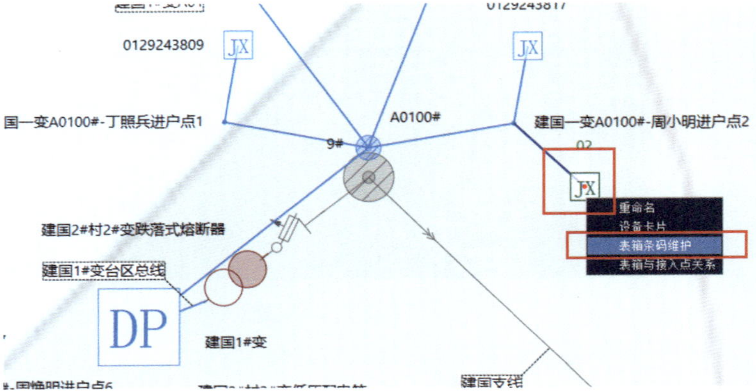

图6-259　新建表箱条码维护入口

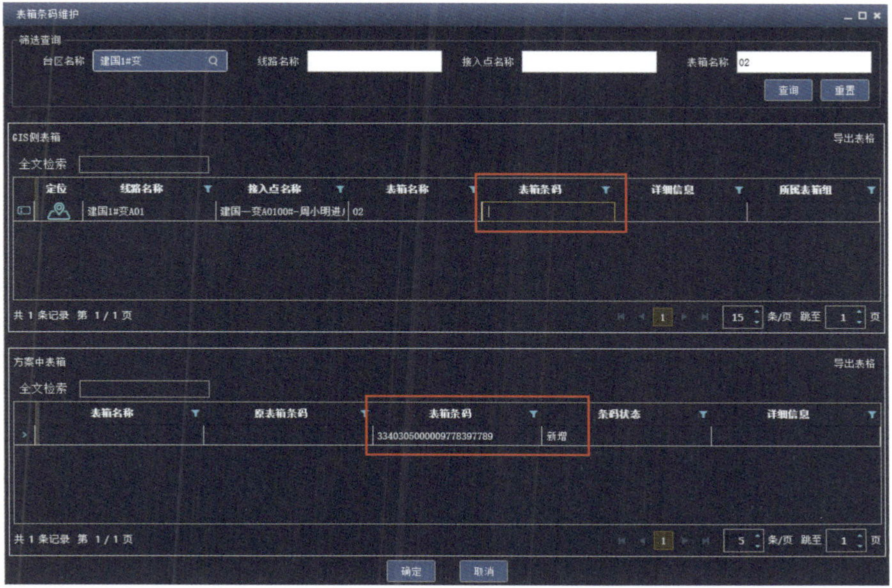

图6-260 新建表箱条码维护

2）保存提交，流程经审核后将归档完毕。

第七章　专题图

一　专题图浏览

（1）登录同源套件网址：http://pwsqzz-tywh.zj.sgcc.com.cn/PWSQZZ/#/login，输入登录账户及登录密码，用户登录成功后，系统会根据用户账号权限范围，加载相应地市电网数据；点击【导航—专题图管理—专题图浏览】。专题图浏览（一）如图7-1所示。

图7-1　专题图浏览（一）

（2）进入“专题图浏览”界面。专题图浏览（二）如图7-2所示。

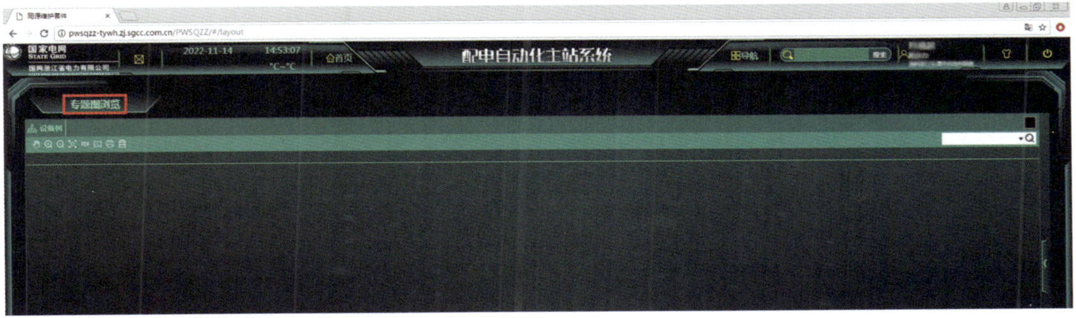

图7-2　专题图浏览（二）

二 专题图编辑

（1）登录同源套件网址：http://pwsqzz-tywh.zj.sgcc.com.cn/PWSQZZ/#/login，输入登录账户及登录密码，用户登录成功后，通过右上角“新增”界面创建“专题图调图流程”。专题图调图流程（一）如图7-3所示。

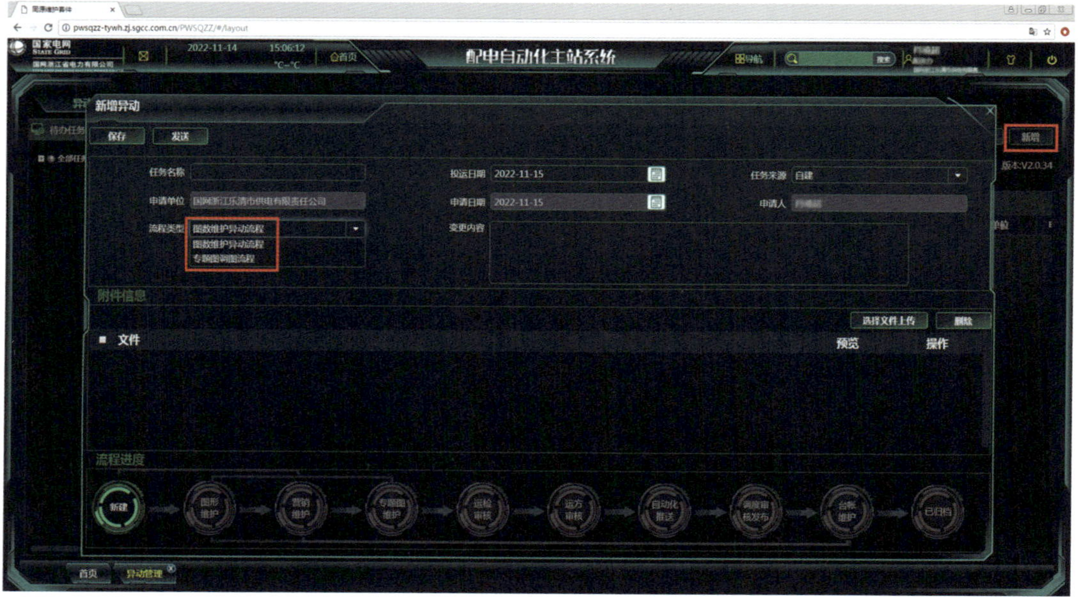

图7-3　专题图调图流程（一）

（2）创建任务名称：例“××公司××供电所××线路调图任务”，流程类型为“专题图调图流程”，变更内容：例“××线路专题图调图”。专题图调图流程（二）如图7-4所示。

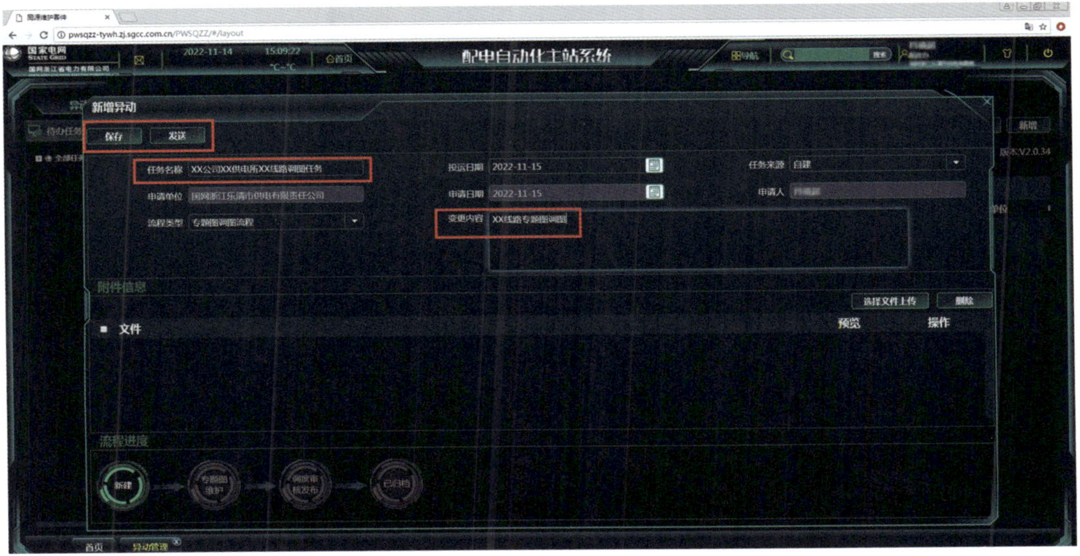

图7-4　专题图调图流程（二）

（3）点击【保存】—【发送】至专题调图人员。专题图调图流程（三）如图7-5所示。

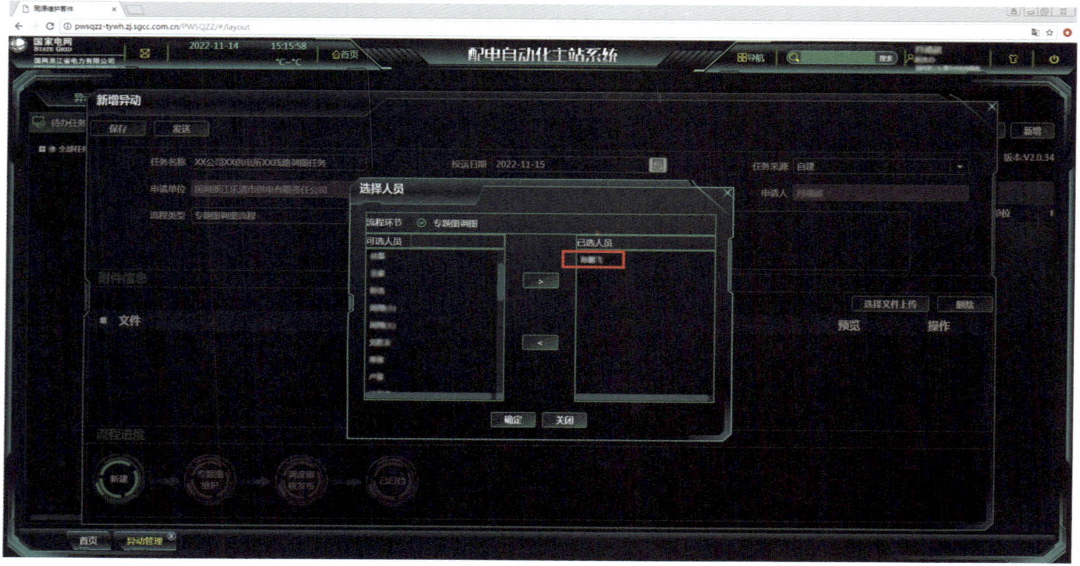

图7-5 专题图调图流程（三）

（4）登录相应专题图调图人员账户，在“导航—专题图管理—异动管理”，找到相应的异动流程。专题图调图流程（四）如图7-6所示。

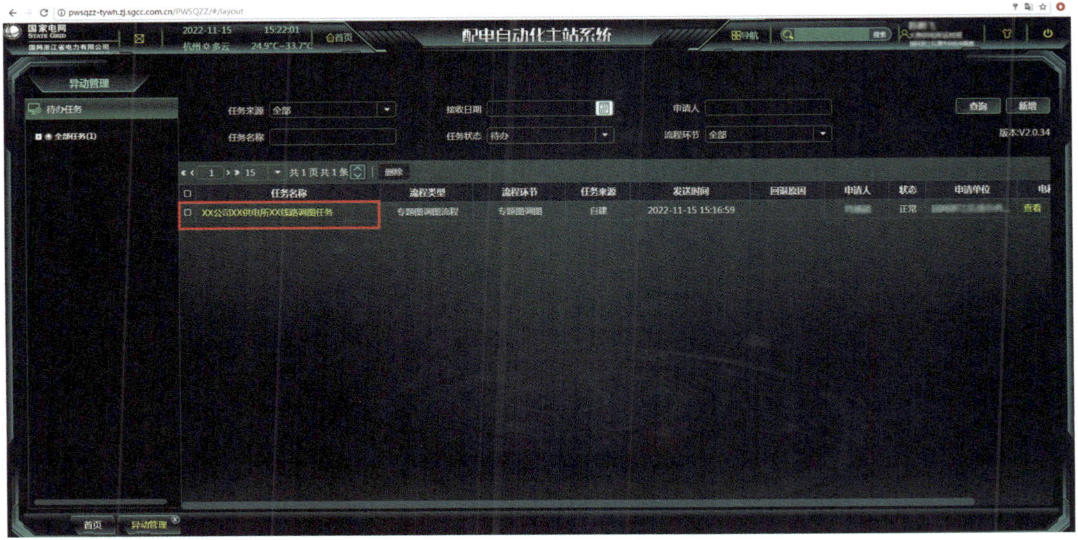

图7-6　专题图调图流程（四）

（5）点击任务名称，进行“专题图维护”。专题图调图流程（五）如图7-7所示。

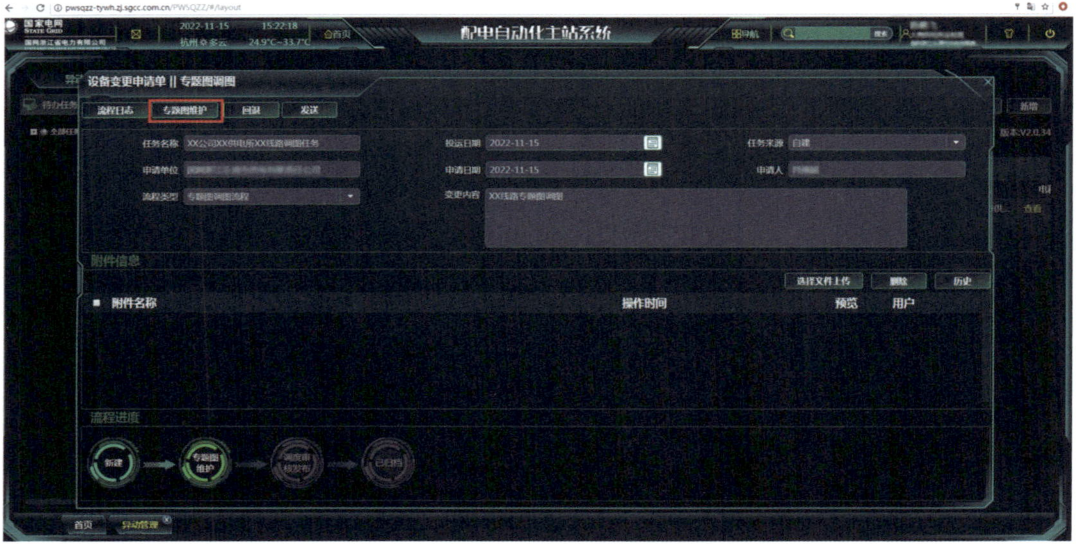

图7-7 专题图调图流程（五）

（6）进入后点击【新增】进入“专题图编辑”界面。专题图调图流程（六）如图7-8所示。

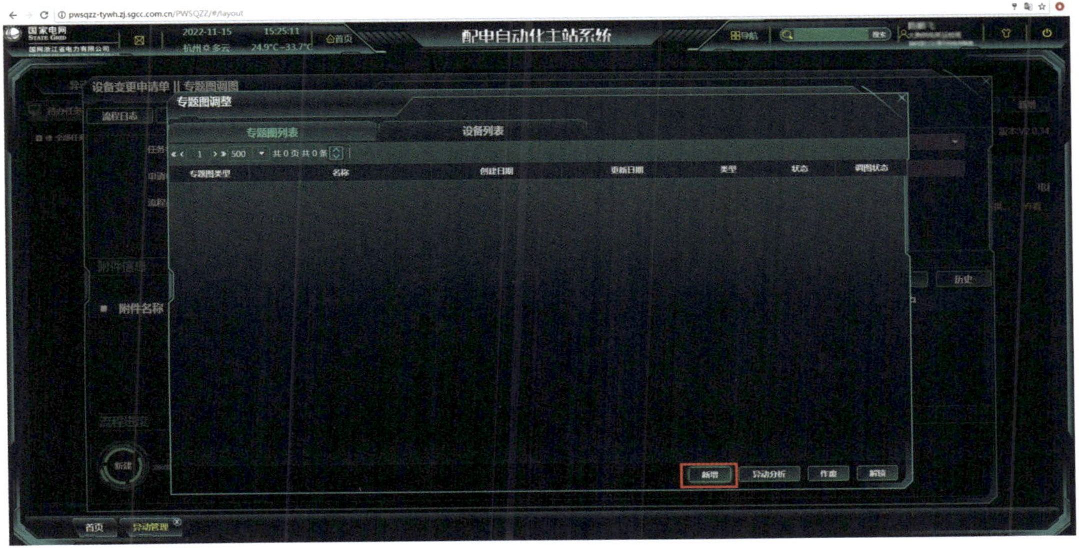

图7-8 专题图调图流程（六）

（7）专题图调图流程（七）如图7-9所示，包括设备树、拆分成图（单线图）、任务详情、成图配置、基本调图功能、线路调整、站内编辑、标注管理及输出与打印。

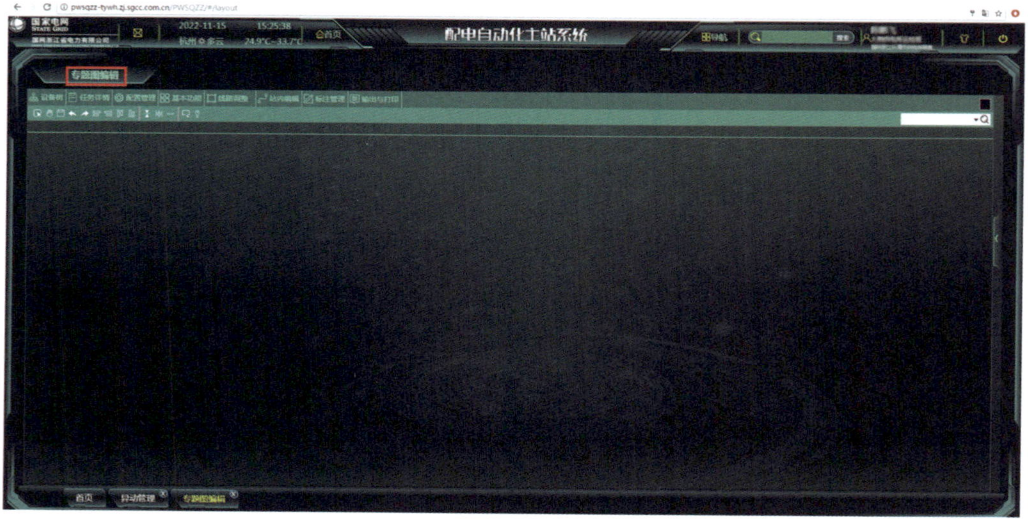

图7-9 专题图调图流程（七）

调图功能区，第一行显示功能分类，点击下拉显示详细功能项，勾选复选框可将图标显示到第二行；第二行为功能图标，系统默认显示部分通用调图功能图标，其他功能用户可自行选择是否显示图标，用户选中的图标默认本地保存。

调图功能区，第一行显示功能分类，点击下拉显示详细功能项，可直接选择功能使用，或者勾选复选框确定是否在第二行以图标显示；显示在第二行的功能项不需要显示文字说明，鼠标悬停时显示文字说明；第二行的功能图标分为固定项和可选项，基本功能为固定项。

（8）专题图调整完成后发送至“调度审核发布”并归档。专题图调图流程（八）如图7-10所示。

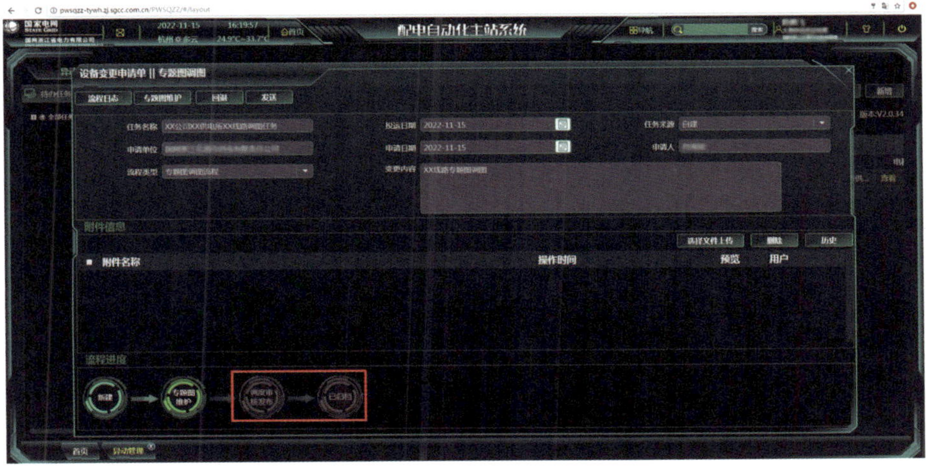

图7-10　专题图调图流程（八）

三 县供电公司成图配置

登录同源套件网址：http://pwsqzz-tywh.zj.sgcc.com.cn/PWSQZZ/#/login，输入登录账户及登录密码，用户登录成功后，系统会根据用户账号权限范围，加载相应地市电网数据；点击【导航—专题图管理—县供电公司成图配置】。县供电公司成图配置（一）如图7-11所示。

图7-11　县供电公司成图配置（一）

新增专题图类型选择，通过这个配置功能，各县供电公司可根据自身需求，选择推送单线图时，推送站内图还是站室图，站内图有两种推送方式，全部配电房推送或者仅推送带有调度开关的配电房，其他成图类型可以根据各县供电公司自身需求进行勾选配置。县供电公司成图配置（二）如图7-12所示。

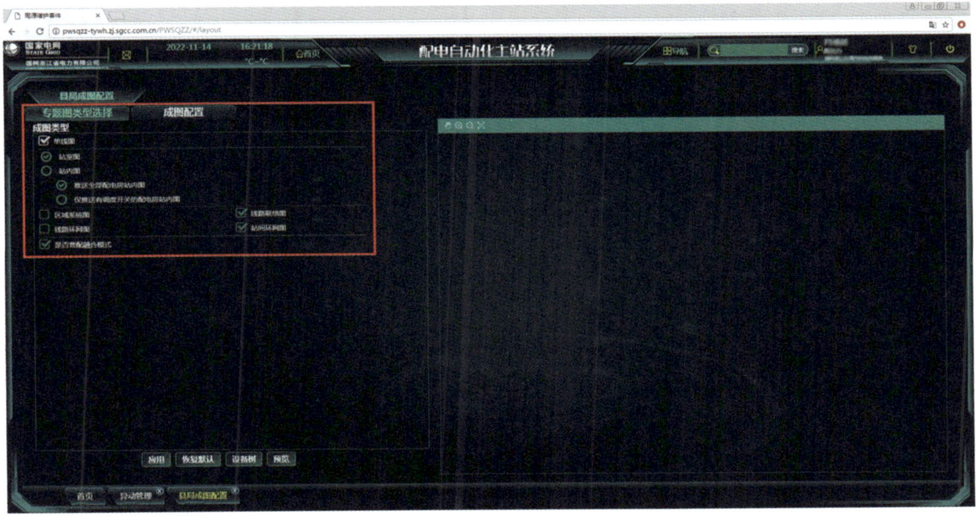

图7-12　县供电公司成图配置（二）

（1）单线图成图配置。单线图成图配置根据县供电公司调度要求统一进行配置。单线图成图配置如图7-13所示。

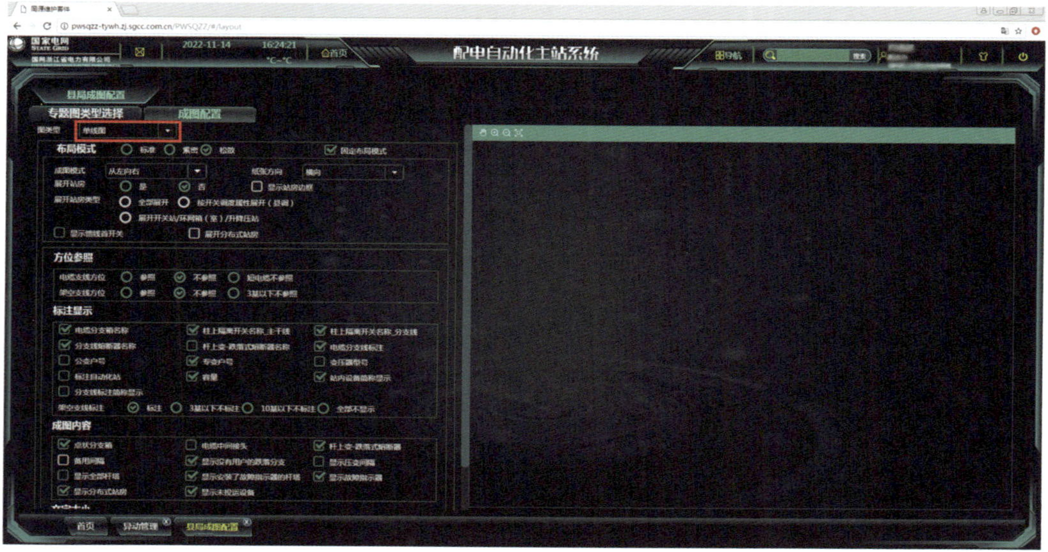

图7-13　单线图成图配置

（2）站室图（修改）。站室图（修改）根据成图新需求，其中新增中心站房全图模式勾选后默认系统勾选中心站房间隔一致、中心站房压变压器/所用变压器、中心站房的接地刀闸成图、中心站房的备用间隔成图四项成图条件。成图模式取消一级、多级，只保留双投模式。站室图成图配置如图7-14所示。

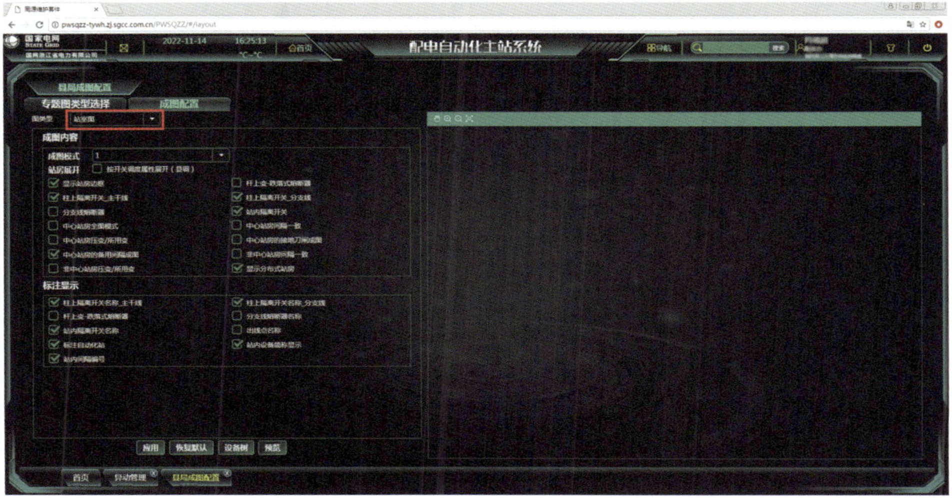

图7-14　站室图成图配置

（3）系统图。系统图包括系统新增颜色配置测量配置，母线方向配置。系统图成图配置（一）如图7-15所示，系统图成图配置（二）如图7-16所示。

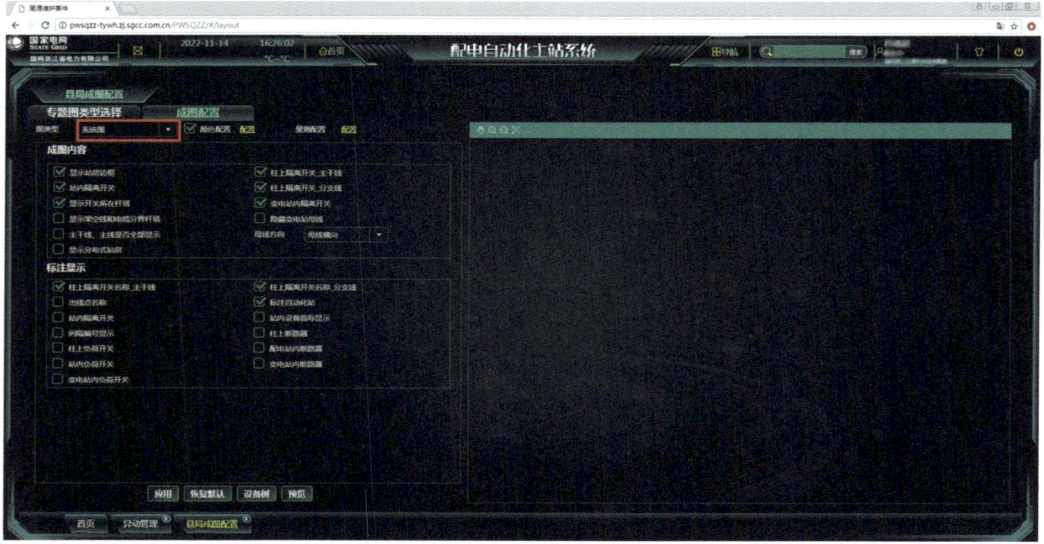

图7-15　系统图成图配置（一）

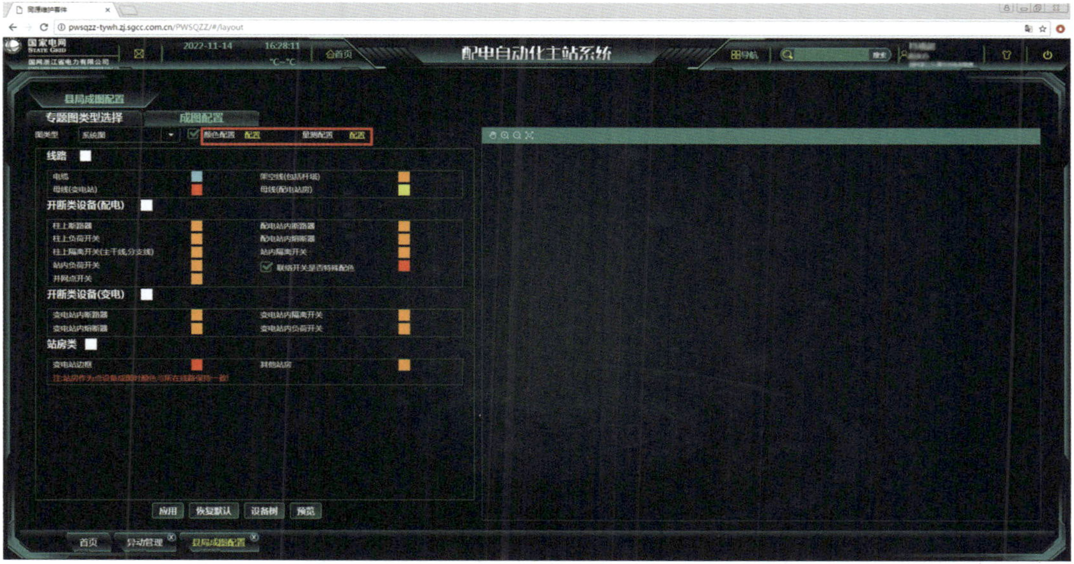

图7-16 系统图成图配置（二）

（4）站间环网图。站间环网图根据县供电公司调度要求统一进行配置。站间环网图成图配置如图7-17所示。

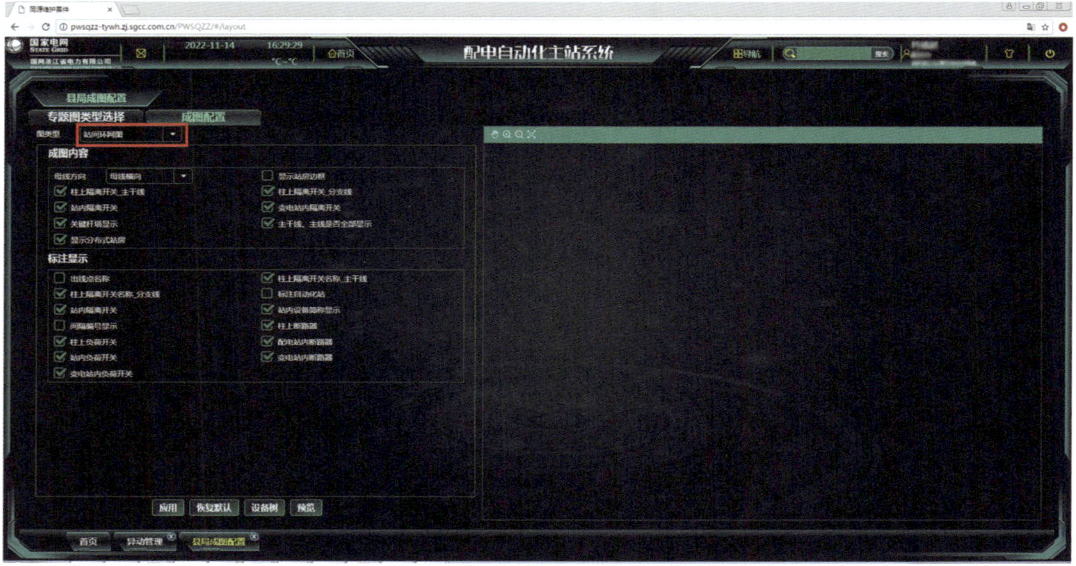

图7-17　站间环网图成图配置

（5）环网图/联络图。环网图/联络图根据县供电公司调度要求统一进行配置。环网图/联络图成图配置如图7-18所示。

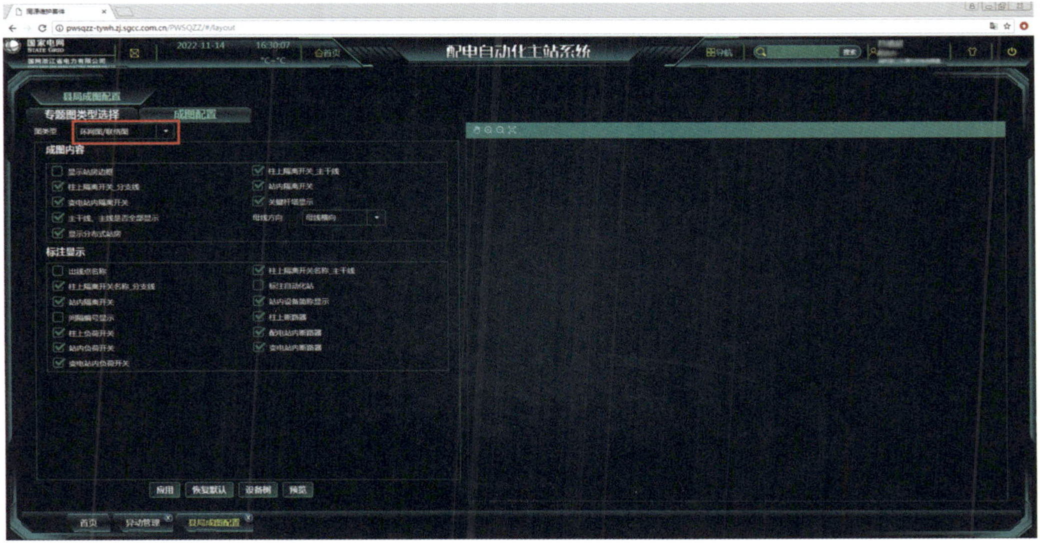

图7-18　环网图/联络图成图配置

四 图形输出及打印

登录同源套件网址：http://pwsqzz-tywh.zj.sgcc.com.cn/PWSQZZ/#/login，输入登录账户及登录密码，用户登录成功后，系统会根据用户账号权限范围，加载相应县供电公司数据；点击【导航】—【专题图管理】—【专题图浏览】，在浏览模式中，点击【批量打印】按钮，可以通过设备树查询，批量浏览和打印，图形输出及打印（一）如图7-19所示。

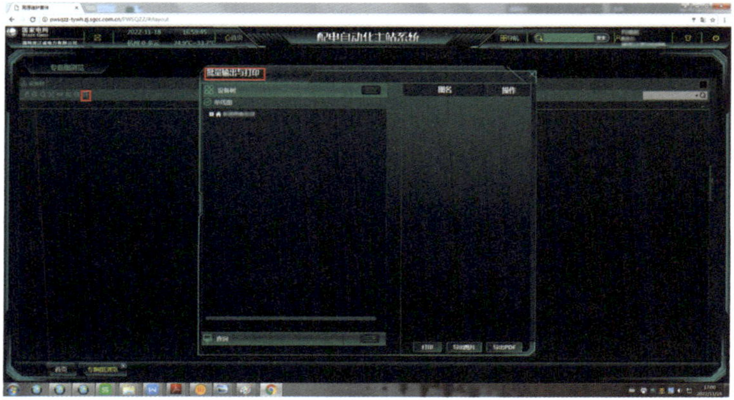

图7-19　图形输出及打印（一）

（一）打开专题图

（1）点击【图形树】，可选择展开单线图、站室图、线路环网图、系统图、台区图形树；选择需要打开的数据节点，可以通过左键双击，右键点击打开专题图，可以在任意专题图分类下通过右键点击单位名称打开变电站索引图，也可右键点击线路打开对应的单线图与环网图。图形输出及打印（二）如图7-20所示。

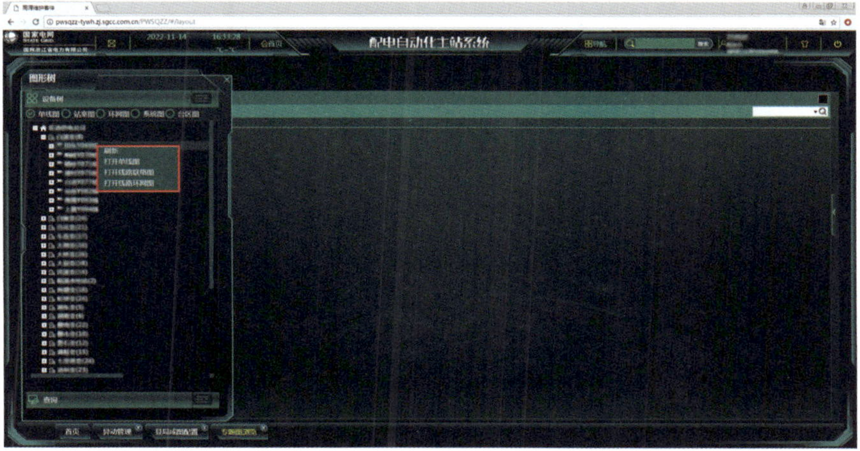

图7-20 图形输出及打印（二）

（2）对于系统中未成过的图的单线图，打开时会弹出“成图前配置”窗口，选择完配置选项后，点击【应用】。图形输出及打印（三）如图7-21所示。

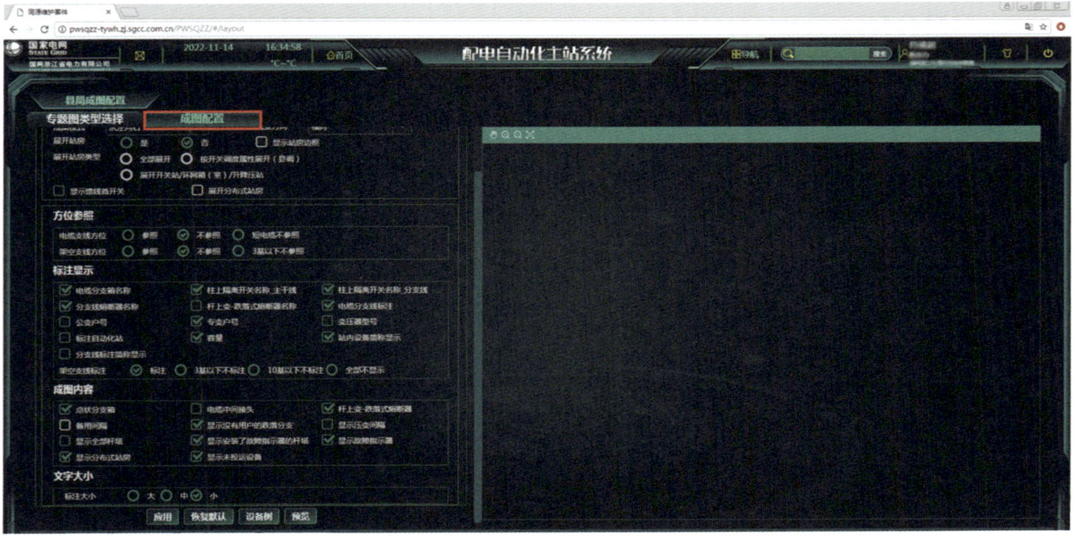

图7-21 图形输出及打印（三）

（二）跳转类型

（1）站间联络图中，可以通过左键双击线路名称跳转至对应的单线图，右键点击线路名称跳转至环网图，左键双击供电区域跳转至对应的区域系统图。图形输出及打印（四）如图7-22所示。

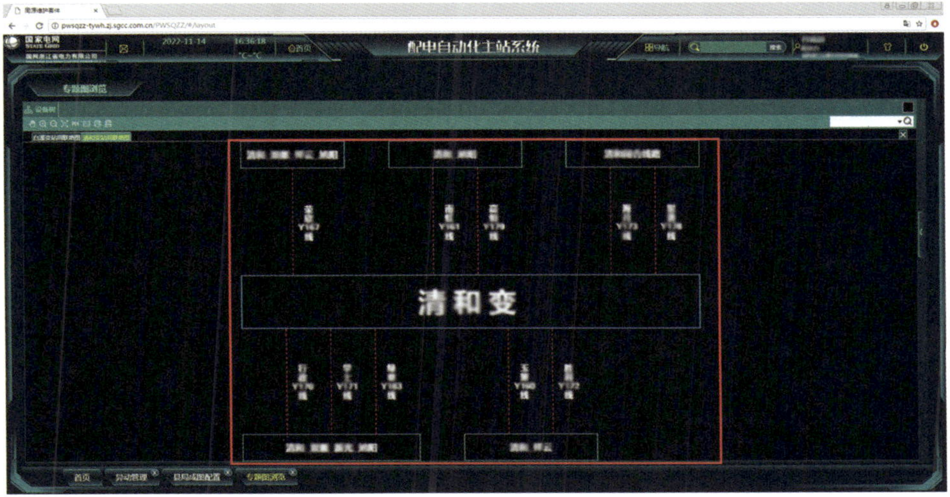

图7-22　图形输出及打印（四）

（2）可以通过查询功能，对单位、资源类型筛选，搜索名称查找并打开对应的专题图。

（3）单线图中也可以进行单点右键跳转到对应开关站或者开关站。

（三）打印专题图

（1）点击工具栏中的【打印】按钮进行专题图打印，图形输出及打印（五）如图7-23所示。

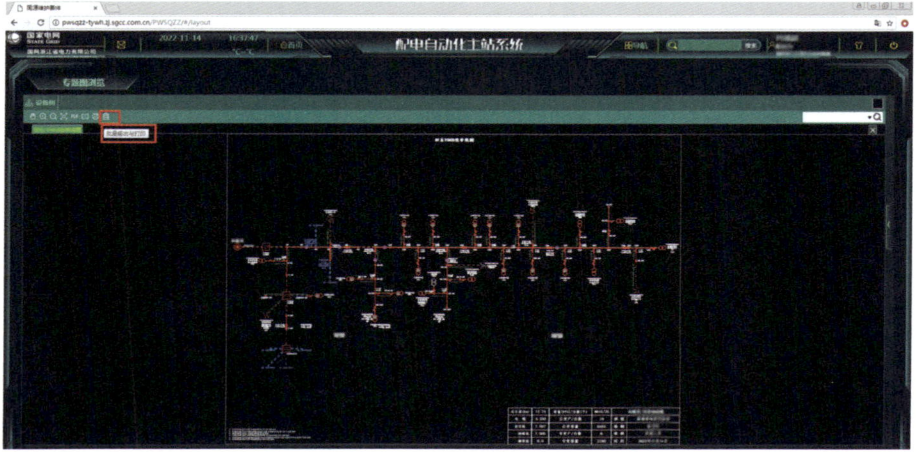

图7-23　图形输出及打印（五）

（2）单线图没有拆分成图时，只有一张总图，点击图形右上角【打印】标志，进入打印设置，设置完后打印，如果存在分图，分图打印操作与总图一致，需单张打印。图形输出及打印（六）如图7-24所示。

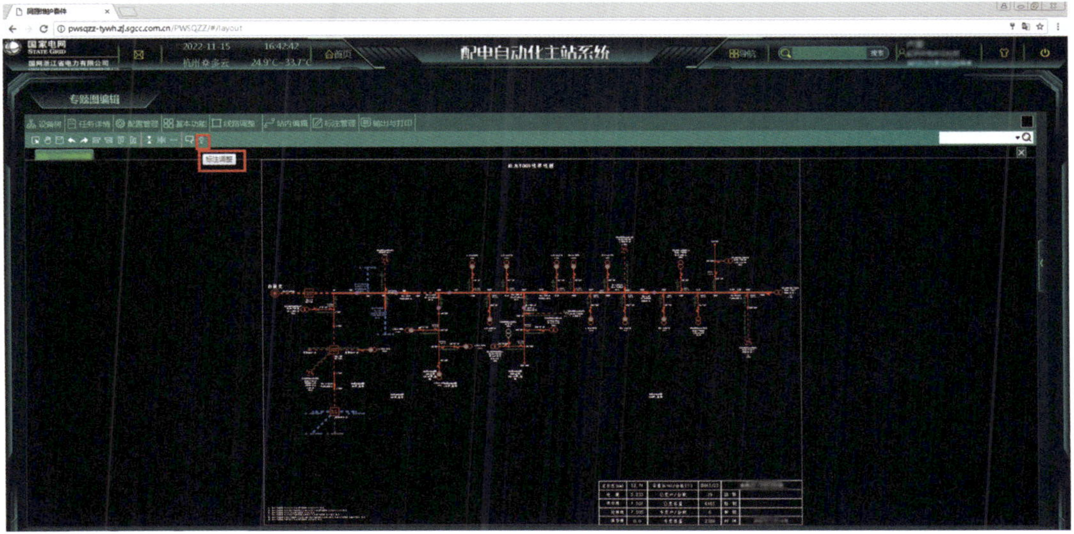

图7-24 图形输出及打印（六）

第八章　移动端应用

（一）“i国网”巡视计划

（1）进入同源套件网址：https://pms-prod.zj.sgcc.com.cn/PMS3/#/layout，输入登录账户及登录密码，用户登录成功后，系统会根据用户账号权限范围，加载相应地市电网数据；点击供电服务指挥系统，进入供电服务指挥系统界面。新一代设备资产精益管理系统（PMS3.0）如图8-1所示，供电服务指挥系统如图8-2所示。

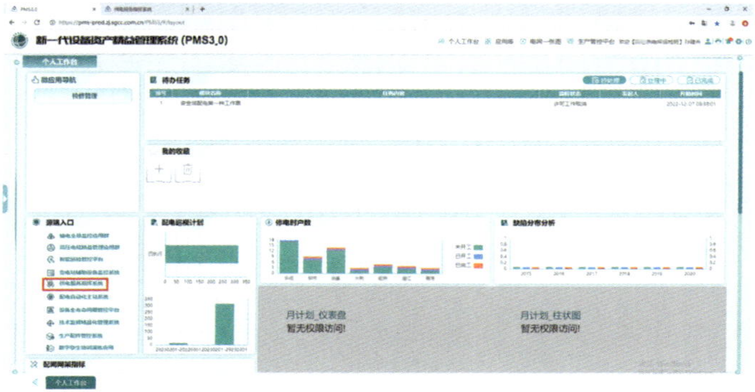

图8-1　新一代设备资产精益管理系统（PMS3.0）

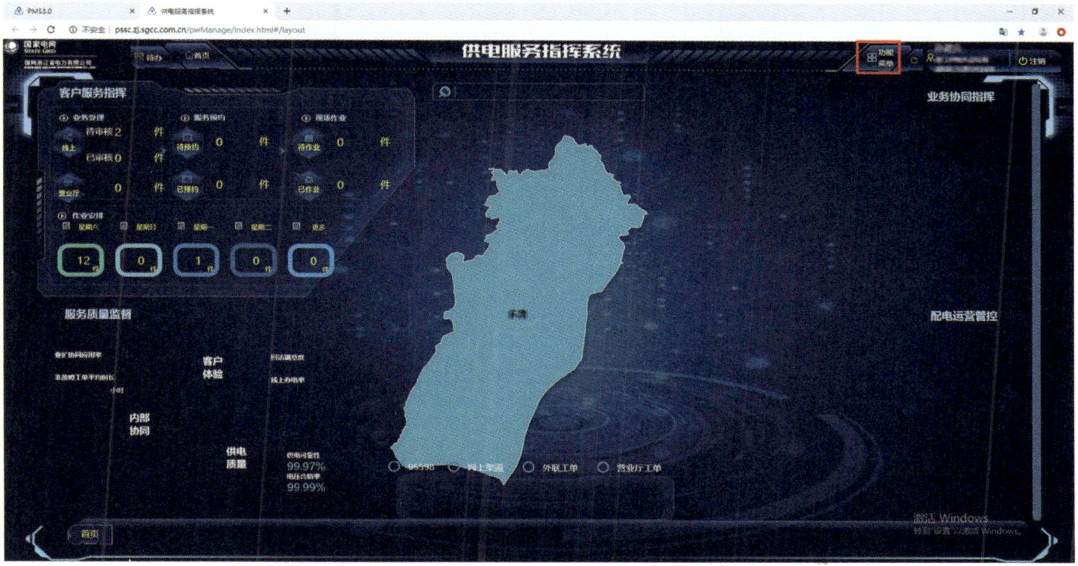

图8-2 供电服务指挥系统

（2）点击导【航功能菜单】—【业务处理】—【运维检修】—【巡视管理】—【巡视计划编制】，进入巡视计划编制界面。巡视计划编制—新增如图8-3所示。

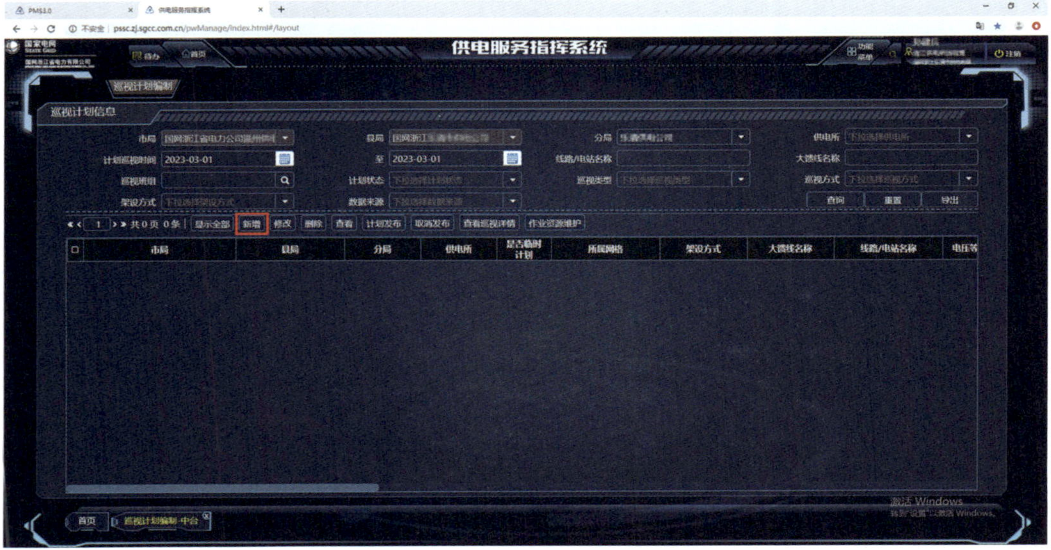

图8-3　巡视计划编制—新增

（3）点击列表【新增】按钮，在打开的页面中点击【添加设备】按钮。计划编制框架—添加设备如图8-4所示。

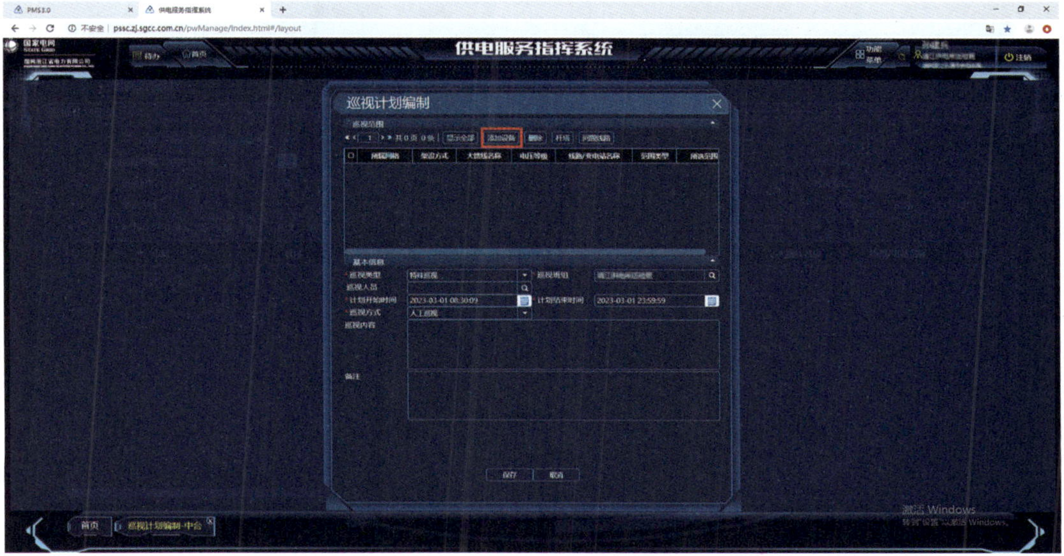

图8-4　计划编制框架—添加设备

（4）从设备树中选择“芙工Y316线设备”。设备树××线路如图8-5所示。

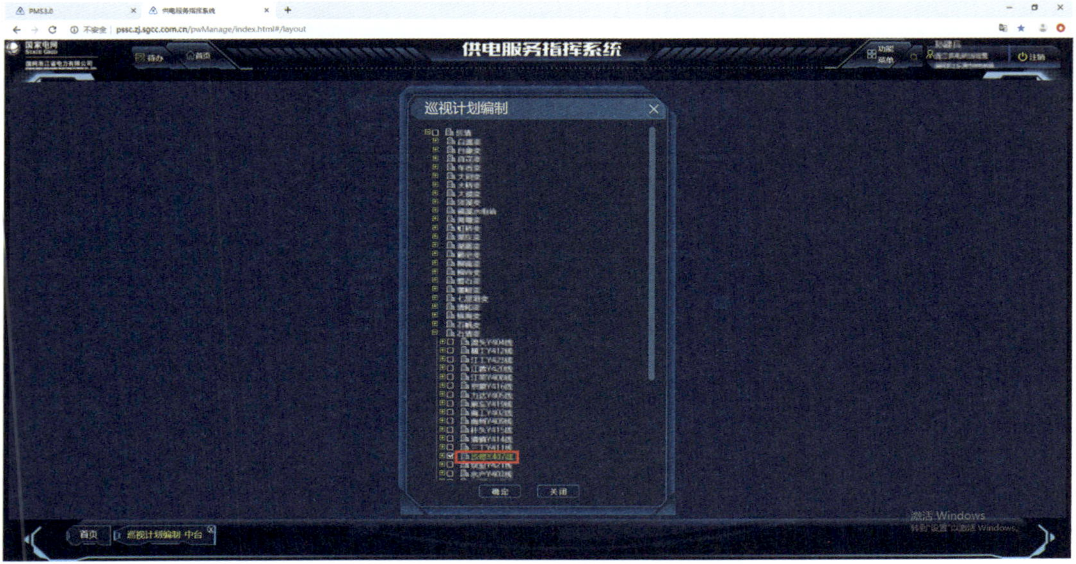

图8-5 设备树××线路

（5）选择基本信息和类型方式，填写巡视内容，选择巡视人员，并保存。基本信息和类型方式如图8-6所示。

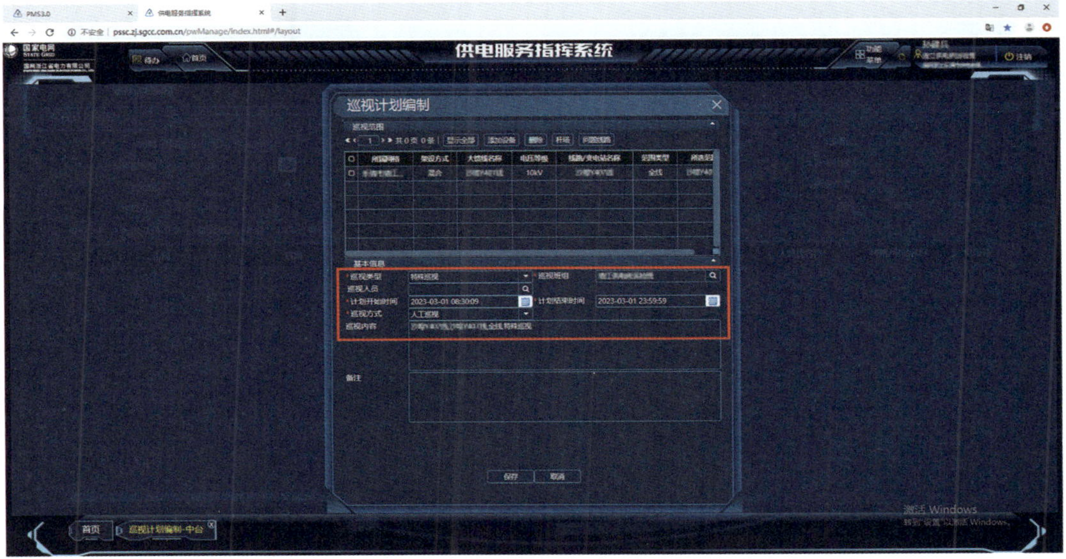

图8-6 基本信息和类型方式

（6）选中刚才新建的计划，点击【计划发布】按钮。计划发布如图8-7所示。

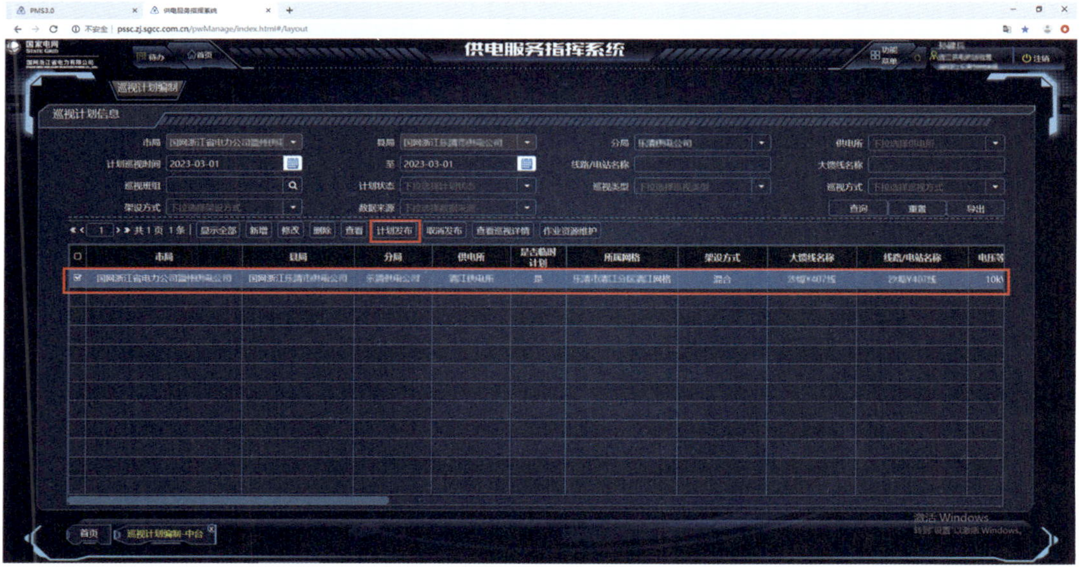

图8-7　计划发布

（二）手机App巡视

手机App巡视功能为计划发布后巡视人员即可通过外网手机“i国网”App查看到该条巡视计划，到现场开展巡视工作。

（1）进入“i国网”App，先左上角选浙江电力工作台。“i国网”App浙江电力工作台如图8-8所示。

（2）接下点击常用应用进入全部应用找到数字配电网，“i国网”App常用应用如图8-9所示，数字配电网如图8-10所示。

（3）进入应用之后选择工单化管控中的任务工单（操作）。任务工单（操作）如图8-11所示。

（4）进入任务工单后，找到配电网巡视中的线路巡视。配电网巡视—巡视线路如图8-12所示。

（5）选择其他巡视，在列表里能看到从供服系统发布的任务。其他巡视如图8-13所示。

（6）点击巡视界面选择定位签到，搜索周边200m范围内的设备或选择扫一扫签到。定位签到如图8-14所示，选择设备扫一扫签到如图8-15所示。

图8-8 “i国网”App浙江电力工作台

图8-9　“i国网”App常用应用

图8-10　数字配电网

图8-11　任务工单（操作）

图8-12　配电网巡视—巡视线路

图8-13　其他巡视

图8-14　定位签到

图8-15　选择设备扫一扫签到

（7）点击需要签到的配电杆位，选择拍照对设备进行拍照，再点击【一键签到】。设备详情—拍照如图8-16所示，拍照如图8-17所示，一键签到如图8-18所示。

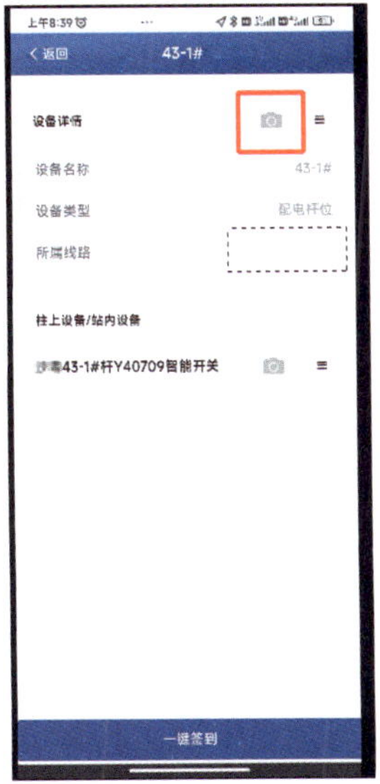

图8-16　设备详情—拍照

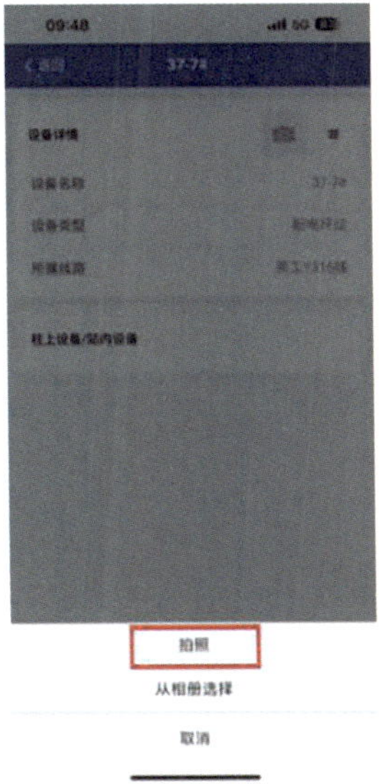

图8-17　拍照

图8-18　一键签到

（8）当电杆上出现其他设备时，下方可在柱上设备/站内设备可以进行巡视拍照，再点击【一键签到】。其他设备如图8-19所示，巡视拍照—一键签到如图8-20所示。

图8-19　其他设备

图8-20　巡视拍照—一键签到

（三）缺陷登记及消缺

（1）巡视过程中发现缺陷时，要进行缺陷录入，步骤如下选择步骤1，步骤2进行缺陷录入。进行缺陷录入如图8-21所示。

（2）选择缺陷登记。根据现场缺陷情况选择缺陷等级（一般、严重、危急）以及选择缺陷原因。缺陷等级如图8-22，缺陷原因如图8-23所示。

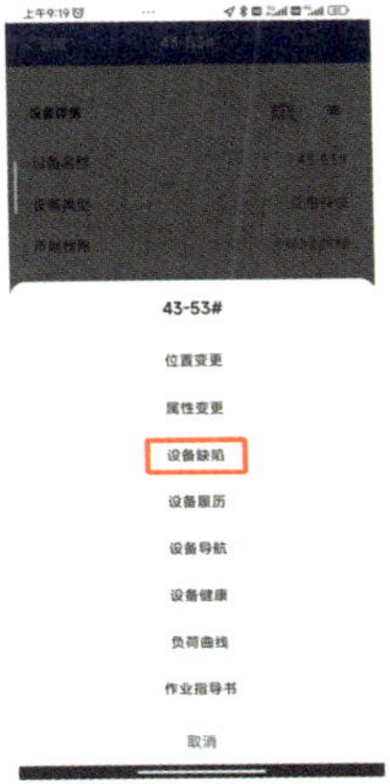

图8-21 进行缺陷录入

图8-22 缺陷等级

图8-23 缺陷原因

（3）选择缺陷描述，点击缺陷部件，再点击右上角查询选择相应的缺陷。缺陷描述选择（一）如图8-24所示，缺陷描述选择（二）如图8-25所示，缺陷登记如图8-26所示。

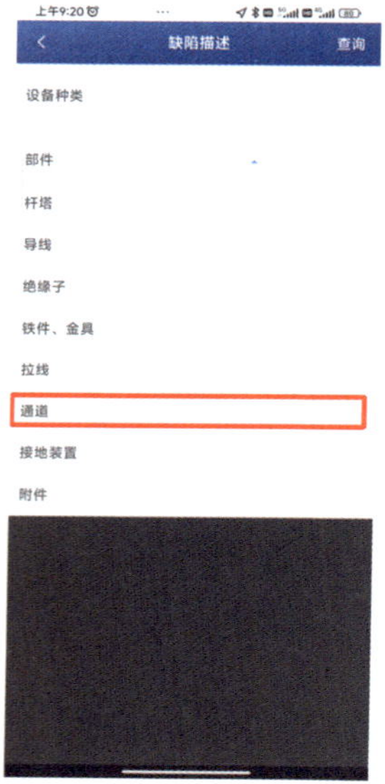

图8-24 缺陷描述选择（一）

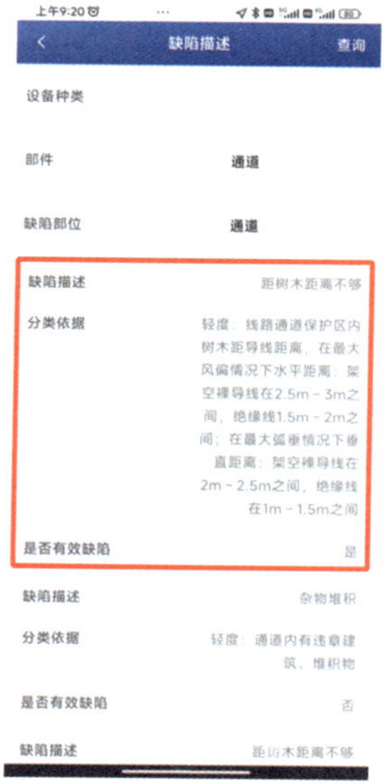

图8-25 缺陷描述选择（二）

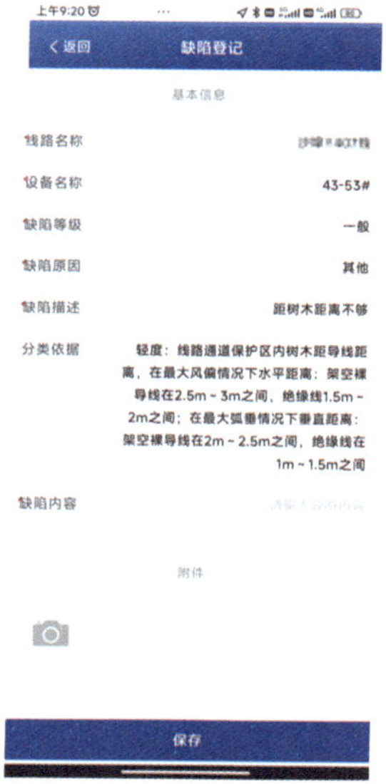

图8-26 缺陷登记

（4）输入缺陷内容并对缺陷部位进行拍照。缺陷部位进行拍照如图8-27所示。

（5）巡视完成后选择巡视登记，点击【新增记录】。巡视登记如图8-28所示，新增记录如图8-29所示。

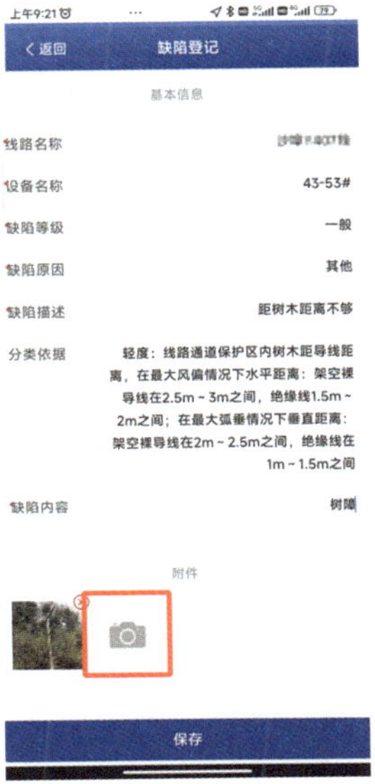

图8-27　缺陷部位进行拍照

图8-28　巡视登记

图8-29　新增记录

（6）再选择开始时间和结束时间，点击【保存】—【巡视结束】。选择开始及结束时间如图8-30所示，保存如图8-31所示，确认如图8-32所示。

点击【确认】整个巡视流程正式完毕。

图8-30　选择开始及结束时间

图8-31　保存

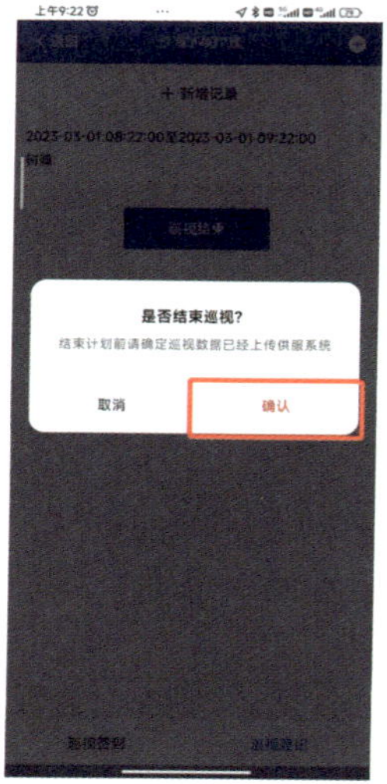

图8-32　确认

第九章 系统集成

一 实物资产同步

（1）登录账号成功之后不需要建任务，直接点击【资产同步】。资产同步如图9-1所示。

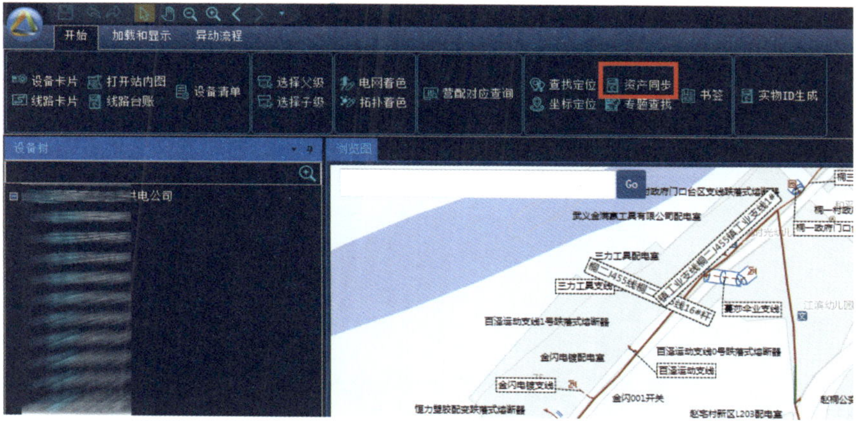

图9-1 资产同步

（2）打开资产同步之后，投运设备须手动同步该设备的资产类型，点击【存量同步】。存量同步如图9-2所示。

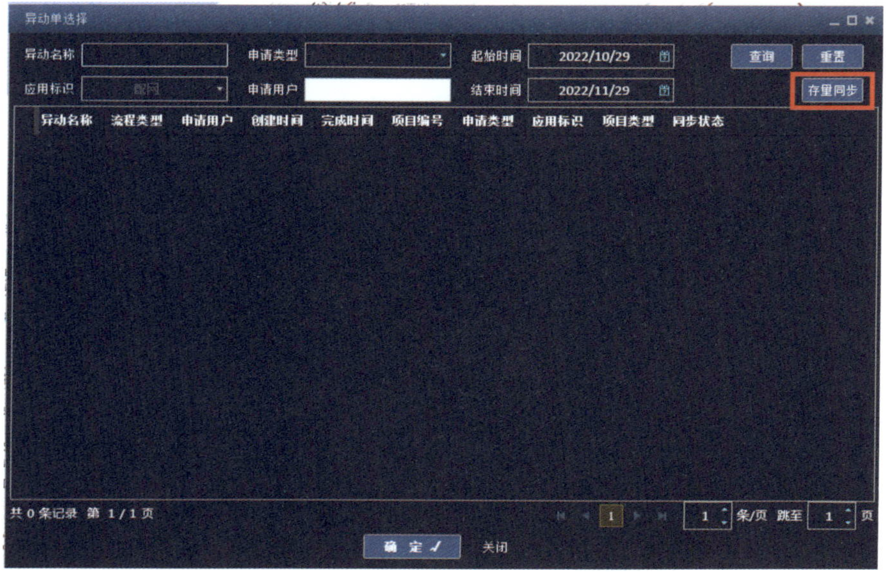

图9-2　存量同步

（一）查询需要同步的设备

（1）在设备名称栏中输入需要资产同步的设备名称。

（2）在设备类型内选择需要资产同步的类型。

（3）点击【查询】。

（4）在下方跳出要同步的设备选项中勾选要同步的设备。查询需要同步的设备如图9-3所示。

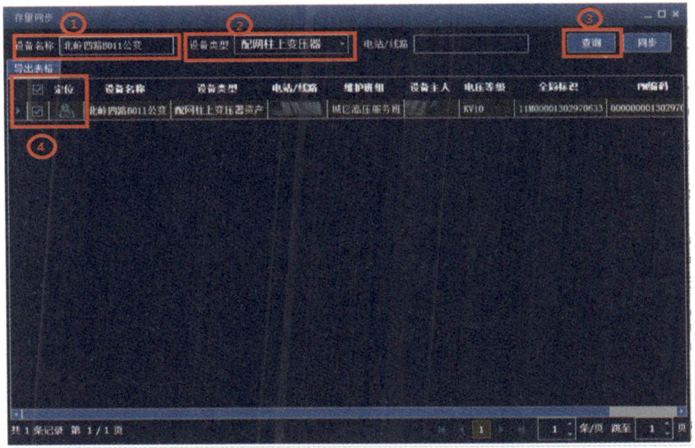

图9-3　查询需要同步的设备

（二）发送同步任务

（1）点击【同步】请求。

（2）点击【确定】。发送同步任务如图9-4所示。

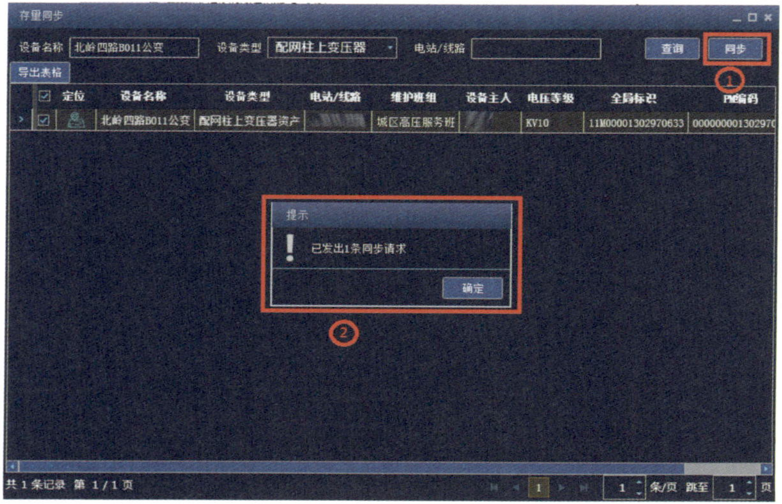

图9-4　发送同步任务

二 Ⅰ/Ⅳ区图模交互

（一）系统登录

（1）登录具有四区主站相关功能权限的人员在四区主站登录即可，登录界面如图9-5所示。

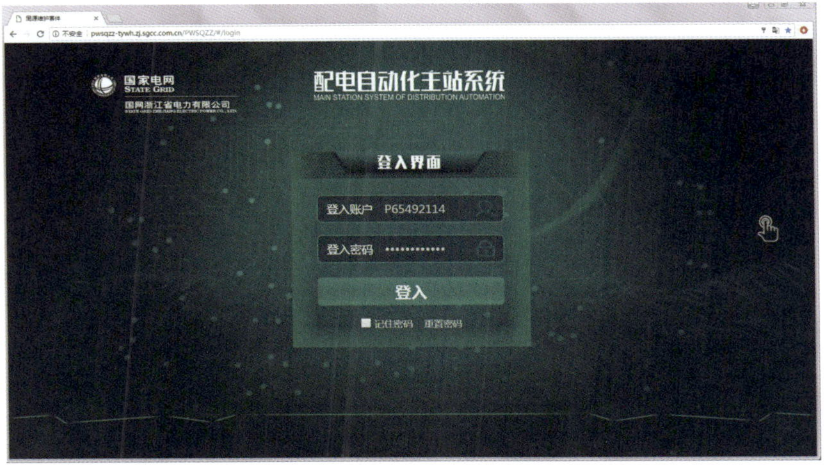

图9-5 登录界面

（**注意**：如果输入的密码不正确，或者用户名与密码不匹配，系统将拒绝登录，并弹出错误信息提示；连续输入错误密码系统将锁定该账号15min，15min内不能登录。）

（2）点击界面右上角导航按钮，出现如图9-6所示四区主站功能导航栏，点击专题图管理，可看到图形管理和图形任务两个功能模块，图形管理提供专题图浏览模式；图形任务中打开异动管理，可开始异动任务相关操作。异动管理界面如图9-6所示。

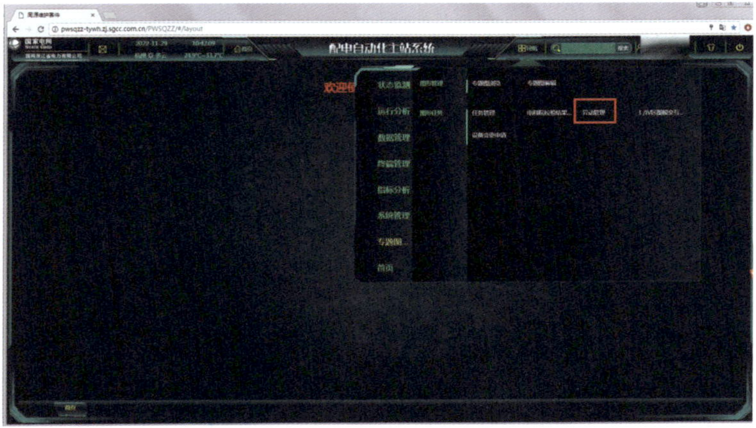

图9-6　异动管理界面

（二）创建异动

（1）异动流程发起：新增异动流程需要在Web端中发起；Web端任务管理首页如下：【专题图管理】—【图形任务】—【异动管理】—【新增】，进入任务管理首页。新增异动如图9-7所示。

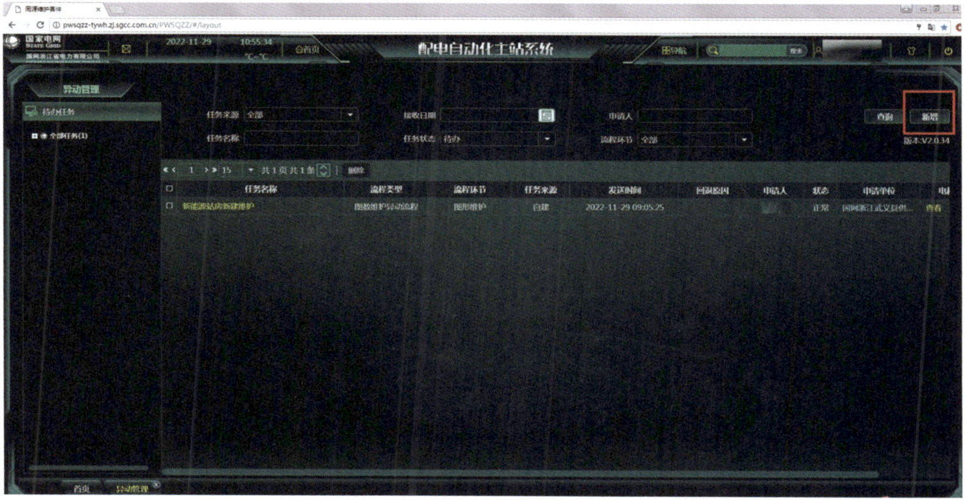

图9-7　新增异动

（2）新建调图任务：设备维护人员通过设备变更申请启动配电网设备异动流程；在异动管理首页点击【新增】可进入设备变更申请单，在申请单中维护申请单名称、任务来源（默认为自建）、变更内容及附件等信息。新增异动界面如图9-8所示。

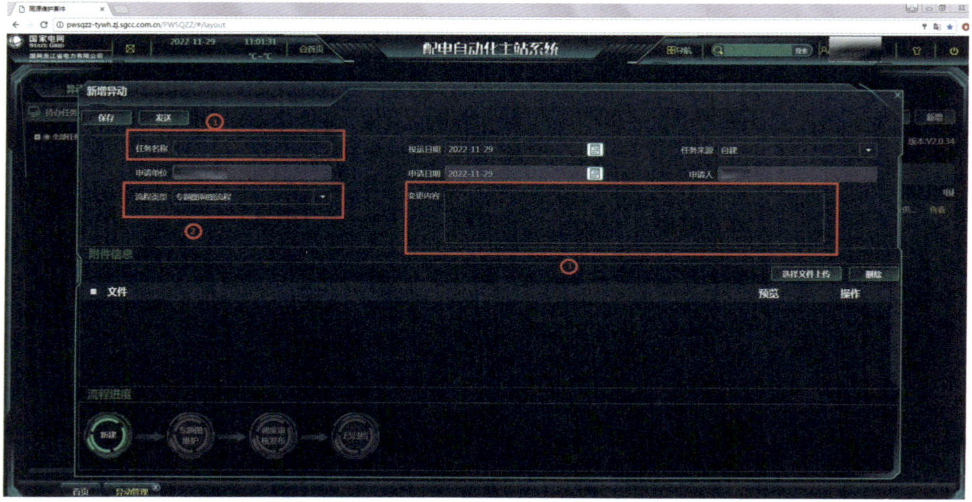

图9-8　新增异动界面

（**注意：**任务名称、任务来源、申请人、申请单位、申请日期及投运日期为必填；其中申请人、申请单位、申请日期根据登录账号自动生成。变更内容为必填，手动输入。）

（3）任务保存：任务新建结束，点击【保存】，如图9-9所示。

图9-9　任务保存界面

（4）保存成功给出提示，并确认是否发送。任务保存确认界面如图9-10所示。

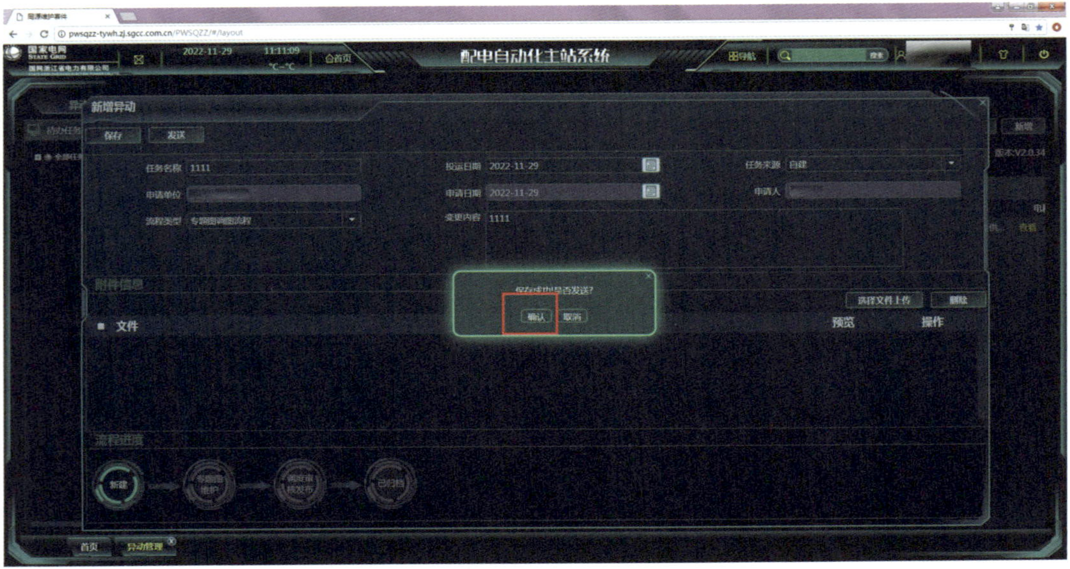

图9-10　任务保存确认界面

（5）选择维护人员。选择维护人员界面如图9-11所示。

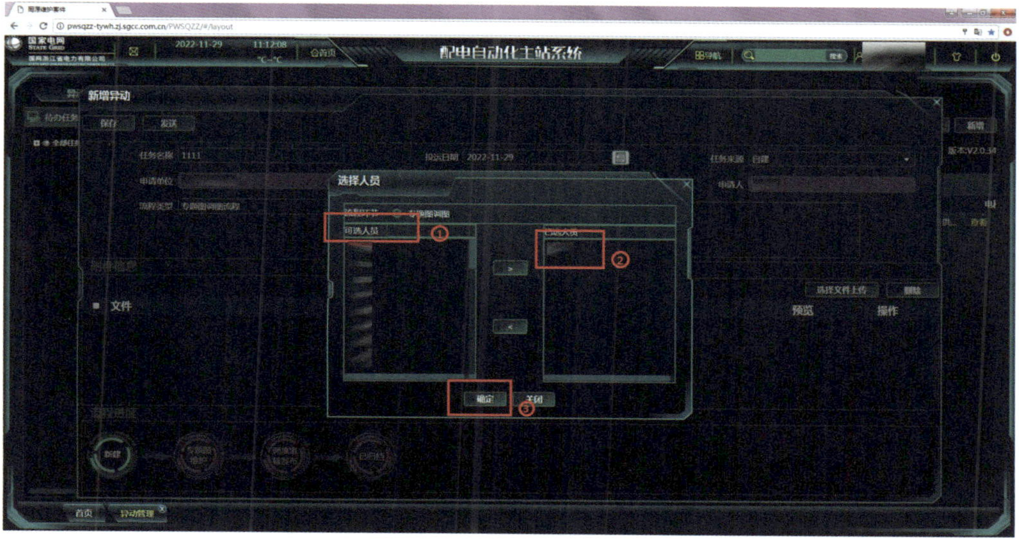

图9-11　选择维护人员界面

（**注意：**点击【确认】发送成功后，任务不可以再进行删除、编辑操作。）

（三）任务处理

在异动管理首页双击异动名称可打开异动设备变更申请单，在打开的设备变更申请单中根据流程环节不同可执行的操作不同。选中需要维护的流程，打开异动。异动管理界面如图9-12所示。

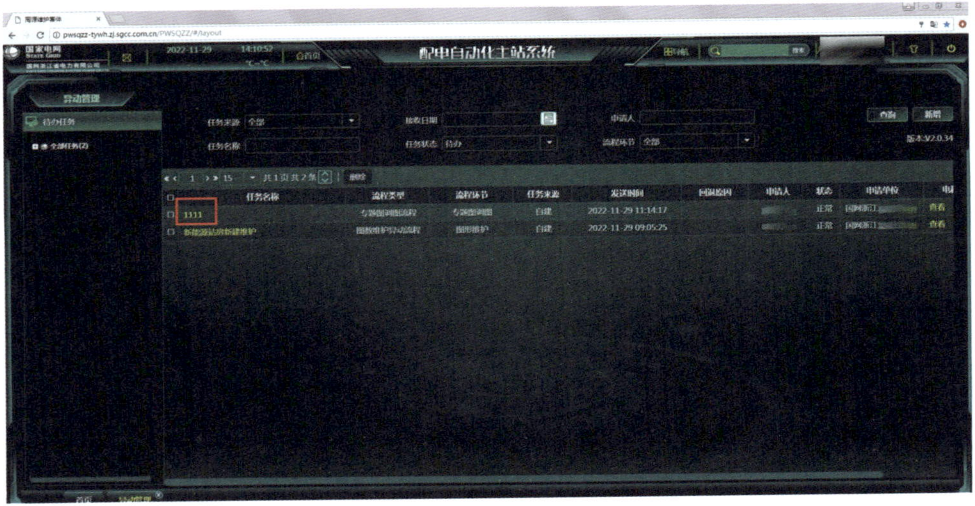

图9-12　异动管理界面

选择专题图维护。选择专题图维护界面如图9-13所示。

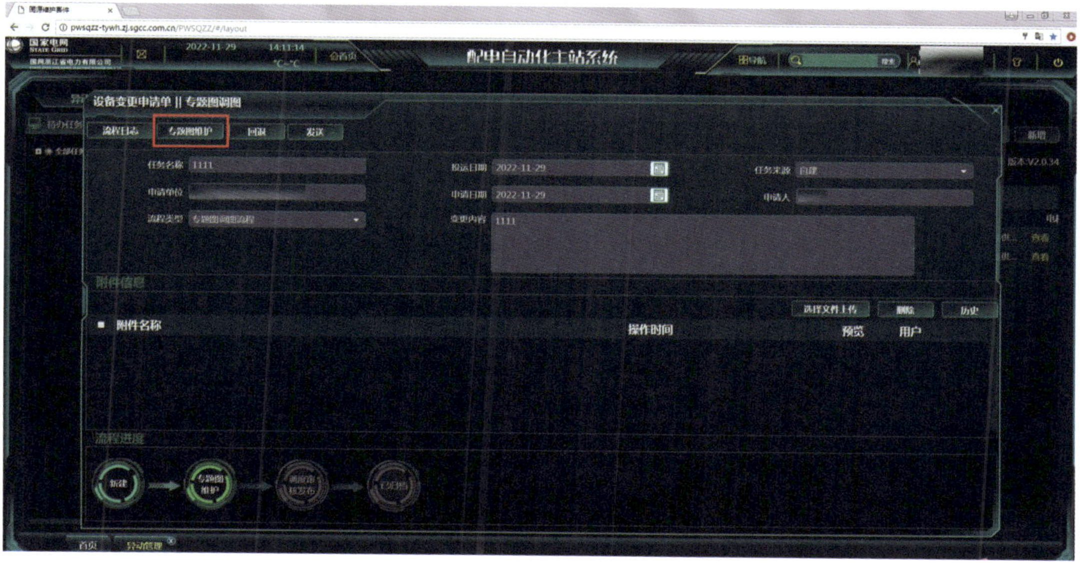

图9-13 选择专题图维护界面

新增专题图。新增专题图界面如图9-14所示。

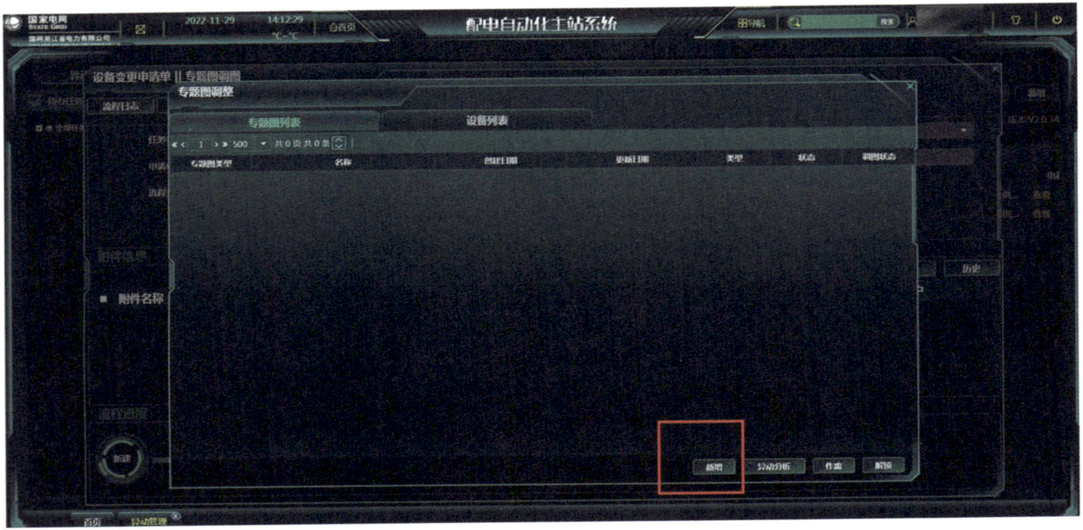

图9-14　新增专题图界面

打开设备树，查找专题图。查找专题图界面如图9-15所示。

图9-15 查找专题图界面

需要添加所需的专题图，有两种方式：

方法一添加所需的专题图界面（一）如图9-16所示。

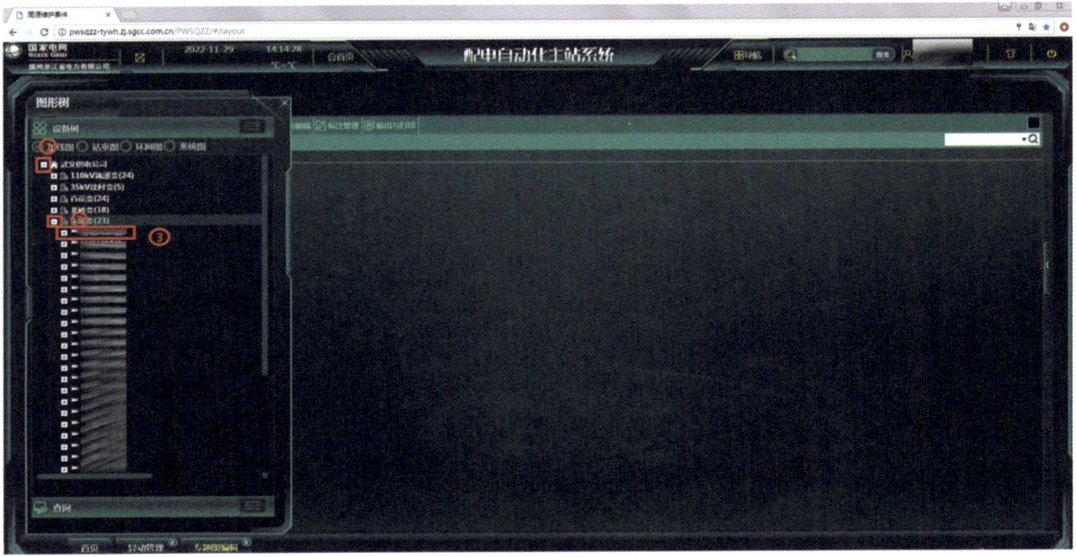

图9-16　添加所属的专题图界面（一）

方法二添加所需的专题图界面（二）如图9-17所示。

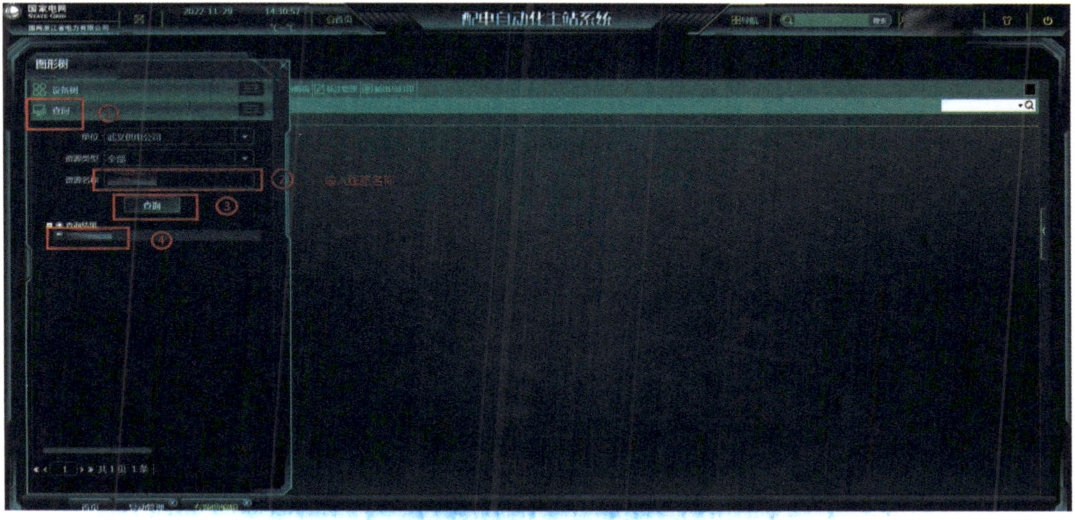

图9-17　添加所属的专题图界面（二）

展开专题图后，点击保存。展开专题图界面如图9-18所示。

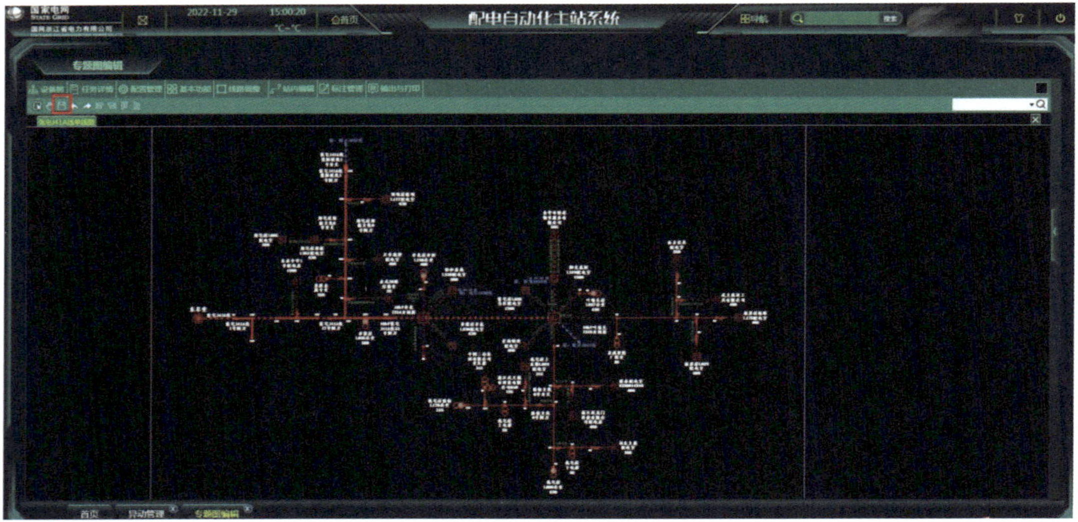

图9-18　展开专题图界面

如需继续添加专题图，参照上文描述的方法一继续添加，至所有专题图添加完毕，可在任务详情处查看已添加的专题图。添加专题图界面如图9-19所示。

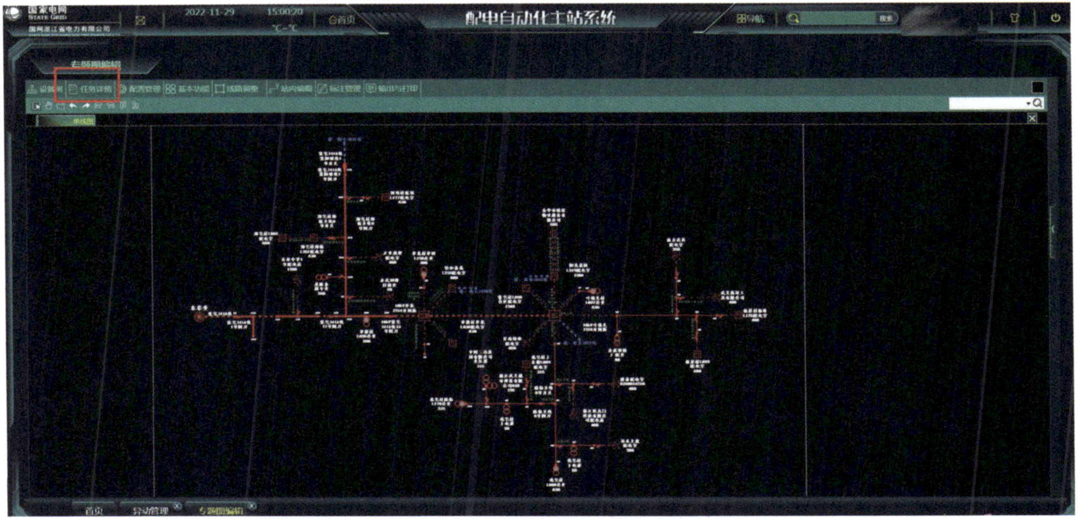

图9-19 添加专题图界面

（四）任务审核

（1）提交审核：完成图形调整并保存后，可在【专题图调图界面】—【任务详情】—【发送直接提交审核】，点击【发送提交审核】。提交审核界面如图9-20所示。

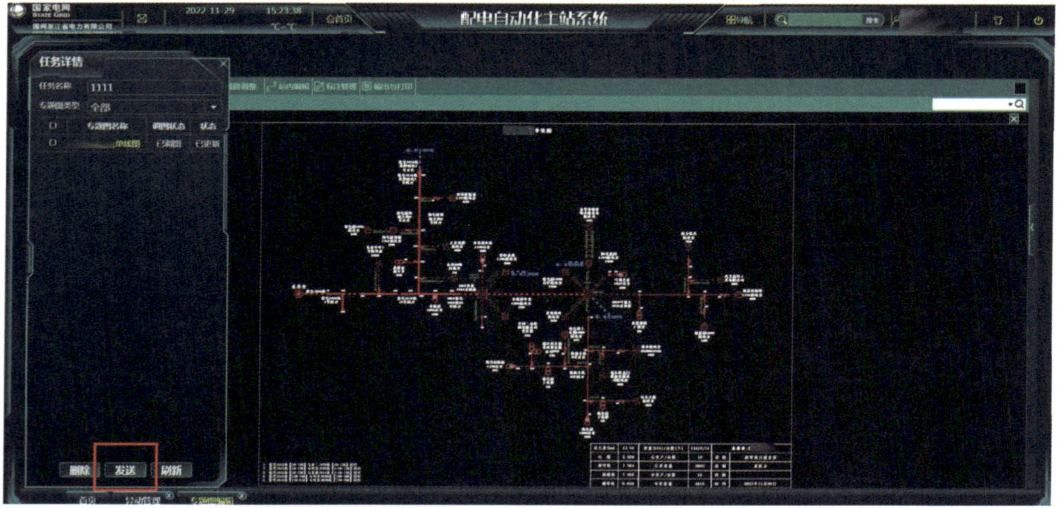

图9-20　提交审核界面

提交审核时需选择审核任务接收人。任务接收人界面如图9-21所示。

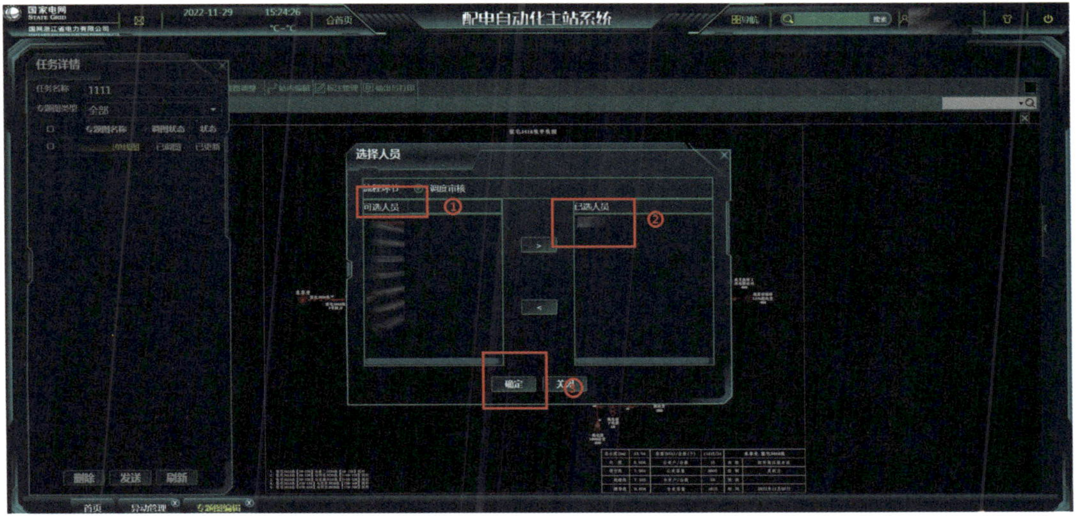

图9-21　任务接收人界面

（**注意：**如果任务中没有已保存的图形或专题图列表中的专题图状态有未更新的，则不能提交审核。）

（2）推送图模：在审核人的异动管理界面找到该任务。审核人的异动管理界面如图9-22所示。

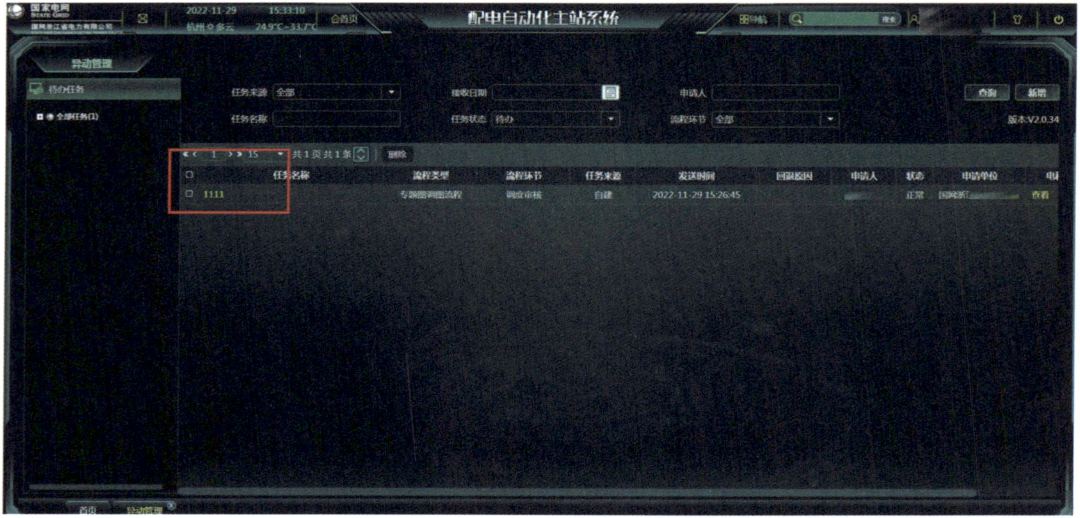

图9-22　审核人的异动管理界面

点击推送图模。推送图模界面如图9-23所示。

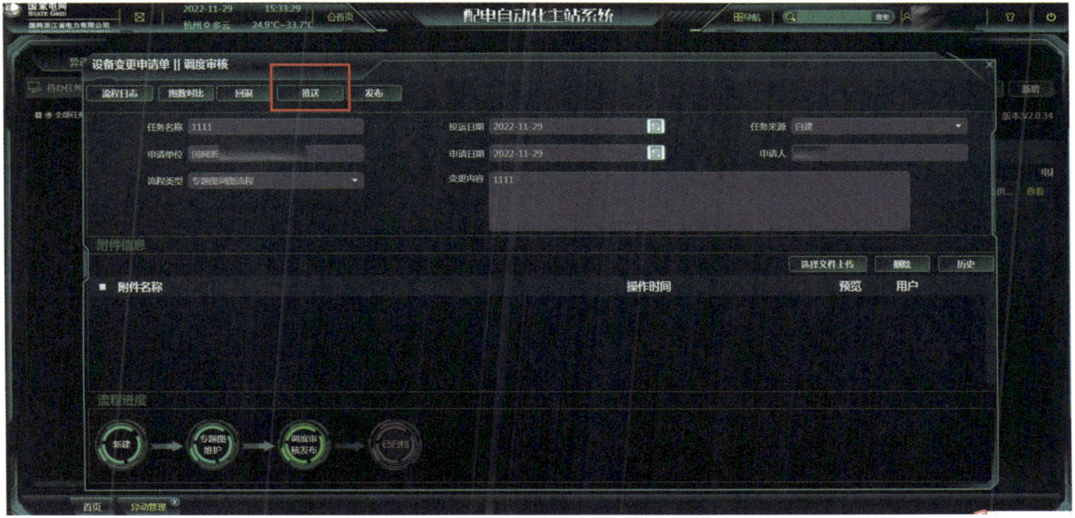

图9-23　推送图模界面

选择需要推送的图模。确认推送图模界面如图9-24所示。

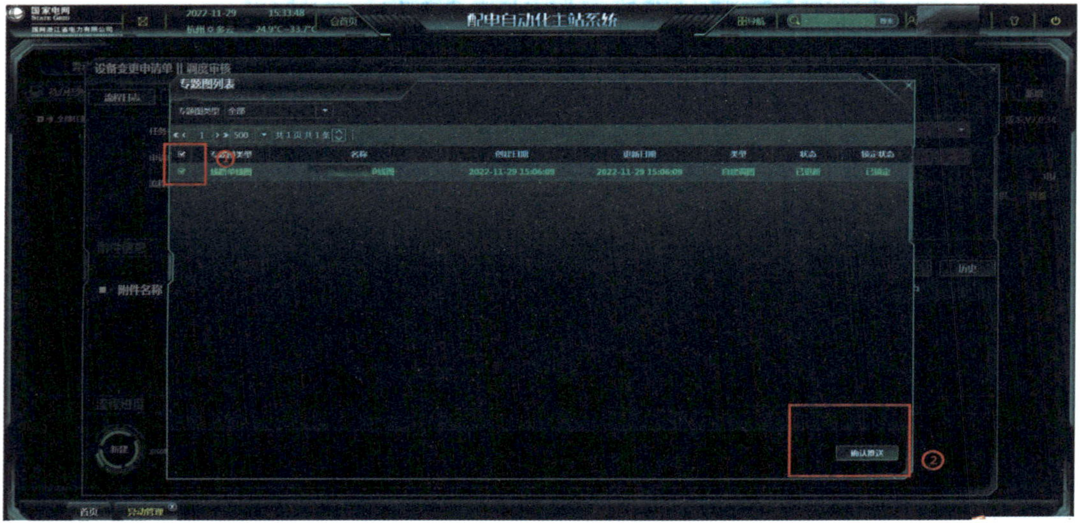

图9-24　确认推送图模界面

等待推送。等待推送图模界面如图9-25所示。

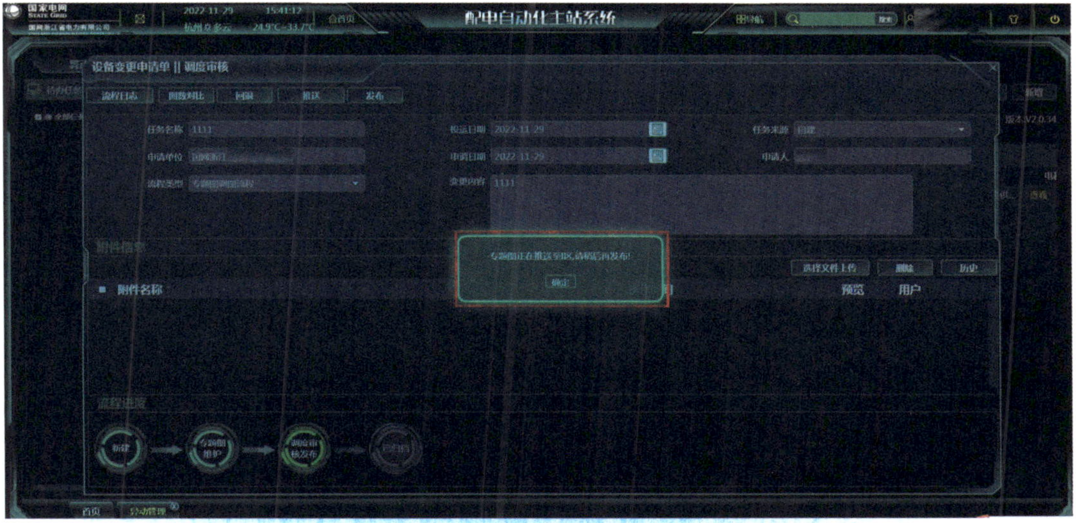

图9-25 等待推送图模界面

（3）任务结束：选择发布图形，流程结束。流程结束界面如图9-26所示。

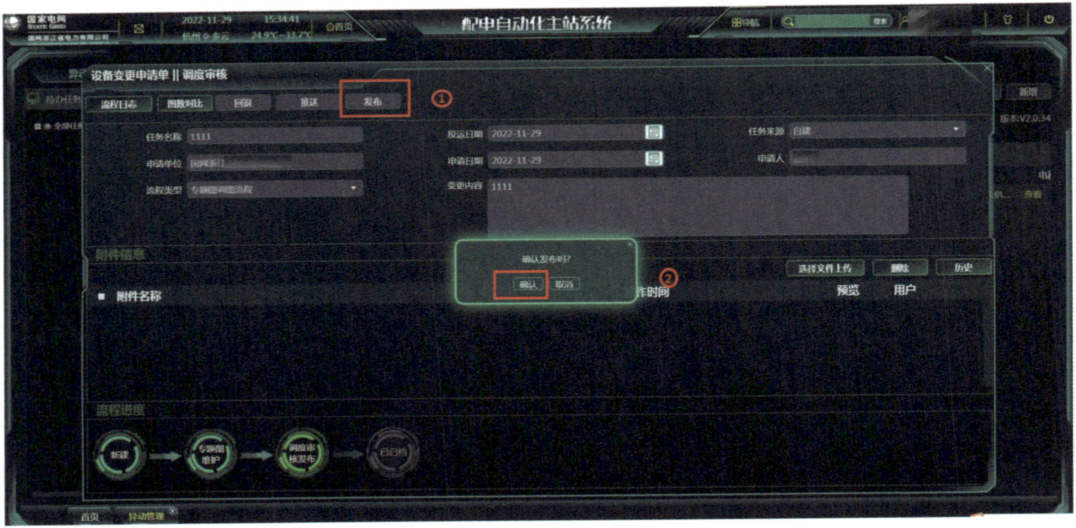

图9-26　流程结束界面

第十章 实用化工具

根据总部《电网资源业务中台建设方案》要求，进一步加强生产管理中差错漏缺问题数据的有效管控，实用化工具从基础指标管控、设备规模管控、数据质量校验三个维度立体展示设备基础数据实时变化情况，并由四大功能模块“总览看板、查询统计、校验治理、基础配置”组成，能够及时、准确、完整地呈现电网生产设备基础数据。

一 设备质量管控

用户使用实用化工具进行数据校验治理时，可以应用“调度配置”里常态化使用的全量校验，也可按照设备类型或容器进行相应的指定校验，或者也可以通过“问题明细”进行数据校验，有三种校验方式，最后由用户导出问题清单到同源维护套件系统客户端进行针对性数据治理工作，也可以创建问题督导单进行问题督办。

（一）数据校验

本节针对数据校验中数据校验、调度配置两个菜单功能进行讲解说明，其中【数据校验】可以实时针对自定义的设备范围进行数据指定校验；【调度配置】可以自定义校验时间定期进行全量数据校验。

1. 全量校验

（1）常用功能中基础配置卡片，选择【调度配置】进入调度配置功能页面。调度配置功能入口如图10-1所示。（**注意：**该任务目前暂由省公司管控组统一配置，地市用户暂不开放。）

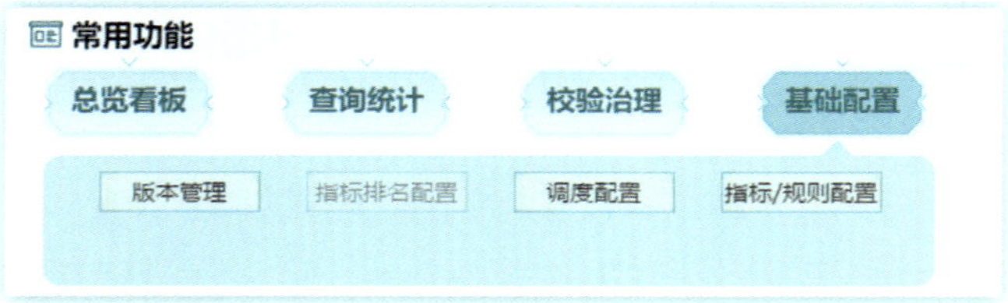

图10-1　调度配置功能入口

（2）功能页面上半部分为调度任务条件查询区，选择对应条件后点击【查询】按钮，可在页面下半部分表格中显示对应调度任务，点击红色调度编号可查看任务详情。调度配置页面如图10-2所示。

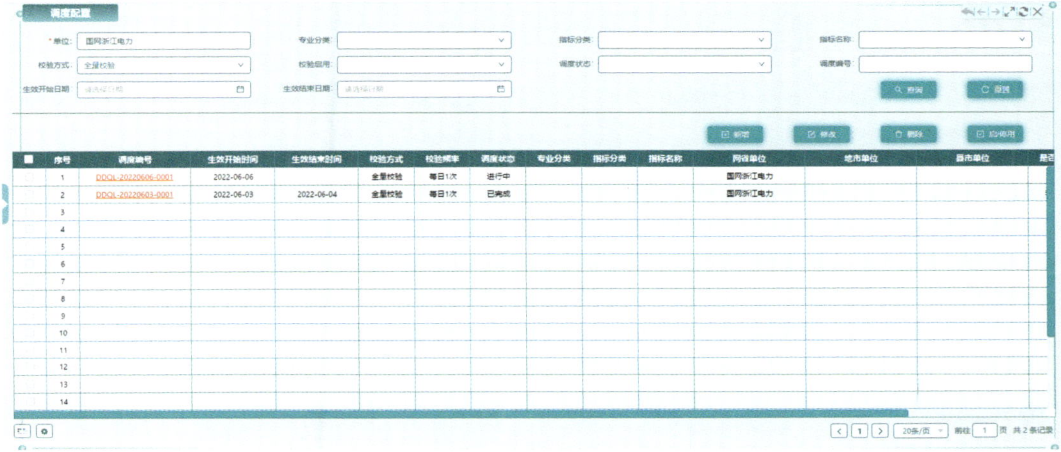

图10-2　调度配置页面

（3）如需新增调度任务时，点击【新增】按钮，按需添加调度范围、调度策略等任务内容后，点击【确定】按钮完成调度任务创建；配置完成后系统会根据任务策略，在规定时间自动发起数据全量校验，新增调度任务如图10-3所示。（**注意：***号为必填项，不填写无法完成新增。）

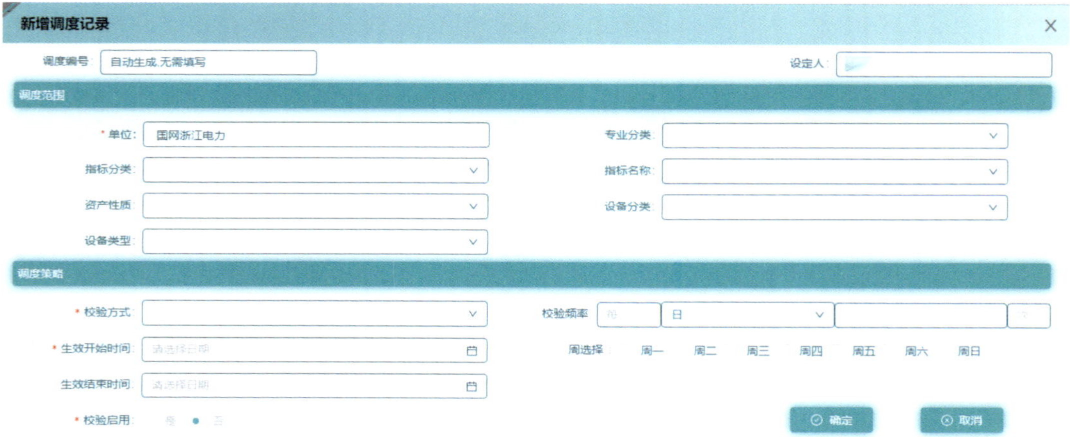

图10-3 新增调度任务

（4）如需修改调度策略时，在表单第一列勾选要修改的调度任务后，点击【修改】。在弹出的修改页面中进行调度任务修改即可。修改调度任务如图10-4所示。

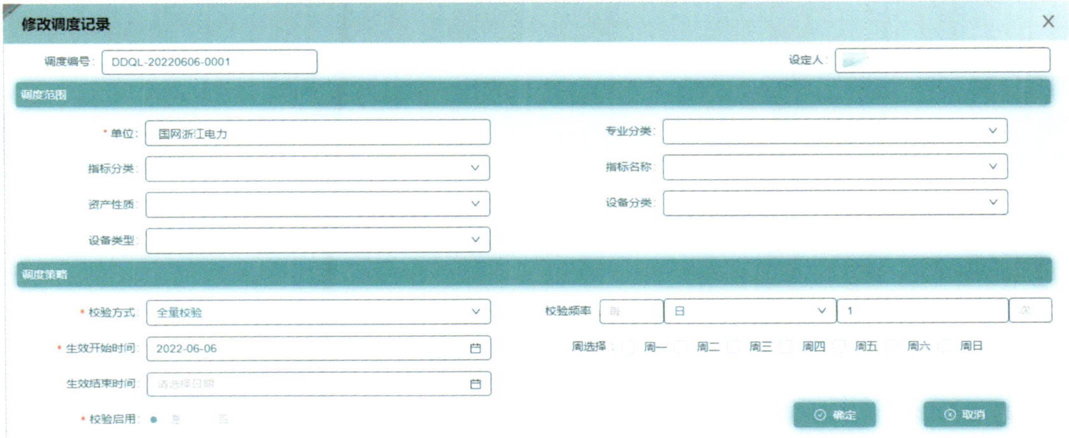

图10-4　修改调度任务

（5）要删除不需要调度任务时，选中调度任务点击【删除】按钮进行删除操作。

（6）选中调度任务，点击【启停用】按钮，可快捷实现任务的启动和停用（启停用功能可批量选中任务执行操作）。

2. 指定校验

数据校验功能页面包含台账校验和图形校验两个应用板块，可以在顶端标签栏进行点选切换。台账校验可以对设备规范性、及时性、完整性进行校验；图模校验是针对设备图形的拓扑连通性、图数一致性、图形规范性发起校验。

（1）点击常用功能中的校验治理卡片，选择数据校验进入数据校验功能页面。数据校验功能入口如图10-5所示。

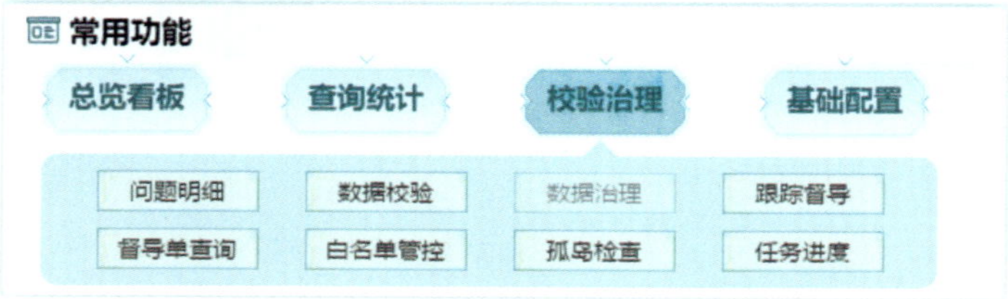

图10-5　数据校验功能入口

（2）数据校验页面上半部分为条件选择区域，添加查询条件后，点击【查询】显示设备查询结果。（**注意：**星标为必填条件，否则无法进行设备查询。）

（3）数据校验页面下半部分展示查询结果，复选要校验的设备后，点击【数据校验】系统后台自动进行数据校验操作。数据校验查询界面如图10-6所示。

图10-6　数据校验查询界面

（4）数据校验结果可点击【任务进度查询】进行选择查看。进入查询界面后，找到对应任务点击【查看】按钮，跳转至任务详情界面。任务进度查询如图10-7所示。

图10-7　任务进度查询

（5）任务详情界面中展示了该任务基本属性及校验问题详情数量，点击【问题详情数量】下的红色数值（任务详情界面如图10-8所示），可跳转至问题数据清单进行详情查看（问题清单如图10-9所示）。

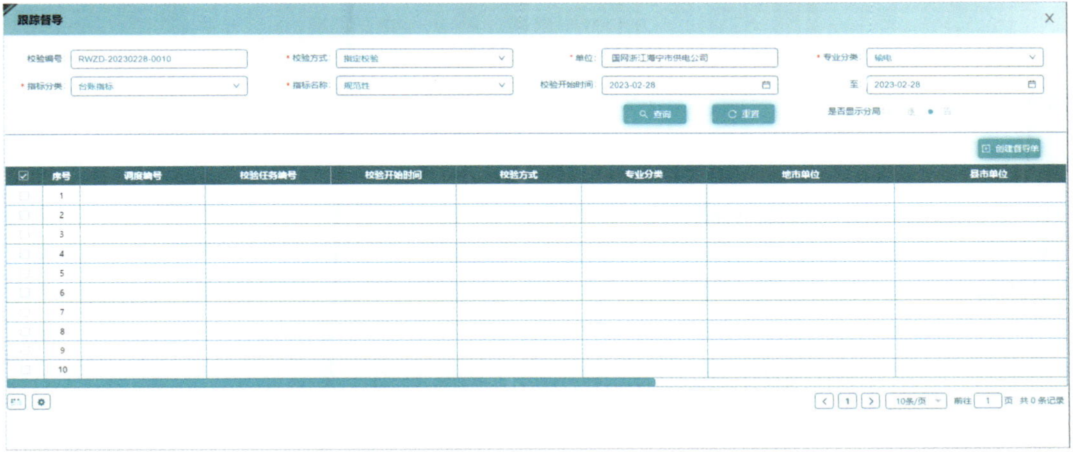

图10-8 任务详情界面

（6）问题清单详情如图10-9所示，用户点击左下角[下载图标]支持问题详情表单导出。

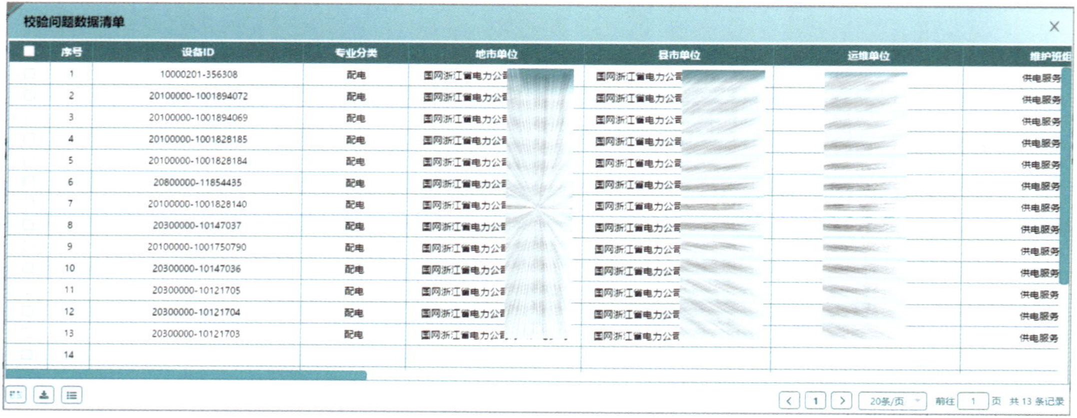

图10-9 问题清单

3. 校验任务进度查询

用户可通过【任务进度】功能进行全量校验、指定校验任务进度查询。

（1）常用功能板块选择校验治理卡片，点击【任务进度】进入校验进度查询页面。任务进度功能入口如图10-10所示。

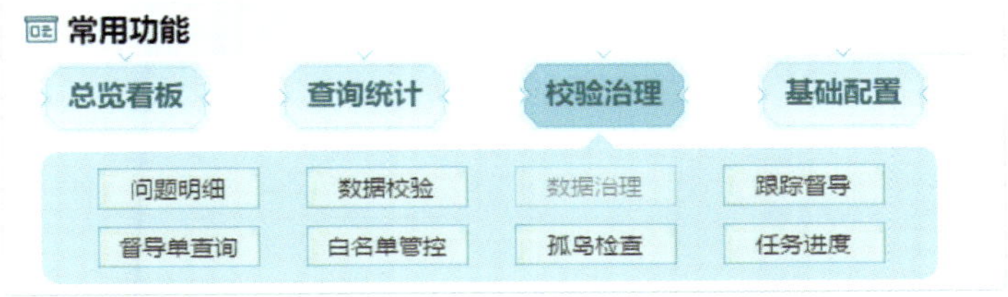

图10-10 任务进度功能入口

（2）在任务进度页面，用户可对全量、指定校验任务按校验单位、校验人、校验时间、校验方式等进行查看，点击红色查看按钮，可跳转至校验结果明细页面。任务进度页面如图10-11所示。

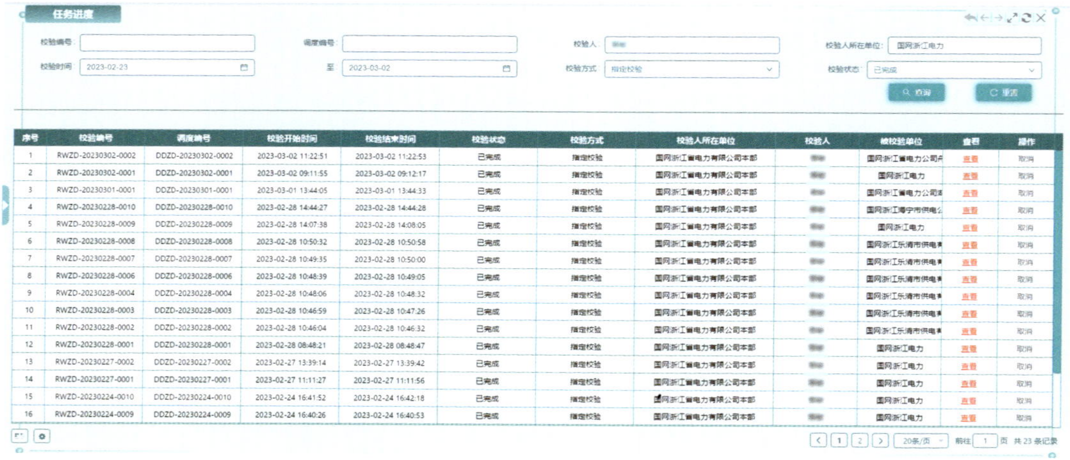

序号	校验编号	调度编号	校验开始时间	校验结束时间	校验状态	校验方式	校验人所在单位	校验人	被校验单位	查看	操作
1	RWZD-20230302-0002	DDZD-20230302-0002	2023-03-02 11:22:51	2023-03-02 11:22:53	已完成	指定校验	国网浙江省电力有限公司本部	[illegible]	国网浙江省电力公司	查看	取消
2	RWZD-20230302-0001	DDZD-20230302-0001	2023-03-02 09:11:55	2023-03-02 09:12:17	已完成	指定校验	国网浙江省电力有限公司本部	[illegible]	国网浙江电力	查看	取消
3	RWZD-20230301-0001	DDZD-20230301-0001	2023-03-01 13:44:05	2023-03-01 13:44:33	已完成	指定校验	国网浙江省电力有限公司本部	[illegible]	国网浙江省电力公司	查看	取消
4	RWZD-20230228-0010	DDZD-20230228-0010	2023-02-28 14:44:27	2023-02-28 14:44:28	已完成	指定校验	国网浙江省电力有限公司本部	[illegible]	国网浙江海宁市供电	查看	取消
5	RWZD-20230228-0009	DDZD-20230228-0009	2023-02-28 14:07:38	2023-02-28 14:08:05	已完成	指定校验	国网浙江省电力有限公司本部	[illegible]	国网浙江电力	查看	取消
6	RWZD-20230228-0008	DDZD-20230228-0008	2023-02-28 10:50:32	2023-02-28 10:50:58	已完成	指定校验	国网浙江省电力有限公司本部	[illegible]	国网浙江乐清市供电	查看	取消
7	RWZD-20230228-0007	DDZD-20230228-0007	2023-02-28 10:49:35	2023-02-28 10:50:00	已完成	指定校验	国网浙江省电力有限公司本部	[illegible]	国网浙江乐清市供电	查看	取消
8	RWZD-20230228-0006	DDZD-20230228-0006	2023-02-28 10:48:39	2023-02-28 10:49:05	已完成	指定校验	国网浙江省电力有限公司本部	[illegible]	国网浙江乐清市供电	查看	取消
9	RWZD-20230228-0004	DDZD-20230228-0004	2023-02-28 10:48:06	2023-02-28 10:48:32	已完成	指定校验	国网浙江省电力有限公司本部	[illegible]	国网浙江乐清市供电	查看	取消
10	RWZD-20230228-0003	DDZD-20230228-0003	2023-02-28 10:46:59	2023-02-28 10:47:26	已完成	指定校验	国网浙江省电力有限公司本部	[illegible]	国网浙江乐清市供电	查看	取消
11	RWZD-20230228-0002	DDZD-20230228-0002	2023-02-28 10:46:04	2023-02-28 10:46:32	已完成	指定校验	国网浙江省电力有限公司本部	[illegible]	国网浙江乐清市供电	查看	取消
12	RWZD-20230228-0001	DDZD-20230228-0001	2023-02-28 08:48:21	2023-02-28 08:48:47	已完成	指定校验	国网浙江省电力有限公司本部	[illegible]	国网浙江电力	查看	取消
13	RWZD-20230227-0002	DDZD-20230227-0002	2023-02-27 13:39:14	2023-02-27 13:39:42	已完成	指定校验	国网浙江省电力有限公司本部	[illegible]	国网浙江电力	查看	取消
14	RWZD-20230227-0001	DDZD-20230227-0001	2023-02-27 11:11:27	2023-02-27 11:11:56	已完成	指定校验	国网浙江省电力有限公司本部	[illegible]	国网浙江电力	查看	取消
15	RWZD-20230224-0010	DDZD-20230224-0010	2023-02-24 16:41:52	2023-02-24 16:42:18	已完成	指定校验	国网浙江省电力有限公司本部	[illegible]	国网浙江电力	查看	取消
16	RWZD-20230224-0009	DDZD-20230224-0009	2023-02-24 16:40:26	2023-02-24 16:40:53	已完成	指定校验	国网浙江省电力有限公司本部	[illegible]	国网浙江电力	查看	取消

图10-11　任务进度页面

4. 问题明细校验

用户也可通过点击校验治理的【问题明细】功能进行数据校验，问题明细功能入口如图10-12所示；问题明细页面包含台账指标和图模指标、集成指标三个应用板块，可以在指标分类栏里进行点选切换。台账指标可以对设备规范性、完整性进行校验；图模指标是针对设备图形的拓扑连通率、图数一致性、图形规范性发起校验。常用校验只有台账指标和图模指标，问题明细页面如图10-13所示。

图10-12 问题明细功能入口

图10-13　问题明细页面

用户可通过点击左下角支持问题详情表单导出，点击则会提示“导出成功，请前往导出表下载”，然后再点击左下角下载表里“操作”下红色字体下载，可导出问题清单，再到同源维护套件系统客户端里进行针对性数据治理工作，下载表页面如图10-14所示。

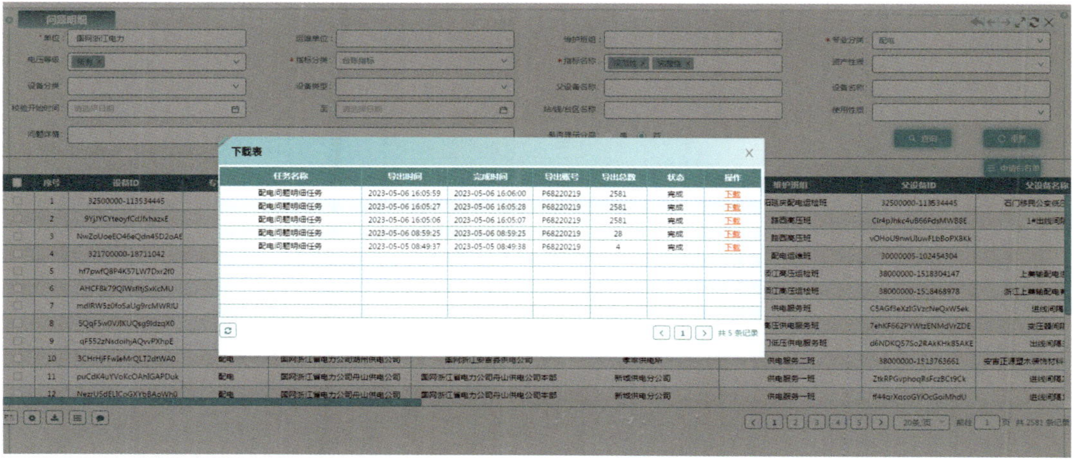

图10-14 下载表页面

（二）数据治理

下面针对数据治理中跟踪督导、校验治理统计功能进行讲解说明，其中【跟踪督导】可以发起督导单进行问题督办;【校验治理统计】可以查询问题数量、治理数量及整改率。

1. 督办治理

（1）常用功能板块选择校验治理卡片，点击【跟踪督导】功能进入功能页面。跟踪督导功能入口如图10-15所示。

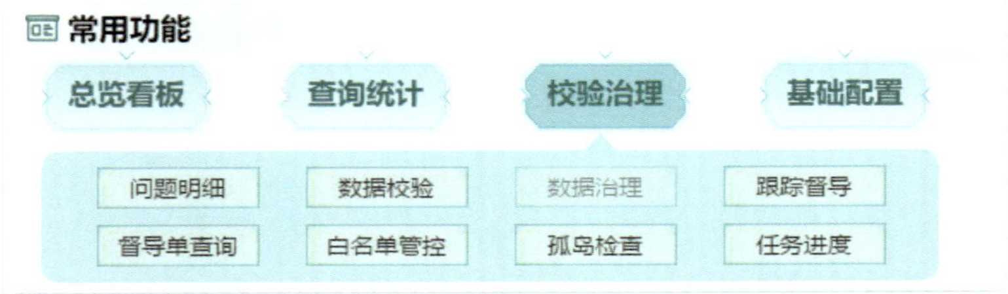

图10-15　跟踪督导功能入口

（2）进入跟踪督导页面，填入查询条件（校验方式选择全量校验时，展示问题清单数据问题；校验方式选择增量校验时，展示指定校验数据问题），点击【查询】进行指标问题查询。跟踪督导功能页面如图10-16所示。

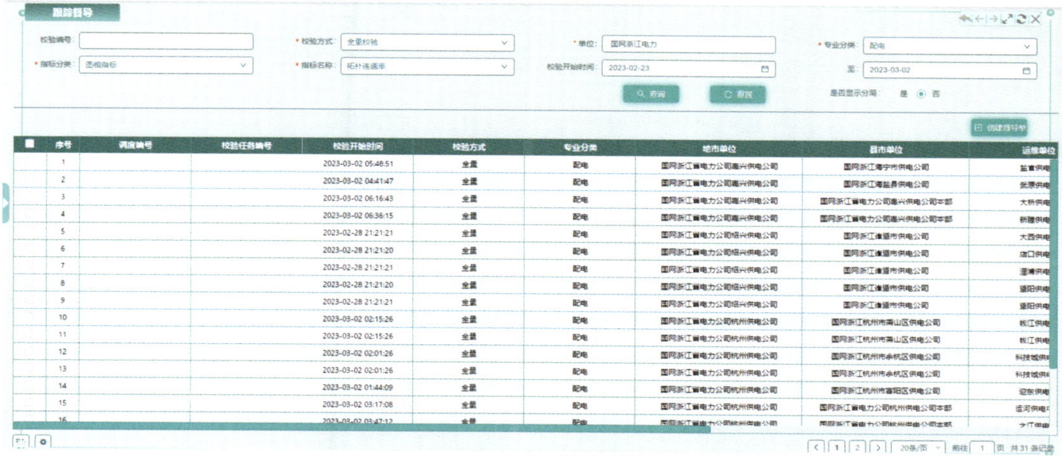

图10-16 跟踪督导功能页面

（3）选中需要督办的校验结果（可复选），点击【创建督导单】创建督导单。

（4）进入创建督导单页面后，按需填写要求完成时间、要求反馈时间、选择接单人，填写完成后点击【发送】将任务下发指定人员进行问题督办。督导单创建如图10-17所示。

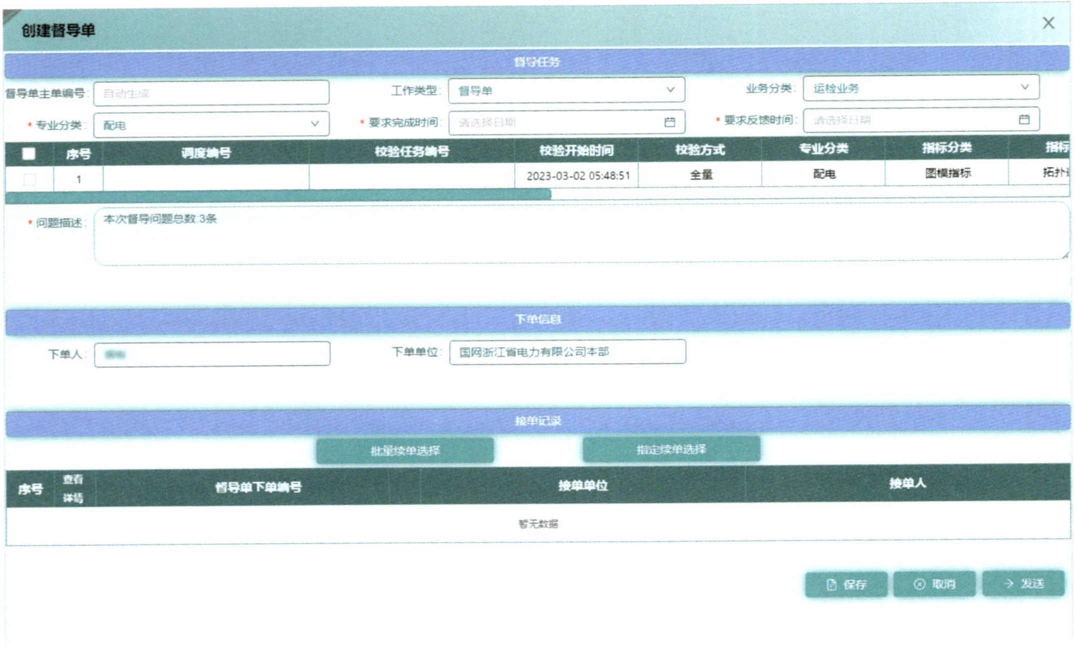
创建督导单
督导任务
督导单主单编号: 自动生成
工作类型: 督导单
业务分类: 运检业务
* 专业分类: 配电
* 要求完成时间: 请选择日期
* 要求反馈时间: 请选择日期
序号
调度编号
校验任务编号
校验开始时间
校验方式
专业分类
指标分类
1
2023-03-02 05:48:51
全量
配电
图模指标
* 问题描述: 本次督导问题总数:3条
下单信息
下单人:
下单单位: 国网浙江省电力有限公司本部
接单记录
批量续单选择
指定续单选择
序号
查看详情
督导单下单编号
接单单位
接单人
暂无数据
保存
取消
发送

图10-17　督导单创建

2. 治理情况查看

（1）常用功能中选择查询统计卡片，点击【校验治理统计】进入指标问题统计功能页面。校验治理统计功能入口如图10-18所示。

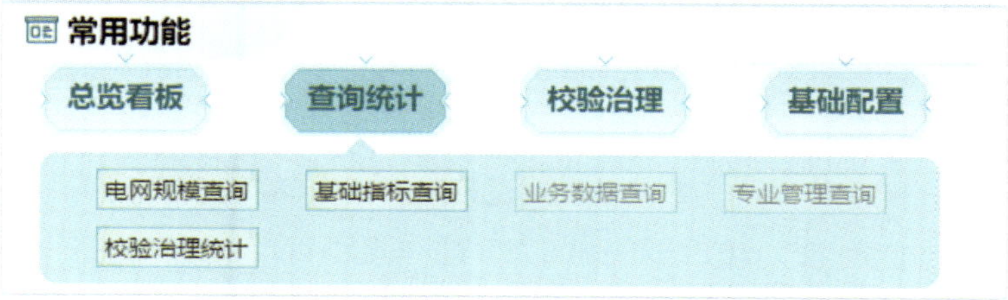

图10-18 校验治理统计功能入口

（2）进入校验治理统计页面后，可以点击功能卡片进行统计功能切换，支持按电压等级统计、按问题详情统计、按线/站/台区类型统计，同时支持近期校验结果查询。

（3）近期校验结果页面可通过输入筛选条件后，点击【查询】，按日展示统计结果。近期校验结果查询如图10-19所示。

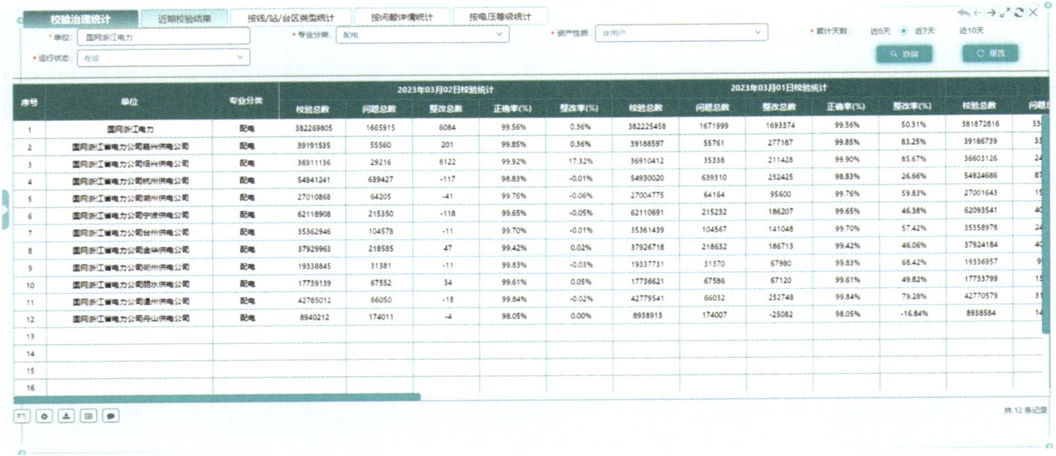

序号	单位	专业分类	2023年03月02日校验统计					2023年03月01日校验统计						
			校验总数	问题总数	整改总数	正确率(%)	整改率(%)	校验总数	问题总数	整改总数	正确率(%)	整改率(%)	校验总数	问题…
1	国网浙江电力	配电	382269805	1665915	6084	99.56%	0.36%	382225458	1671999	1693374	99.56%	50.31%	381872816	33…
2	国网浙江省电力公司嘉兴供电公司	配电	39191535	55560	201	99.85%	0.36%	39188597	55761	277187	99.85%	83.25%	39186739	3…
3	国网浙江省电力公司绍兴供电公司	配电	36911136	29216	6122	99.92%	17.32%	36910412	35338	211428	99.90%	85.67%	36603126	24…
4	国网浙江省电力公司杭州供电公司	配电	54941241	639427	-117	98.83%	-0.01%	54930020	639310	232425	98.83%	26.66%	54924686	87…
5	国网浙江省电力公司湖州供电公司	配电	27010868	64205	-41	99.76%	-0.06%	27004775	64164	95600	99.76%	59.83%	27001643	15…
6	国网浙江省电力公司宁波供电公司	配电	62118908	215350	-118	99.65%	-0.05%	62110691	215232	186207	99.65%	46.38%	62093541	40…
7	国网浙江省电力公司台州供电公司	配电	35362946	104578	-11	99.70%	-0.01%	35361439	104567	141048	99.70%	57.42%	35358978	24…
8	国网浙江省电力公司金华供电公司	配电	37929963	218585	47	99.42%	0.02%	37926718	218632	186713	99.42%	46.06%	37924184	40…
9	国网浙江省电力公司衢州供电公司	配电	19338845	31381	-11	99.83%	-0.03%	19337731	31370	67980	99.83%	68.42%	19336957	9…
10	国网浙江省电力公司丽水供电公司	配电	17739139	67552	34	99.61%	0.05%	17736621	67586	67120	99.61%	49.82%	17733799	15…
11	国网浙江省电力公司温州供电公司	配电	42785012	66050	-18	99.84%	-0.02%	42779541	66032	252748	99.84%	79.28%	42770579	31…
12	国网浙江省电力公司舟山供电公司	配电	8940212	174011	-4	98.05%	0.00%	8938913	174007	-25082	98.05%	-16.84%	8938584	14…
13														
14														
15														
16														

图10-19　近期校验结果查询

（4）按线/站/台区类型统计，通过选择单位、专业分类、设备分类、日期、资产性质等选项进行各类指标问题数据查询，查询出的结果可点击红色问题数值，跳转至问题明细界面。按站线台区类型统计如图10-20所示。（**注意：** *号为必填项，若不填则无法查询。）

序号	单位	专业分类	设备分类	线/站/台区类型	问题合计(条)	设备图档问题数量(条)				设备台账问题数量(条)			
						小计	图数一致性	拓扑连通率	图形规范性	小计	完整性	规范性	及时
1	国网浙江电力	配电	配电低压	低压电缆分支箱（站房）	259467	49000	190		48810	4		4	
2	国网浙江电力	配电	配电低压	低压配电箱	36318	2181	31		2150	15	8	7	
3	国网浙江电力	配电	配电低压	低压台区	1055325	46125	480	13	45632	154	115	39	
4	国网浙江电力	配电	配电中压	电缆分支箱（站房）	23859	394	1		393	1	1		
5	国网浙江电力	配电	配电低压	配网分布式站房	45	16			16	28	26	2	
6	国网浙江电力	配电	配电中压	配网馈线	28147	10489	3	7	10479	588	214	374	
7	国网浙江电力	配电	配电中压	配网杆塔	1563					58	25	33	
8	国网浙江电力	配电	配电中压	环网柜	8603	1281			1281	88	71	17	
9	国网浙江电力	配电	配电低压	箱式变	1209	804	21		804	58	37	21	
10	国网浙江电力	配电	配电低压	配电站	16463	13057	6		13051	359	326	33	
11	国网浙江电力	配电	配电低压	开关站	21778	11863			11863				
12	国网浙江电力	配电	配电中压	升降压站	4								
13	国网浙江电力	配电	配电中压	变电站	2								
14	国网浙江电力	配电	配电中压	输电线路	9	6			6	2	2		
15													

图10-20 按站线台区类型统计

（5）按问题详情统计，用户可针对性筛选同一类问题进行浏览、下载等相关操作。按问题详情统计如图10-21所示。

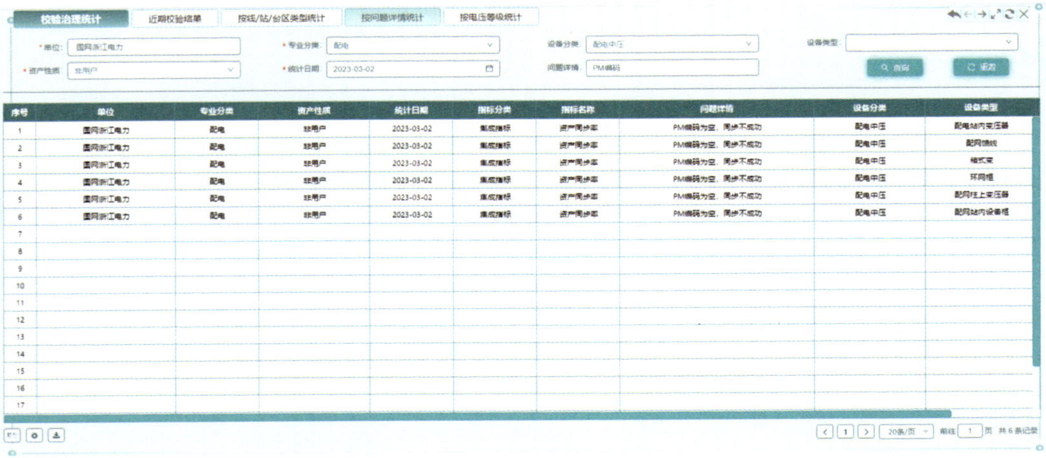

图10-21 按问题详情统计

（6）按电压等级统计，将指标问题按电压等级分类，用户可按日查看不同专业、各电压等级的指标问题，点击红色统计数值，可跳转至问题明细穿透界面。按电压等级统计如图10-22所示。

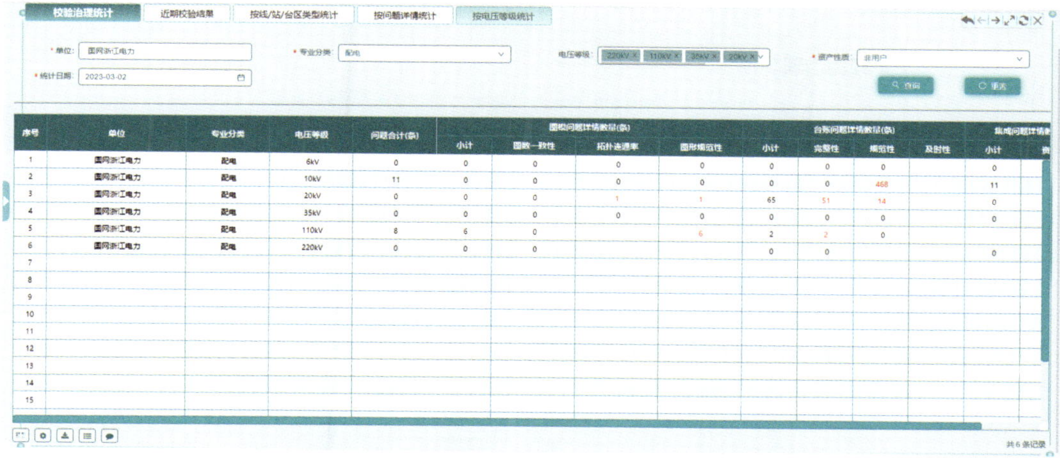

图10-22　按电压等级统计

（7）用户也可在综合看板查看治理情况，校验治理板块可以按专业查看校验治理统计结果（校验治理看板如图10-23所示），治理动态板块按指标展示各单位未治理问题量（治理动态看板如图10-24所示），点击红色统计数值可以穿透至问题明细。

校验治理

输电专业	校验总数 9208517	问题总数 108353	整改总数 -66723	在途督导总数	4
变电专业	校验总数 9537161	问题总数 63280	整改总数 79	在途督导总数	2
直流专业	校验总数 7383	问题总数 57	整改总数 0	在途督导总数	0
配电专业	校验总数 382269805	问题总数 1665915	整改总数 6084	在途督导总数	0

图10-23　校验治理看板

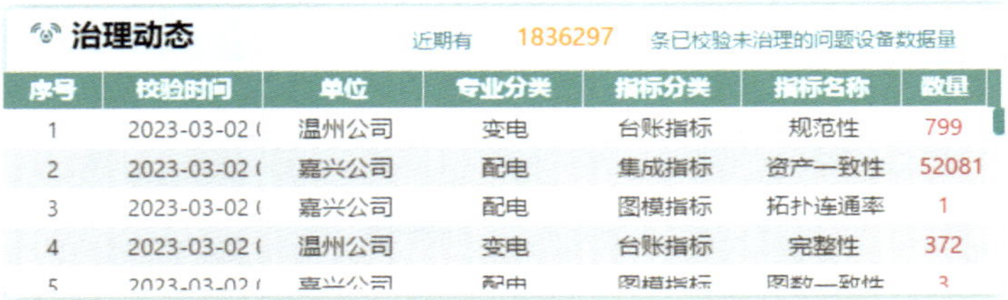

治理动态　近期有 1836297 条已校验未治理的问题设备数据量

序号	校验时间	单位	专业分类	指标分类	指标名称	数量
1	2023-03-02 (	温州公司	变电	台账指标	规范性	799
2	2023-03-02 (	嘉兴公司	配电	集成指标	资产一致性	52081
3	2023-03-02 (	嘉兴公司	配电	图模指标	拓扑连通率	1
4	2023-03-02 (	温州公司	变电	台账指标	完整性	372
5	2023-03-02 (	嘉兴公司	配电	图模指标	图数一致性	3

图10-24　治理动态看板

（三）核查指标管控

核查指标管控功能为用户核查指标时可通过首页综合看板和基础指标查询功能两处进行指标查看，本部分对指标管控相关模块进行操作讲解。

1. 综合看板查询

（1）当用户登录PMS3.0实用化工具时，可在综合看板查看本账号辖区范围内的相关指标数据。指标看板如图10-25所示。

（2）整体指标：可展示下辖各单位的集成、图模、台账基础指标率，点击柱状图下的单位名称可以穿透查看该单位指标明细。

（3）专业分析：展示登录账号所在单位输电、变电、配电各专业的指标率，可以通过下拉框切换指标类型；点击专业分析下的各专业指标名称（如点击输电图模基础指标），可穿透查看指标明细。

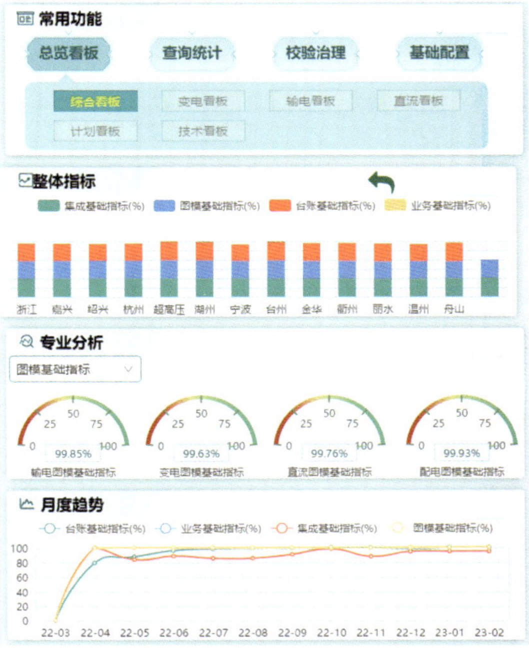

图10-25 指标看板

（4）月度趋势：以折线图形式按月展示所在单位各项指标趋势。

（5）点击输电图模基础指标后，穿透数据展示图所示，展示账号下辖各单位输电图模基础指标（见图10-26）。在数据穿透页面，可点击红色各单位名称，穿透至该单位下辖各公司的指标数据表。

PMS3.0各专业实用化考核指标汇总表

单位	专业分类	图模基础指标(%)			
		合计	图数一致性	拓扑连通率	图形规范性
国网浙江电力	输电	99.85%	99.79%	100.00%	99.76%
国网浙江省电力公司杭州供电公司	输电	99.82%	99.71%	100.00%	99.77%
国网浙江省电力公司宁波供电公司	输电	99.68%	99.68%	100.00%	99.37%
国网浙江省电力公司嘉兴供电公司	输电	99.89%	99.91%	100.00%	99.78%
国网浙江省电力公司湖州供电公司	输电	99.87%	99.79%	100.00%	99.82%
国网浙江省电力公司绍兴供电公司	输电	99.95%	99.89%	100.00%	99.96%
国网浙江省电力公司衢州供电公司	输电	99.87%	99.93%	100.00%	99.69%
国网浙江省电力公司金华供电公司	输电	99.99%	99.99%	100.00%	100.00%
国网浙江省电力公司温州供电公司	输电	99.75%	99.78%	100.00%	99.49%
国网浙江省电力公司台州供电公司	输电	99.97%	99.99%	100.00%	99.92%
国网浙江省电力公司丽水供电公司	输电	99.81%	99.68%	100.00%	99.75%
国网浙江省电力公司舟山供电公司	输电	99.95%	99.97%	100.00%	99.90%

图10-26 指标汇总表

（6）当需要查看问题明细时，可点击红色指标百分比数值，进行问题数据明细查询（见图10-27）。

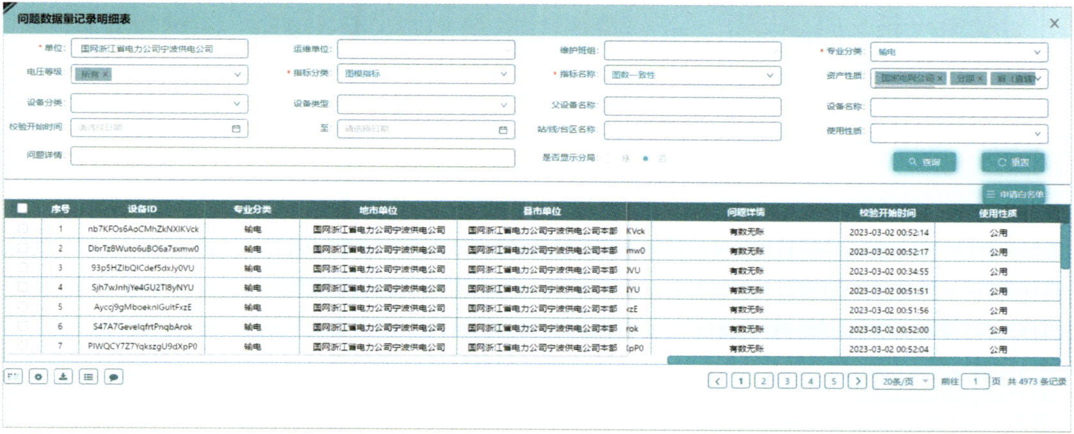

图10-27　问题明细

（7）用户也可通过综合看板界面右上方的指标排位模块，查看当前登录账号区域及下属单位当月实用化指标得分排名、整体指标、校验情况和治理情况，如图10-28所示。

（8）单击要查看的区域，即可展示该区域对应的指标明细。选择地图下方整体指标、校验情况和治理情况按钮，可进行指标明细切换，如图10-29所示。

图10-28　指标排位

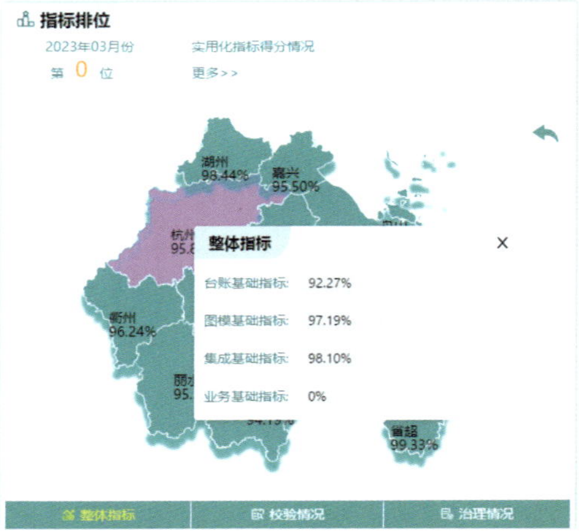

图10-29　整体指标明细

（9）双击地市区域，可穿透查看下级单位指标数据，最小颗粒度可穿透至维护班组。

2. 基础指标查询

用户可通过【基础指标查询】功能进行核查指标管控工作，基础指标查询主要用于查询当前登录账号区域内所有的指标信息。

（1）常用功能中选择查询统计卡片，点击【基础指标查询】进入指标查询功能页面。基础指标查询入口如图10-30所示。

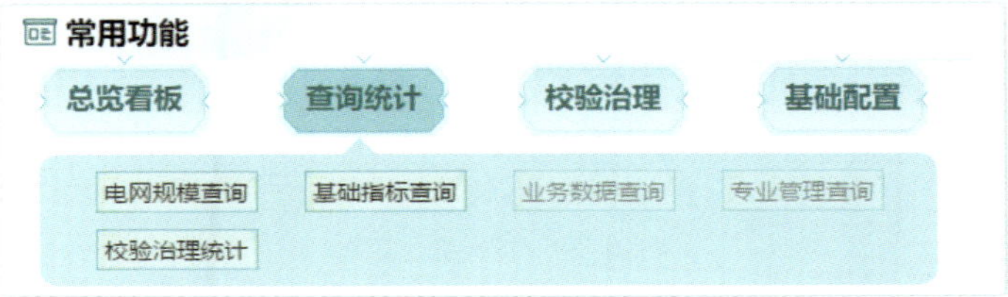

图10-30　基础指标查询入口

（2）首次进入功能界面，界面默认不展示数据。当需要查询指标时，输入对应的查询条件，点击【查询】展示出具体数据。指标统计页面如图10-31所示。（**注意：***标为必须输入项，不输入无法进行查询。）

图10-31　指标统计页面

（3）查询条件说明：

是否跨级：选择【是】则展示本公司、下级单位和次下级单位；选择【否】，表示只展示本公司及下级单位。

指标选项：日指标可按日查询数据，周指标可按周查询数据（不可跨周选择），月指标可按月查询数据。

专业分类：选择某一特定专业时（非综合），查询结果可穿透至“问题数据量记录明细表”。

（4）点击指标统计结果的红色百分比数值，可穿透至指标统计二级汇总表明细界面。

（5）指标统计二级汇总表明细界面如图10-32所示，汇总展示下辖单位各类设备指标率，并列出已校验数量及未整改总数；点击未整改总数红色数值，进入未整改问题明细界面（指标问题明细如图10-33所示）。

指标统计二级汇总表

地市单位	县市单位	运维单位	维护班组	专业分类	设备类型	电压等级	完整性	已校验数量	未整改问题总数
绍兴公司				配电	营销计量箱	所有	99.99%	1775830	24
绍兴公司	诸暨公司			配电	营销计量箱	所有	99.99%	537773	21
绍兴公司				配电	配网杆塔	所有	99.99%	278428	19
绍兴公司	诸暨公司			配电	配网杆塔	所有	99.97%	83576	19
绍兴公司				配电	配网导线	所有	99.99%	53153	9
绍兴公司	诸暨公司			配电	配网导线	所有	99.95%	22360	9
绍兴公司				配电	柱上熔断器	所有	99.99%	47955	3
绍兴公司	绍兴城区			配电	营销计量箱	所有	99.99%	578191	2
绍兴公司	诸暨公司			配电	柱上熔断器	所有	99.98%	14647	2
绍兴公司				配电	配网柱上变压器	所有	99.99%	15989	1
绍兴公司				配电	箱式变	所有	99.98%	3008	1
绍兴公司				配电	低压杆塔	所有	99.99%	367676	1
绍兴公司				配电	配电站内间隔	所有	99.99%	140338	1
绍兴公司				配电	低压站内隔离开关	所有	99.99%	127629	1
绍兴公司				配电	配网电缆段	所有	99.99%	43540	1
绍兴公司	绍兴城区			配电	箱式变	所有	99.96%	1623	1
绍兴公司	绍兴城区			配电	配网电缆段	所有	99.99%	22381	1

< 1 2 3 4 5 > 20条/页 前往 1 页 共 305 条记录

图10-32　指标二级汇总表

图10-33　指标问题明细

（6）需要下载清单内容时，用户可点击左下角进行问题清单下载；下载后可在下载列表中查看下载状态，完成下载后点击红色【下载】按钮完成数据清单下载。

3. 问题明细查询

问题明细查询功能为用户可通过问题明细功能进行问题数据查询，全量校验、指定校验等校验的问题数据都会在问题明细中展示。

（1）常用功能中选择校验治理卡片，点击【问题明细】进入问题查询功能页面。问题明细入口如图10-34所示。

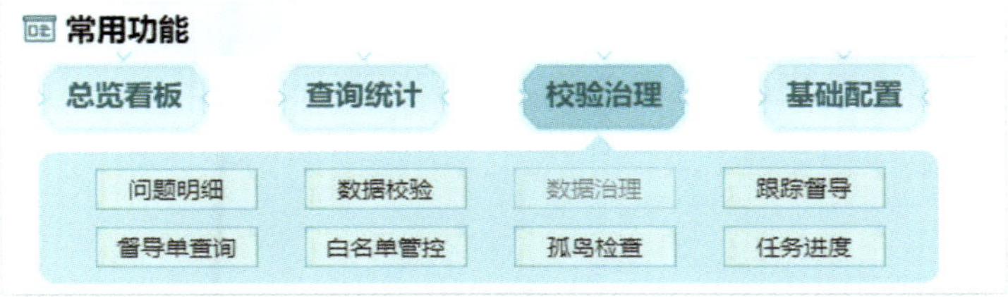

图10-34　问题明细入口

（2）问题明细中展示系统校验出的设备数据问题，用户可通过条件进行问题筛选。问题明细功能页面如图10-35所示。（**注意：***号为查询必填项，否则无法查询。）

图10-35 问题明细功能页面

（3）需要下载清单内容时，用户可点击左下角⬇进行问题清单下载。下载后可在下载列表☰中查看下载状态，完成下载后点击红色【下载】按钮完成数据清单下载。

二 设备清单管控

（一）设备明细查询

用户需要查询设备明细时，可应用【实时明细】进行设备台账查询，支持自定义设备属性查询，也可导出设备清单本地查看。

（1）常用功能中选择查询统计卡片，点击【电网规模查询】进入设备明细查询功能页面。电网规模查询如图10-36所示。

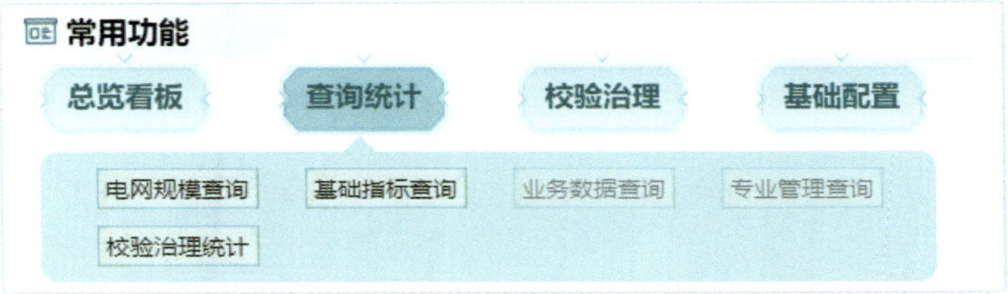

图10-36　电网规模查询

（2）在电网规模查询页面选择【实时明细】卡片，进入实时明细查询页面。实时明细页面如图10-37所示。

图10-37　实时明细页面

（3）输入对应查询的条件，点击【查询】，即可在菜单中查询出具体数据（查询条件中标“*”为必须输入项，不输入无法进行查询或添加条件）。

（4）当默认查询条件不满足需求时，可点击【添加条件】功能增加查询条件。

（5）点击【添加条件】，弹出添加页面（见图10-38），选中想要查询的条件后点击【查询】按钮，添加条件页面展示内容会根据选择的设备类型进行动态切换（见图10-39）。

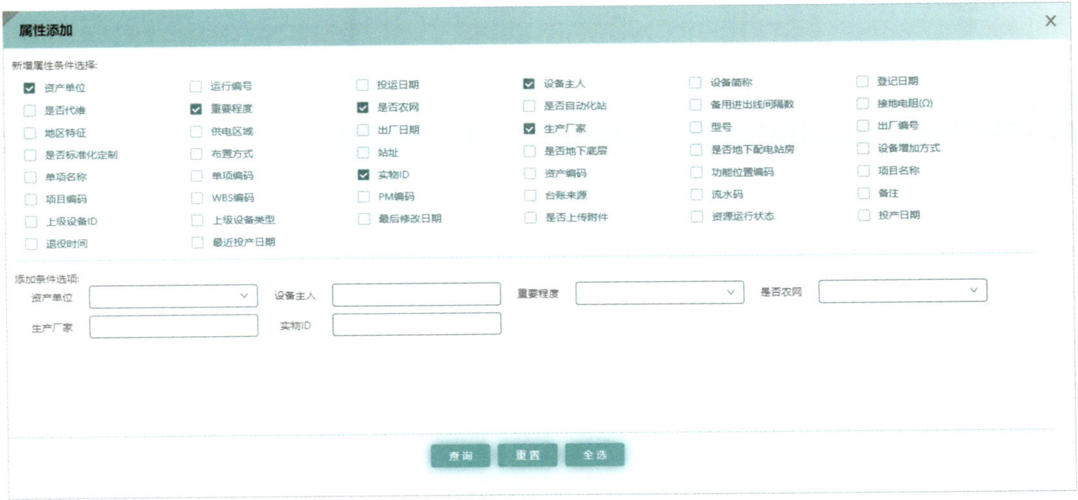

图10-38 添加条件

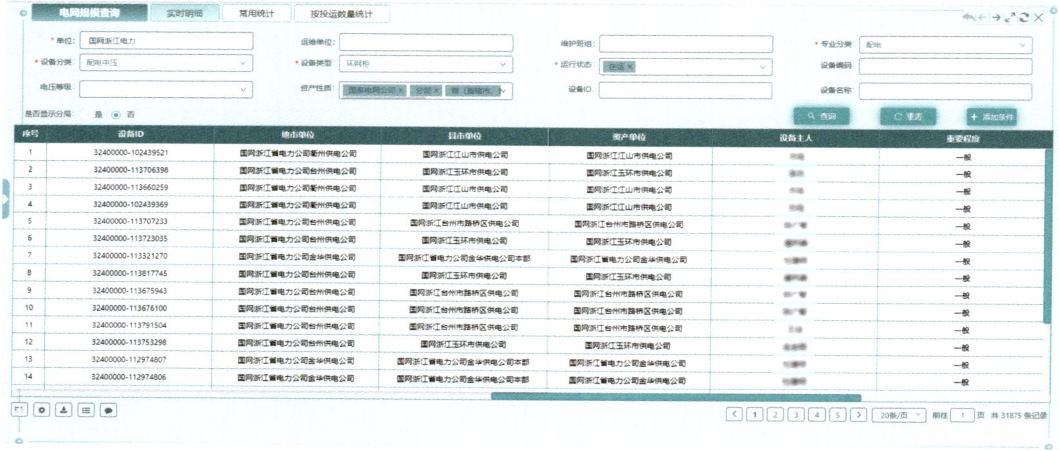

图10-39　添加条件后的实时明细

（6）需要下载清单内容时，用户可点击左下角[下载图标]进行设备清单下载；下载后可在下载列表[列表图标]中查看下载状态，完成下载后点击红色【下载】按钮完成数据清单下载。

（二）设备规模统计

设备规模统计功能为当用户需要进行设备规模查询时，可应用【电网规模查询】功能或在综合看板进行设备规模、数量的查询。

（1）常用功能中选择查询统计卡片，点击【电网规模查询】进入设备明细查询功能页面。电网规模查询如图10-40所示。

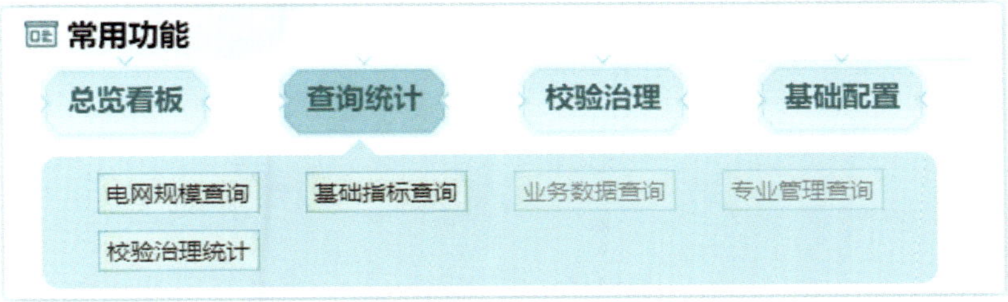

图10-40 电网规模查询

（2）在电网规模查询页面选择【常用统计】卡片，进入设备规模统计页面。输入对应查询的条件，点击【查询】，即可在菜单中查询出具体数据（查询条件中标“*”为必须输入项，不输入无法进行查询；当专业分类选择除综合外各专业时，统计数据可以进行穿透展示）。常用统计如图10-41所示。

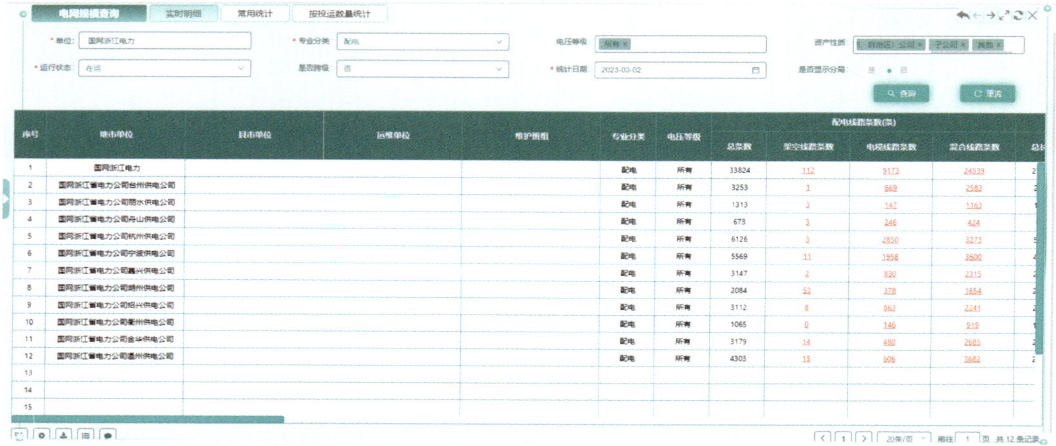

图10-41　常用统计

（3）当常用统计选择输电、变电、配电各专业时，点击查询出的统计结果可以跳转至实时明细表（见图10-42）。如图10-41所示，点击架空线路红色统计数值后，既可跳转至架空线路明细页面，进行设备明细查看。

（4）在查询统计界面或设备明细界面需要下载清单内容时，用户可点击左下角[下载图标]进行问题清单下载；下载后可在下载列表[列表图标]中查看下载状态，完成下载后点击红色【下载】按钮完成数据清单下载。

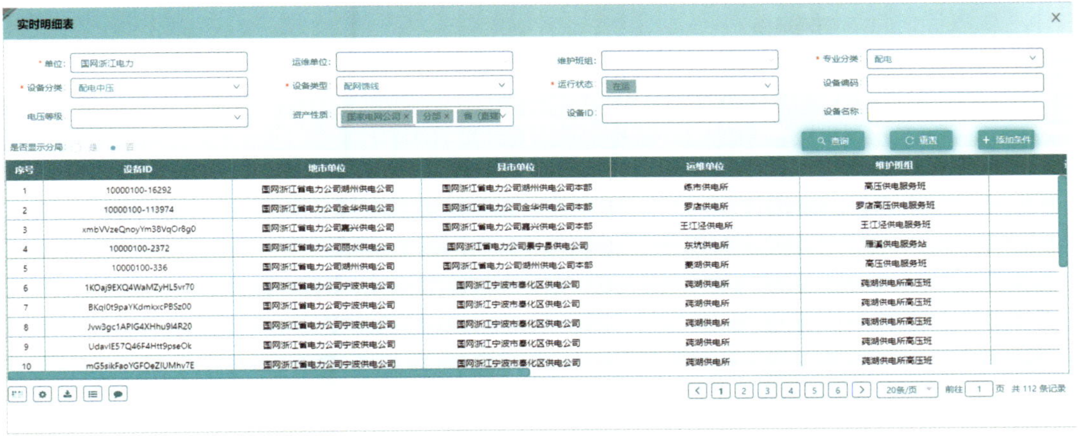

图10-42　统计结果明细

（5）用户也可通过总览看板中的电网规模模块进行设备规模查询和统计。

（6）配电设备规模展示当前登录账号区域内线路总条数、配电变压器总数、站房总数、线路总长度、配电变压器总容量和柱上开关总数。配电设施规模如图10-43所示。

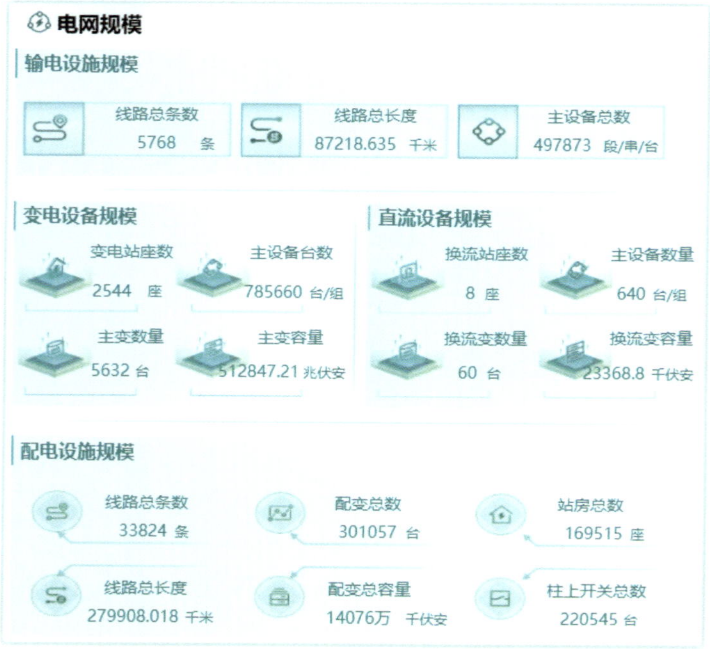

图10-43　配电设施规模

（7）点击配电设备规模标题，可打开“配电设施规模汇总表”弹窗，该弹窗展示下属单位配电设备明细。配电设施规模汇总表如图10-44所示。

（8）点击专业设施规模汇总表中单位名称可穿透至下级单位，最小颗粒度可穿透至维护班组。

（9）点击专业设施规模汇总表中红色设备数值，可穿透至设备实时明细。

配电设施规模汇总表

单位	电压等级(千伏)	配电线路条数(条)				配电线路长度(千米)			配网电缆	
		总条数	架空线路条数	电缆线路条数	混合线路条数	总长度	架空线路长度	电缆线路长度	电缆段	电缆中间接头
国网浙江电力	所有	33824	112	9173	24539	279908.018	150901.069	129006.949	544268	78209
国网浙江省电力公司台州供电公司	所有	3253	1	669	2583	24642.692	15041.526	9601.166	38651	4263
国网浙江省电力公司丽水供电公司	所有	1313	3	147	1163	16172.228	13243.555	2928.673	13675	883
国网浙江省电力公司舟山供电公司	所有	673	3	246	424	6221.469	2249.822	3971.647	11678	4208
国网浙江省电力公司杭州供电公司	所有	6126	3	2850	3273	54164.749	18142.388	36022.361	145564	24433
国网浙江省电力公司宁波供电公司	所有	5569	11	1958	3600	40024.052	18576.298	21447.754	100942	19533
国网浙江省电力公司嘉兴供电公司	所有	3147	2	830	2315	25301.924	13303.634	11998.290	43198	4941
国网浙江省电力公司湖州供电公司	所有	2084	52	378	1654	21024.550	12017.346	9007.204	40458	782
国网浙江省电力公司绍兴供电公司	所有	3112	8	863	2241	25142.172	13367.477	11774.695	43540	5458
国网浙江省电力公司衢州供电公司	所有	1065	0	146	919	11470.706	8594.374	2876.332	11890	852
国网浙江省电力公司金华供电公司	所有	3179	14	480	2685	26525.806	16928.986	9596.82	49095	6268
国网浙江省电力公司温州供电公司	所有	4303	15	606	3682	29217.670	19435.663	9782.007	45577	6588

图10-44　配电设施规模汇总表